全国高等职业教育计算机系列规划教材

C 语言项目开发教程

黄成兵　谢　慧　主　编

张罡雷　王英存　王　可　副主编

電子工業出版社
Publishing House of Electronics Industry
北京 · BEIJING

内容简介

本书共分为7章，详细讲解了在初学C语言时所要掌握的基础内容，其中包括第1章初步认识C语言，第2章程序控制结构，第3章数组的定义和使用，第4章函数的定义与使用，第5章指针以及指针与数组、函数的配合使用，第6章结构体、共用体和枚举类型，第7章为文件的概念和使用方法。

本书以项目任务式方法进行编写，首先提出任务目标，对任务进行分解和分析，然后对项目中用到的知识点进行针对性的讲解，最后根据学到的知识实现任务。同时在本书内容选取上以实用性为原则，做到不求面广，但求实用。本书突出案例教学，避免空洞的描述，每个知识点的讲解都通过案例的深入分析和上机操作使读者加深对所学知识的理解，提高学习效果和动手能力。

本书适用于高等职业技术院校、普通高等院校计算机及相关专业，也可作为程序开发人员和编程爱好者自学的参考用书。教材配套的课件、源代码等资源请登录华信教育资源网（www.hxedu.com.cn）免费下载。

图书在版编目（CIP）数据

C语言项目开发教程 / 黄成兵，谢慧主编. —北京：电子工业出版社，2013.9
全国高等职业教育计算机系列规划教材
ISBN 978-7-121-21311-3

Ⅰ. ①C… Ⅱ. ①黄… ②谢… Ⅲ. ①C语言－程序设计－高等职业教育－教材 Ⅳ. ①TP312

中国版本图书馆CIP数据核字(2013)第197693号

策划编辑：左　雅
责任编辑：左　雅　　特约编辑：俞凌娣
印　　刷：涿州市京南印刷厂
装　　订：涿州市京南印刷厂
出版发行：电子工业出版社
北京市海淀区万寿路173信箱　邮编　100036
开　　本：787×1 092　1/16　印张：18.5　字数：474千字
版　　次：2013年9月第1版
印　　次：2015年9月第2次印刷
印　　数：1 500册　　定价：39.00元

凡所购买电子工业出版社图书有缺损问题，请向购买书店调换。若书店售缺，请与本社发行部联系，联系及邮购电话：（010）88254888。

质量投诉请发邮件至zlts@phei.com.cn，盗版侵权举报请发邮件至dbqq@phei.com.cn。

服务热线：（010）88258888。

丛书编委会

本书编委会

丛书编委会院校名单

前　言

C 语言已在全世界范围内被普遍采用，其功能丰富、使用灵活、可植入性好，既具有高级语言程序设计的特点，又具有汇编语言的特点，能对硬件直接操作，是开发应用软件和进行大规模科学计算的常用程序设计语言。

C 语言是高等学校普遍开设的一门计算机基础课程，然而在教学实践中发现，传统的 C 语言教材注重知识的体系结构，但不能很好地将教学过程中出现的知识、技能与实际软件开发结合起来，学生在应用这些知识来解决实际问题时往往感觉力不从心。

本书本着“任务驱动、项目载体”的教学原则，组织长期从事 C 语言教学的老师，精心编写了这本教材，来解决这个问题。

本书主要特色有以下几点。

1．理念先进

本书紧紧围绕高技能人才培养的目标，以项目为背景，以知识为主线，学、用结合，大胆进行“校企合作、工学结合、项目导向，任务驱动”的教学改革。采用面向任务的方式，全书将学生信息管理系统划分为几个小的任务，合理地安排到各个章节中，并辅之以其他任务，先提出问题，然后指出解决问题的方法和所需要的知识，将知识的讲解贯穿于项目的开发过程中，通过对任务的分析和实现，依次引导学生由浅入深、由简到难地学习，使学生的编程能力在三个项目的实施中逐步得到提高，达到“学以致用”的目的。

2．组织合理

在课程内容的选择上，遵循学生能力培养的基本规律，以学生信息管理系统为主线，并辅之以多个有趣的小任务，通过学习情境的构建将传统的教学内容进行解构、重构，并将 C 语言程序设计知识、软件工程基础知识、数据结构基本知识融入到项目开发的过程中。随着项目的进展，知识由易到难，能力的培养由窄到宽，课程内容和项目开发内容相一致，理论与实践一体化，提高了学生的编程能力和综合能力，为学生可持续发展奠定良好的基础。

内容注重理论和实践相结合，将每一个任务分解成几个小节的知识进行讲解，每学习一小段知识都配合以实践任务，让学生可以迅速掌握学到的知识，并用学到的知识解决实际问题。对于同样的任务目标，可以使用不同的知识点来实现，使学生学会灵活使用学到的知识。

3．通俗易懂

编程是一门注重实践的技术，而技术要在实践中提高。本书采用了一种简单的、易于接受的风格重点讲解结构化方法的编程思想、编程技巧、调试技巧，培养学生养成良好的编程风格。书中精心设计了大量的例题，对每个程序都进行了细致的解析，总结了各种编程方法；采用案例法教学，根据例题编写了每章的实验题目和习题，读者参照例题即可轻松完成，事半功倍，举一反三。

本书在培养学生编程能力的同时，注重对学生进行编程规范的训练，使得学生养成良好的编程习惯和方法，遵守基本的编程约定，在编程规范方面实现与软件企业的无缝对接。本书提供的案例，列举出学生处理该类题目时容易出现的问题，有些案例还给出了不同的解决方法，以便学生更好地了解和掌握程序开发的灵活性。同时，每章后均附有各种类型的习题，便于读者自查学习效果。本书中的代码均在 VC++ 6.0 运行环境中调试通过。

本书由阿坝师范高等专科学校的黄成兵、甘肃林业职业技术学院的谢慧主编，山东华宇职业技术学院的张罡雷、潍坊职业学院的王英存、江苏经贸职业技术学院的王可任副主编。其中第 1～3 章由黄成兵编写，第 4～5 章由谢慧编写，第 6 章由张罡雷编写，第 7 章由王英存编写，附录 A、附录 B 由王可编写。全书由黄成兵统稿。

本书的出版得到了电子工业出版社的大力支持，在此表示衷心感谢。由于水平和时间的限制，书中难免有疏漏和不足之处，恳请读者批评指正。

编　者

目 录
CONTENTS

第1章 初步认识C语言

C 语言是最通用和流行的计算机程序设计语言之一。在操作系统和系统实用程序以及需要对硬件进行操作的环境中，C 语言明显优于其他高级语言，很多大型应用软件都是用C语言编写的。

C 语言是 1972 年由美国的 Dennis Ritchie 设计发明的，并首次在 UNIX 操作系统的 DEC PDP-11 计算机上使用。它由早期的编程语言 BCPL（Basic Combind Programming Language）发展演变而来。C 语言从诞生到现在已有 40 多年的历史，仍以其紧凑的代码、灵活的表达方式、高效的运行效率、强大的功能，以及可直接操作计算机硬件等特点，深受广大开发人员和编程爱好者的喜爱。

在使用 C 语言开发具体项目之前，需要先了解一些关于 C 语言以及 C 语言程序的相关知识。通过对本章的学习，能够对 C 语言的产生和发展、C 语言的特点、C 语言的编程风格等有一定的认识。通过每一个任务的实现，了解 C 语言的运行环境和 C 语言程序的编写和执行过程，掌握用 C 语言解决问题的过程。

任务 1.1 学生信息管理系统之菜单设计

任务目标

掌握 C 语言的基本知识，包括 C 语言的发展历史、C 语言的基本特点和 C 语言的结构特点等。

比较 C 语言和其他语句之间的区别。

熟悉 C 语言的开发集成环境，学会初步创建、编写、编译和执行一个 C 语言程序。

掌握 C 语言的输入和输出函数的用法。

实现学生管理系统菜单设计。

1.1.1 C 语言基本知识

1. C 语言发展历史

C 语言的发展颇为有趣。它的原型 ALGOL 60 语言出现于 1960 年，ALGOL 60 是一种面向问题的高级语言，它离硬件比较远，不适宜编写系统程序。1963 年，剑桥大学将 ALGOL 60 语言发展成为 CPL（Combined Programming Language）语言。CPL 语言更接近硬件，但规模比较大，难以实现。1967 年，剑桥大学的 Matin Richards 对 CPL 语言进行了简化，于是产生了 BCPL 语言。

1970 年，美国贝尔实验室的 Ken Thompson 将 BCPL 进行了修改，并为它起了一个有趣的名字“B 语言”。意思是将 BCPL 语言煮干，提炼出它的精华。并且他用 B 语言写了第一个 UNIX 操作系统。

而在 1973 年，B 语言也给人“煮”了一下，美国贝尔实验室的 D.M.RITCHIE 在 B 语言的基础上最终设计出了一种新的语言，他取了 BCPL 的第二个字母作为这种语言的名字，这就是 C 语言。

为了使 UNIX 操作系统推广，1977 年 Dennis M.Ritchie 发表了不依赖于具体机器系统的 C 语言编译文本——《可移植的 C 语言编译程序》。

1978 年 Brian W.Kernighian 和 Dennis M.Ritchie 出版了名著《The C Programming Language》，对 C 语言的流行起到了很大的推动作用。

1988 年，随着微型计算机的日益普及，出现了许多 C 语言版本。由于没有统一的标准，使得这些 C 语言之间出现了一些不一致的地方。为了改变这种情况，美国国家标准研究所（ANSI）为 C 语言制定了一套 ANSI 标准。C 语言发展迅速，而且成为最受欢迎的语言之一，主要因为它具有强大的功能。许多著名的系统软件，如 DBASE Ⅲ PLUS、DBASE Ⅳ 都是由 C 语言编写的。用 C 语言加上一些汇编语言子程序，就更能显示 C 语言的优势了，如 PC-DOS、WordStar 等就是用这种方法编写的。

2. C 语言的特点

C 语言既有高级语言的特点，又具有汇编语言的特点。它可以作为工作系统设计语言，编写系统应用程序，也可以作为应用程序设计语言，其编写不依赖计算机硬件的应用程序。它的应用范围广泛，具备很强的数据处理能力，不仅仅是在软件开发上，就连各类科研都需要用到 C 语言。它适于编写系统软件、三维、二维图形和动画，具体应用比如单片机及嵌入式系统开发。

如今，越来越多的人在学习 C 语言，使用 C 语言，用 C 语言开发各个领域中的应用软件。C 语言生命力之所以强，是因为其具有不同于其他语言的特点。其主要特点如下。

（1）简洁紧凑、灵活方便。C 语言一共只有 32 个关键字，9 种控制语句，程序书写自由，主要用小写字母表示。它把高级语言的基本结构和语句与低级语言的实用性结合起来。C 语言可以像汇编语言一样对位、字节和地址进行操作，而这三者是计算机最基本的工作单元。

（2）运算符丰富。C 语言的运算符包含的范围很广泛，共有 34 个运算符。C 语言把括号、赋值、强制类型转换等都作为运算符处理，从而使运算类型极其丰富，表达式类型多样化，灵活使用各种运算符可以实现在其他高级语言中难以实现的运算。

（3）数据结构丰富。C 语言的数据类型有：整型、实型、字符型、数组类型、指针类型、结构体类型、共用体类型等，能用来实现各种复杂的数据类型的运算。同时引入了指针概念，使程序效率更高。另外，C 语言具有强大的图形功能，支持多种显示器和驱动器，且计算功能、逻辑判断功能强大。

（4）C 语言是结构式语言。结构式语言的显著特点是代码及数据的分隔化，即程序的各个部分除了必要的信息交流外彼此独立。这种结构化方式可使程序层次清晰，便于使用、维护以及调试。C 语言是以函数形式提供给用户的，这些函数可方便地调用，并具有多种循环、条件语句控制程序流向，从而使程序完全结构化。

（5）语法限制不太严格，程序设计自由度大。一般的高级语言语法检查比较严，能够检查出几乎所有的语法错误。而C语言允许程序编写者有较大的自由度。

（6）允许直接访问物理地址，可以直接对硬件进行操作。C 语言允许直接访问物理地址，可以直接对硬件进行操作。因此既具有高级语言的功能，又具有低级语言的许多功能，能够像汇编语言一样对位、字节和地址进行操作，而这三者是计算机最基本的工作单元，可以用来写系统软件。

（7）C 语言程序生成代码质量高，程序执行效率高。一般只比汇编程序生成的目标代码效率低 10%～20%。

（8）C语言适用范围大，可移植性好。C语言有一个突出的优点就是适合于多种操作系统，如 DOS、UNIX，也适用于多种机型。

3．C语言的结构特点

先看下面的案例，通过案例来了解C程序的结构特点。

【案例 1-1】 求两个数之和。

源程序如下：

```
#include <stdio.h>                  /*将 stdio.h 文件包含在本程序中*/
void   main()                        //主函数
{                                    //函数体开始
      int a,b,c;                     //定义 3 个 int 类型的变量 a,b,c
      a=3;b=2;                       //变量赋值
      c=a+b;                         //将变量 a 和变量 b 的和赋给变量 c
      printf("%d\n",c);              /*调用标准输出函数，按十进制整数形式输出变量 c*/
}                                    /*函数体结束*/
```

该程序实现的功能是求出整数数据 a 和 b 的和并输出。其中 a 的值为 3，b 的值为 2，将 a 和 b 的和赋值给 c，然后输出变量 c 的值。程序运行结果如下：

```
5
Press any key to continue
```

代码中的“include<stdio.h>”为文件包含命令，其意义为将<>或“ ”内指定的文件包含到本程序中，成为本程序的一部分。被包含的文件通常是由系统提供的，其扩展名为.h，因此也称为头文件或首部文件。C 语言的头文件中包括了各个标准库函数的函数原型，并有对应的函数实现。程序中调用一个库函数时，都必须包含该函数原型所在的头文件。在本案例中，使用了一个库函数——prtinf()，即标准输出函数。该函数为 stdio.h 中定义的标准输出函数，为了使用 printf()函数，因此在程序的主函数前用 include 命令包含了 stdio.h 文件。

“int a,b,c”的作用为声明 3 个 int，即整数类型的变量，变量名分别为 a、b、c，这 3 个变量的取值只能为整数。

“//”和“/*…*/”均用来表示注释。“//”用做单行注释，其后面本行内的内容为注释信息。“/*…*/”用做多行注释，“/*”和“*/”之间的内容均为注释信息，可有多行。注释是给阅读程序的人看的，用来辅助理解程序，在编译和运行阶段不起作用，注释信息可以添加在任何位置。

“c = a + b”用来实现加法运算，表示将 a 和 b 的值相加，再赋值给 c。

“printf("%d\n",c)”用来输出。“%d”表示输出的信息为十进制整数，“\n”为换行符，在信息输出后，屏幕上闪烁的光标将会显示在该输出的下一行。

mian 函数是主函数的函数名，表示这是一个主函数。在主函数 main 中可以调用的函数包括标准库和自定义函数。

由上述例子可以看出，C 语言结构和书写特点如下：

C 语言是由函数组成的。一个函数由一些语句组成，共同实现某一功能。在以后的案例中我们会看到每一个函数均可被其他函数调用，也可调用其他函数。main 函数除外，main 函数不能被其他函数调用。C 程序可以由若干个函数组成，但是其中必须有一个且只能有一个是 main。

程序的执行必须从主函数 main 开始，在主函数 main 中结束。

C 语言程序书写自由，一行内可以写一条或多条语句，一条语句也可以写在多行。

用{ }括起来的部分，通常表示程序的某一种层次结构。一般情况下，左、右花括号各占一行，并上下对齐，便于检查花括号的成对性。

C 语言程序是区分大小写的，如输入 Printf 则程序会报错。

程序的书写根据从属关系采用缩进的格式，可使程序的层次结构更加清晰，从而提高程序的可读性。同一层次要左右对齐，后一层次的语句或说明要比高一层次的语句缩进若干个字符，这样程序层次结构更加清晰。

C 语言中每一条语句和数据定义都必须以“；”结束。

C 语言用“//”或“/*…*/”来表示注释。编码过程中配合良好的注释，可增加程序的可读性和可维护性。

对于 C 程序的书写格式，读者可从后面的程序中逐渐体会，编码时遵循以上规则，以形成良好的编程风格。

1.1.2　C 语言与其他语言

1. C 到 C++

计算机诞生初期，人们要使用计算机必须用机器语言或汇编语言编写程序。世界上第一种计算机高级语言诞生于 1954 年，它是 FORTRAN 语言。而后出现了多种计算机高级语言，其中使用最广泛、影响最大的当推 Basic 语言和 C 语言。

C 语言最初并不是为初学者设计的，而是为计算机专业人员设计的。大多数系统软件和许多应用软件都是用 C 语言编写的。但是随着软件规模的增大，用 C 语言编写程序渐渐显得有些吃力了。

C++是由 AT&T Bell（贝尔）实验室的 Bjarne Stroustrup 博士及其同事于 20 世纪 80 年代初在 C 语言的基础上开发成功的。C++保留了 C 语言原有的所有优点，增加了面向对象的机制。

C++是由 C 发展而来的，与 C 兼容。用 C 语言写的程序基本上可以不加修改地用于 C++。从 C++的名字可以看出它是 C 的超越和集中。C++既可用于面向过程的结构化程序设计，又可用于面向对象的程序设计，是一种功能强大的混合型程序设计语言。

C 是一个结构化语言，它的重点在于算法和数据结构。C 程序的设计首要考虑的是如何通过一个过程，对输入（或环境条件）进行运算处理得到输出（或实现过程（事务）控制）。而对于 C++，首要考虑的是如何构造一个对象模型，让这个模型能够契合与之对应的问题域，这样就可以通过获取对象的状态信息得到输出或实现过程（事务）控制。所以 C 与 C++的最大区别在于它们的用于解决问题的思想方法不一样。

之所以说 C++比 C 更先进，是因为“设计这个概念已经被融入到 C++之中”，而就语言本身而言，在 C 中更多的是算法的概念。那么是不是 C 就不重要了？错！算法是程序设计的基础，好的设计如果没有好的算法，一样不行。而且，“C 加上好的设计”也能写出非常好的东西。

语言本身而言，C 是 C++的子集，那么这是什么样的一个子集？从上文可以看出，C 实现了 C++中过程化控制及其他相关功能，而在 C++中的 C，相对于原来的 C 还有所加强，引入了重载、内联函数、异常处理等内容，C++更是拓展了面向对象设计的内容，如类、继承、虚函数、模板和包容器类等。

所以相对于 C，C++包含了更丰富的“设计”的概念，但 C 是 C++的一个子集，也具有强大的功能，同样值得学习。

2．C 语言到 Java

Java 是一种可以撰写跨平台应用软件的面向对象的程序设计语言，是由 Sun Microsystems 公司于 1995 年 5 月推出的 Java 程序设计语言和 Java 平台（即 JavaSE、JavaEE、JavaME）的总称。Java 技术具有卓越的通用性、高效性、平台移植性和安全性，被广泛应用于个人 PC、数据中心、游戏控制台、科学超级计算机、移动电话和互联网，同时拥有全球最大的开发者专业社群。在全球云计算和移动互联网的产业环境下，Java 更具备了显著优势和广阔前景。

实际上，Java 确实是从 C 语言和 C++语言继承了许多成份，甚至可以将 Java 看成是类 C 语言发展和衍生的产物，比如 Java 语言的变量声明、操作符形式、参数传递、流程控制等方面和 C 语言、C++语言完全相同。

Java 与 C 的本质区别是 Java 是面向对象编程，C 是面向过程编程，这就使得 Java 具有重用的特性，在开发速度上比 C 更快。但是在运行速度上却是 C 更快，因为 C 属于底层语言，它比 Java 更加亲近机器，所以在许多系统开发上一般是用 C 语言，比如 Windows 系统、Linux 系统，都是用 C 语言开发的。

Java 中对内存的分配是动态的。它采用运算符 new 为每个对象分配内存空间。而且，实际内存还会随程序运行情况而改变。程序运行中，Java 系统自动对内存进行扫描，对长期不用的空间作为“垃圾”进行收集，使得系统资源得到更充分地利用。按照这种机制，程序员不必关注内存管理问题，这使 Java 程序的编写变得简单明了，并且避免了由于内存管理方面的差错而导致系统出问题。

而 C 语言通过 malloc()和 free()这两个库函数来分别实现分配内存和释放内存空间的，C++语言中则通过运算符 operator new 和 operator delete 来分配和释放内存。在 C 和 C++中，程序员必须非常仔细地处理内存的使用问题。一方面，如果对已释放的内存再作释放或者对未曾分配的内存作释放，都会造成不可预料的后果；而另一方面，如果对长期不用的或不再使用的内存不释放，则会浪费系统资源，甚至因此造成资源枯竭。

目前，Java 主要用在 Web 开发、手机游戏及一些平台游戏的开发，因为它具有很好的跨平台性，现在 Java 与 Linux 结合得非常好，在手机等各种电子产品上应用非常广泛。

C 语言现在主要用与系统开发、桌面应用软件的开发，更多的是用在游戏领域。当然，只要你愿意，也可以开发 Web 程序，但是在开发难度上会增加不少。这些足以证明 C 语言是比 Java 更强大的语言，但是也比 Java 更加难以掌握，里面的指针是所有程序员都为之头痛的，而继承了 C 的所有优点的 Java 语言则完全没有这个问题，可以说 Java 是 C 语言的进化版本之一。为什么是之一呢，因为还有 C++，其实 Java 就是继承了 C/C++ 的优点而产生的高级语言，它可以说具有两者的全部优点，并剔除了其中不好的地方。但即使如此也不能否认 C/C++仍然具有强大的优势，尤其是在系统程序的开发上，这是 Java 无法比拟的。

所以 Java 能做的 C 也可以做，而 C 能做的 Java 也可以做，只是两者的侧重点不一样。

3. C 语言的缺点

C 语言的缺点主要是表现在数据的封装性上，这一点使得 C 在数据的安全性上有很大缺陷，这也是 C 和 C++的一大区别。

C 语言对语法限制不太严格，对变量的类型约束不严格，可能影响程序的安全性，对数组下标越界不做检查等。从应用的角度，C 语言比其他高级语言较难掌握。

指针是 C 语言的一大特色，可以说 C 语言优于其他高级语言的一个重要原因就是它有指针操作，可以直接进行靠近硬件的操作，但是 C 的指针操作也给它带来了很多不安全的因素。目前，C++在这方面做了很好的改进，在保留了指针操作的同时又增强了安全性。Java 取消了指针操作，提高了安全性。

1.1.3 了解 Visual C++ 6.0 集成开发环境

集成开发环境（Integrated Developing Environment，IDE）是一个综合性的工具软件，它把程序设计全过程所需要的各项功能集合在一起，为程序设计人员提供完整的服务。

但集成开发环境并不是把各种功能简单地拼接在一起，而是把它们有机地结合起来，统一在一个图形化操作界面下，为程序设计人员提供尽可能高效、便利的服务。

C 语言的开发环境有很多，最流行的主要是 Turbo C 系列和 Visual C++ 6.0 开发环境。Turbo C 系列对帮助理解内存溢出等概念比较方便；Visual C++ 6.0 虽然常用来编写 C++ 源程序，但它同时兼容 C 语言程序的开发，并且其编辑器除了具备一般文本编辑器的基本功能以外，还能根据 C 语言的语法规则，自动识别程序文本中的不同成分，并且用不同的颜色加以区别，为使用者提供很好的提示作用。因此本书选择 VC++ 6.0 作为 C 语言的开发工具。

1. Visual C++ 6.0 开发环境

Visual C++ 6.0，简称 VC 或者 VC 6.0，是微软推出的一款 C++编译器，将“高级语言”翻译为“机器语言（低级语言）”的程序。Visual C++是一个功能强大的可视化软件开发工具。自 1993 年 Microsoft 公司推出 Visual C++ 1.0 后，随着其新版本的不断问世，Visual C++已成为专业程序员进行软件开发的首选工具。

VC 6.0 启动后，即进入如图 1-1 所示的主窗口程序。

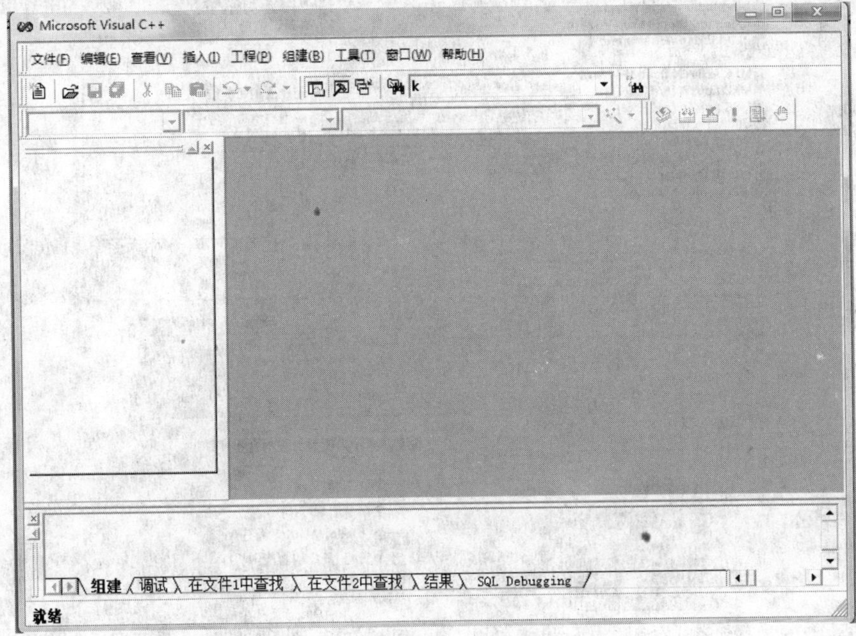

图 1-1　VC 6.0 主界面

在 VC 6.0 的主界面中，最顶部是菜单栏和工具栏，主菜单共有 9 个菜单项；主界面的左侧是项目工作区窗口，用来显示工作区的信息；右侧是程序编辑窗口，用来输入和编辑源代码；下面是输出窗口，用来显示进行构建或调试等工作时的状态和数据信息；最底部是状态栏。各个窗口可以任意显示或隐藏。

2. 创建 C 项目

建立一个项目可以通过 VC 6.0 的向导完成。单击主菜单中“文件”→“新建”命令，弹出如图 1-2 所示的“新建”对话框。在“工程”选项卡中列出了 16 个可以建立的项目选项，编写一般 C 语言程序时选择“Win32 Console Application”选项，然后在右上侧的“工程名称”文本框中输入项目名称，“位置”中选择项目要保存的路径，单击下方的“确定”按钮即可进入下一个界面。

工程名称可以由字母和数字组成，但是第一个字符必须是字母，下画线也被认为是字母。

在如图 1-3 所示界面中，显示的是可以创建的应用程序类型。VC 6.0 中可以创建的程序类型共有 4 种。在这里只需要选择默认的“一个空工程”选项，单击“完成”按钮，VC 6.0 即可完成项目创建。

项目创建完成后，VC 6.0 会自动显示创建的项目信息，如图 1-4 所示。

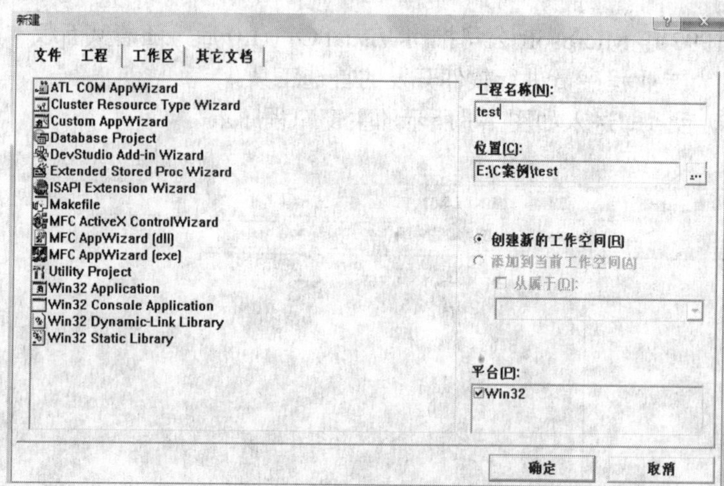

图 1-2 “新建”对话框

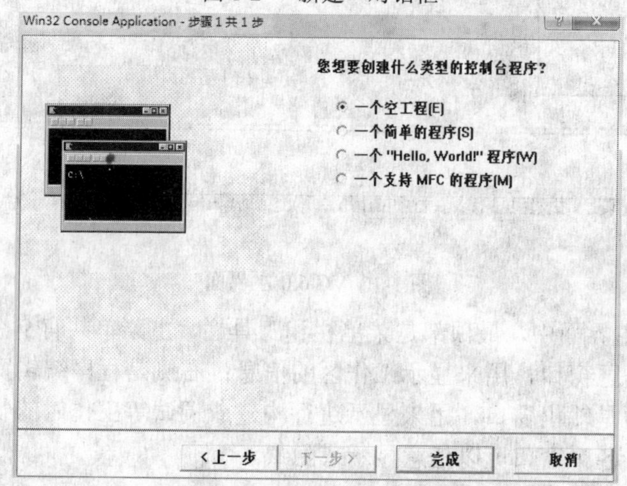

图 1-3 控制台程序类型对话框

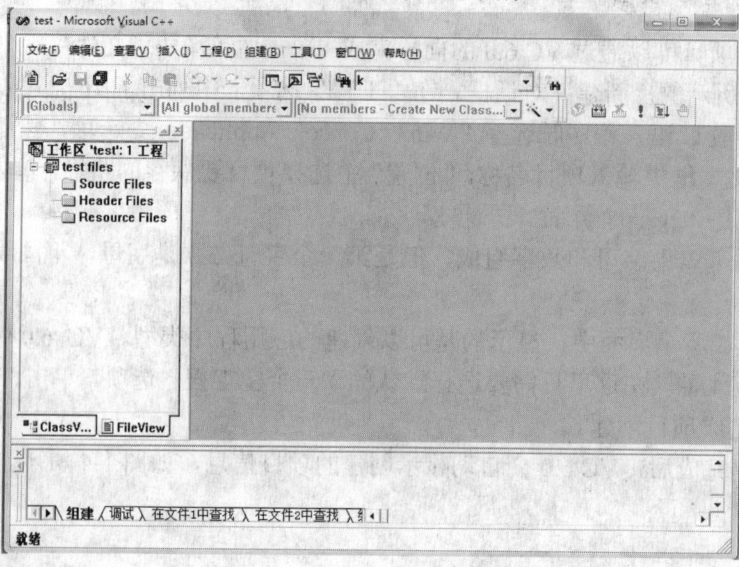

图 1-4 项目创建完成对话框

3. 创建和编辑C文件

单击“文件”→“新建”菜单命令打开文件创建对话框，向所创建的项目中添加源文件。在“文件”选项卡中，列出了可以创建的文件类型，如图1-5所示。

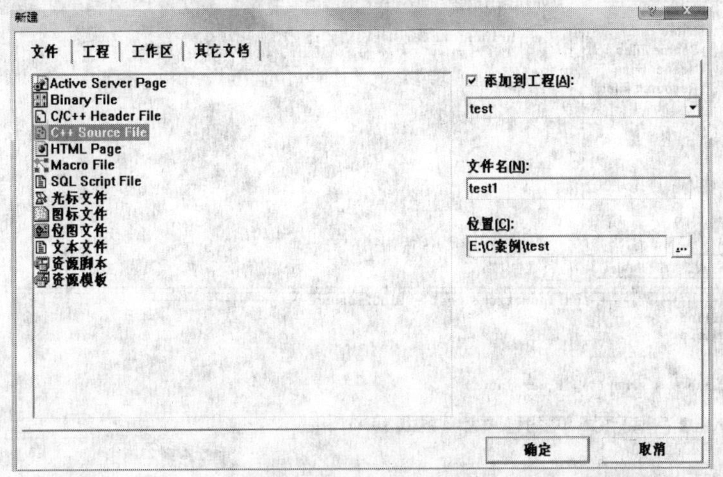

图1-5　创建的项目文件

和本课程有关的文件类型为“C/C++ Header File”和“C++ Source File”，分别用来创建头文件和源文件。选择“C++ Source File”选项，勾选“添加到工程”复选框，这时项目名称文本框中会默认显示当前项目名称，在“文件名”文本框中输入源文件名，“位置”中会默认显示项目所在位置。单击“确定”按钮完成新建文件。

4. 编译代码

在编辑器中输入代码并保存，然后可以通过选择主菜单中的“组建”→“编辑”命令进行编译和链接，也可以通过工具栏中的工具按钮快速完成构建可执行文件的过程。编辑快速工具栏如图1-6所示。

图1-6　编译快速工具栏

快速工具栏中第1个按钮为编译按钮，通过编译可以找出工程中的错误信息，提示编程人员进行修改；第2个按钮为链接按钮，编译成功后可进行链接。

在编译的过程中，会在主界面下方的信息输出窗口中显示构建过程信息，如编译和链接过程的步骤、是否有错等信息，如图1-7所示。

5. 运行程序

在正确的编译和链接以后，可通过“组建”→“执行”命令执行程序，也可以在图1-7所示的快速工具栏中单击“执行”按钮执行程序。快速工具栏中第4个按钮为“执行”按钮，在编译链接后可单击该按钮执行程序。也可直接单击“执行”按钮，此时会自动进行编译和链接操作。程序每次修改之后都必须重新进行编译链接才能执行。

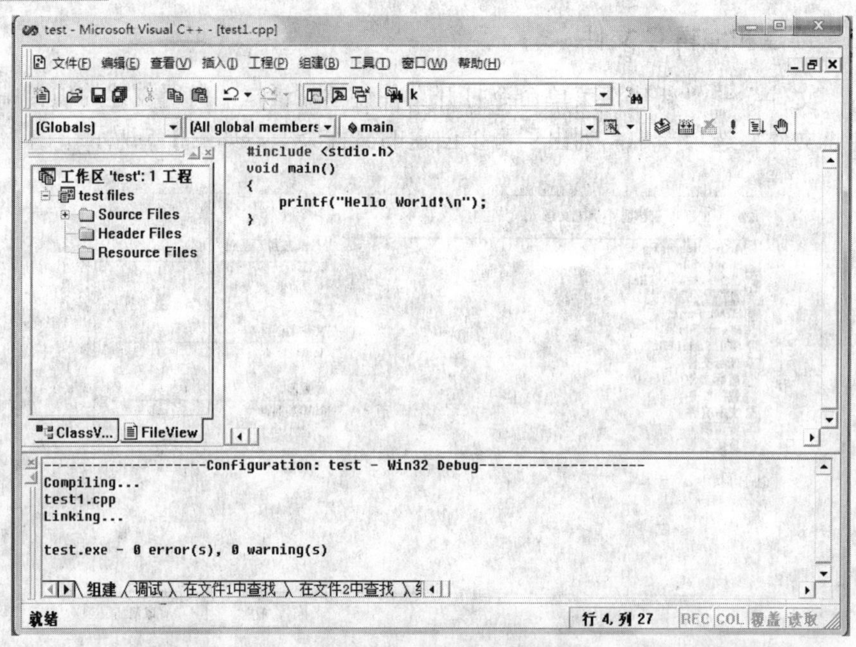

图 1-7　编译和链接过程

若程序执行成功，屏幕上将会输出执行结果，并提示信息：Press any key to continue。此时按下任意键，系统都会返回 VC 6.0 主窗口。可执行文件存放在创建工程时指定的子目录 debug 中。图 1-7 程序执行结果如图 1-8 所示。

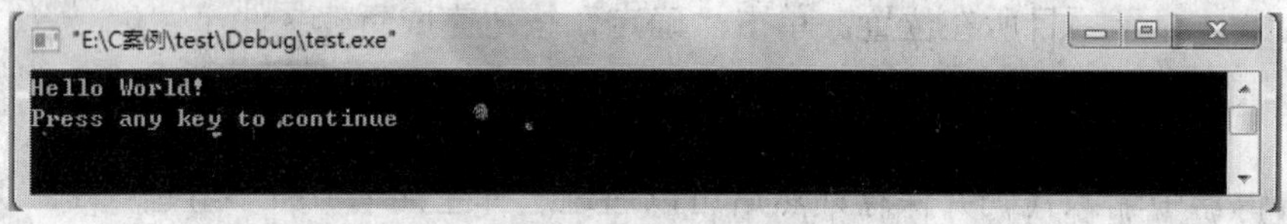

图 1-8　程序运行结果

若程序执行有误，用户需要返回编辑状态修改源程序并重新进行编译、链接和运行。

1.1.4　数据的输入和输出

没有输出的程序的数据处理和计算结果无法展示给用户，是没有价值的；而如果没有输入操作，则无法对目标数据进行处理，或者只能将数据写在程序中，无法对不同的数据进行处理，每次更换数据都需要更改程序和重新编译。所以，数据的输入和输出是一项很重要的操作。C 语言本身没有提供输入和输出语句，输入和输出操作是由 scanf 和 printf 等库函数来完成的。程序在调用这些函数时，必须在源文件的开始处加上头文件的包含命令。其格式如下：

```
#include <库函数头文件名>或#include "库函数头文件名"
```

C 语言提供了多种输入和输出格式，使其操作灵活、多样，且功能强大。

1. 字符输出函数 putchar( )

在 C 语言中，char 为字符类型，一个 char 类型的数据表示一个单一的字符。字符输出函数 putchar()的功能为将一个字符输出到屏幕上。其一般格式为：

```
putchar（ch）
```

其中参数 ch 为要输出的字符，执行成功时返回输出字符（即 ch），错误时将返回 EOF。所在的头文件为 stdio.h。putchar()的用法见案例 1-2。

【案例 1-2】 putchar()的用法。

源程序如下：

```
#include <stdio.h>
void main()
{
    char c1='G',c2='o',c3='d',c4='m',c5='r';
    putchar(c1);putchar(c2);putchar(c2);
    putchar(c3);putchar('\t');                    //'\t'表示空格
    putchar(c4),putchar(c2),putchar(c5);
    putchar('n');putchar('i');putchar('n');putchar('g');
    putchar('\n');                                //'\n'表示换行
}
```

该程序的运行结果如下：

```
Good    morning
```

2．标准格式输出函数 printf()

printf()函数的作用为按用户指定的格式，把指定的数据输出到计算机系统默认的输出设备（一般为终端或显示器）上。printf()的一般格式为：

```
printf("格式控制串",输出项序列);
```

格式控制串中包含两种信息：格式控制说明和普通字符。格式控制说明是由“%”字符开始的，后面跟格式控制符，说明输出数据的类型、形式、长度、小数位等信息，其作用为按要求的格式将数据输出，如“%d”，“%f”等；普通字符为要输出的字符，如字母、符号、空格、换行等，运行时会在屏幕上原样输出，一般为提示作用。

输出项序列中各个输出项用逗号隔开，输出项可以为变量、表达式、字符等。

格式控制说明和输出项应该在类型、个数、顺序上保持一致，且从左到右一一对应匹配。在输出时，每个对应输出项的值替换格式控制说明所在的位置，显示在屏幕上。

【案例 1-3】 输出整型变量的值。

源程序如下：

```
#include <stdio.h>
void main()
{
    int a=13,b=27;
    printf("%d %d\n",a,b);
    printf("a=%d,b=%d\n",a,b);
    printf("a+b=%d\n",a+b);
}
```

程序运行结果如下：

```
13 27
a=13,b=27
a+b=40
```

“printf("a+b=%d\n",a+b);”中，“a+b=”为普通字符，直接输出，“%d”对应后面“a+b”。printf()函数常用的格式说明符如表 1-1 所示。

表 1-1　printf()函数格式说明符

格式转换符	含　义	举　例	结　果
%d	以十进制形式输出一个整型数据	int x=10; printf("%d",x);	10
%o	以八进制形式输出一个无符号整型数据	int x=10; printf("%o",x);	12
%x 或%X	以十六进制形式输出一个无符号整型数据	int x=10; printf("%x",x);	a
%u	以十进制形式输出一个无符号整型数据	int x=10; printf("%u",x);	10
%f	以十进制形式输出一个浮点型数据	float f=−12.3; printf("%f",f);	−12.300 000
%e 或%E	以指数形式输出一个浮点型数据	float f=12.3; printf("%e",f);	1.230000e+001
%c	输出一个字符型数据	char c='c'; printf("%c",c);	c
%s	输出一个字符串	char s="Hello! "; printf("%s",s);	Hello!

另外，在格式说明中，可以在%和上述格式字符间插入以下几种修饰符，用来表示数据的输出宽度，修饰符的用法如表 1-2 所示。

表 1-2　printf 修饰符用法

格　式	说　明
l	可加在格式符 d、o、x、u 前面，如%ld，表示长整型
m	m 表示一个正整数，指定数据输出宽度
n	n 表示一个正整数，对于实数，表示输出 n 位小数；对于字符串，表示截取的字符个数
-	输出的内容左对齐

【案例 1-4】 修饰符的用法。

源程序如下：

```
#include <stdio.h>
void main()
{
    int a=123;float f=123.456;
    printf("%8d,%2d\n", a, a);
```

```
    printf("a=%d, a=%-6d, a=%6d\n", a, a, a);
    printf("%f,%8f,%8.1f,%.2f,%.2e\n", f, f, f, f, f);
}
```

程序的运行结果如下：

```
     123,123
a=123,a=123   ,a=   123
123.456001,123.456001,    123.5,123.46,123e+002
```

该程序中“printf("%8d,%2d\n", a, a)”分别以 8 字符宽度和 2 字符宽度显示整型变量 a，且默认输出为右对齐。所以第一行输出结果中先是 5 个空格，然后是 a 的值；而在指定的 2 字符宽度小于原整数的字符长度时，仍完整地显示原整数变量。

“%-6d”为以 6 个字符宽度显示变量 a，且采用左对齐的方式，通过比较“a=%-6d”和“a=%6d”的输出结果可看出左对齐和右对齐的区别。

“%8.1f”的作用为只显示小数点后一位数据，并采用四舍五入的方式截掉后面部分，所以显示的值为 123.5，按 8 字符宽度显示。“%.2e”为采用指数形式显示数据，并且小数点之后取两位有效数据。

【案例 1-5】 字符和字符串的输出。

源程序如下：

```
#include <stdio.h>
void main()
{
    char c1='H',c2='e',c3='o';
    printf("%3c%c%c%c%c\n",c1,c2,'l','l',c3);
    printf("\'%s\',%9s,%5.4s,%.3s,%.2s\t\\\n","Hello","Hello","Hello","Hello","Hello");
    printf("Nice to meet you!\n");
}
```

程序运行结果如下：

```
Hello
'hello',     Hello, Hell,Hel,He   \
Nice to meet you!
```

“%5.4s”表示截取字符串中前 4 位，并以 5 个字符宽度显示在屏幕上。

“printf("Nice to meet you!\n")”为 printf 最简单的用法，没有用到任何格式控制说明和变量，直接将字符串显示在屏幕上。

转义字符是一种特殊的字符常量。转义字符以反斜线“\”开头，后面跟一个或几个字符。转义字符有特殊的含义，不同于普通的字符，所以称为转义字符。例如，最常用的转义字符“\n”，其意义为“回车换行”。转义字符主要用来表示那些不用于一般字符，而且不便于表示的控制代码。因为“\”为转义字符的标志，所以每当“\”出现时，编译器将自动把其和后面的字符连接起来读取其含义，而编程人员想要输出“\”字符时便无法完成。所以用“\\”的形式来表示输出“\”。如在案例 1-5 中，“\t\\\n”表示先输出一个空格，然后输出一个字符“\”，再转到下一行。

常用的转义字符及其含义如表 1-3 所示。

表 1-3 常用的转义符及其含义

转 义 符	含 义
\t	空格，跳到下一个 tab 位置
\n	换行，将但前位置移到下一行开头
\b	退格，将当前位置移到前一列开头
\r	回车，将当前位置移到本行开头
\f	换页，将当前位置移到下页开头
\\	反斜线字符“\”
\’	单引号
\”	双引号
\a	响铃
\ddd	1 到 3 位八进制数所代表的字符
\xhh	1 到 2 位十六进制数所代表的字符

【案例 1-6】 打印一个金字塔。

源程序如下：

```
#include <stdio.h>
void main()
{
    printf("          *\n");
    printf("         ***\n");
    printf("        *****\n");
    printf("       *******\n");
    printf("      *********\n");
    printf("     ***********\n");
    printf("    *************\n");
    printf("   ***************\n");
    printf("  *****************\n");
    printf(" *******************\n");
}
```

该程序的输出结果如下：

```
         *
        ***
       *****
      *******
     *********
    ***********
   *************
  ***************
 *****************
*******************
```

通过空格和换行等控制字符显示的位置，可以在屏幕上打印很多图形，读者可自己进行尝试。

3．字符输入函数 getchar()

字符输如函数 getchar()的功能为读取屏幕上的一个字符，所在头文件也是 stdio.h。getchar()运行时会暂停，等待用户的输入，且接收用户输入时必须按 Enter 键结束，然后取走所输入字符的第一个字符。

字符输入函数每执行一次就从屏幕上读取一个字符，可将这个字符赋值给一个变量。

【案例 1-7】 字符输入函数的用法。

源程序如下：

```
#include<stdio.h>
void main(){
    char c1,c2;
    printf("请输入第一个字符：");
    c1=getchar();
    printf("您输入的第一个字符为%c\n",c1);
    printf("请输入第二个字符：");
    c2=getchar();
    printf("您输入的第二个字符为");
    putchar(c2);
    printf("\n");
}
```

程序运行结果如下：

```
请输入第一个字符：a
您输入的第一个字符为 a
请输入第二个字符：您输入的第二个字符为
```

在程序中输入字符 a，然后按 Enter 键，程序的输出如案例 1-7 运行结果所示。每当按下 Enter 键时，就相当于向键盘缓冲区发去一个“回车”（\r）和一个“换行”（\n），“\r”将光标移动到本行行首，“\n”将光标移动到下一行。这时缓冲区中有 3 个字符：“a\r\n”。第一个 getchar()函数读取第一字符 a 赋值给 c1，并将回车符“\r”从缓冲区中去掉，但是留下了“\n”，于是第二个 getchar()将“\n”赋值该给 c2。

要解决这个问题，可以在两个 printf ()函数之后加入语句 fflush(stdin)，其作用为清除缓冲区，这时可输入第二个字符作为 c2。

如将案例 1-7 更改如下：

```
#include<stdio.h>
void main(){
    char c1,c2;
    printf("请输入第一个字符：");
    c1=getchar();
    printf("您输入的第一个字符为%c\n",c1);
    fflush(stdin);
    printf("请输入第二个字符：");
    c2=getchar();
    printf("您输入的第二个字符为");
    putchar(c2);
    printf("\n");
}
```

则程序的运行结果如下：

```
请输入第一个字符：a
您输入的第一个字符为a
请输入第二个字符：b
您输入的第二个字符为b
```

注意，只有在读取的数据为字符或字符串类型时，才会发生上述问题，其他情况下均不需要情况缓冲区，这是因为在读取其他类型（如整型）的数据时，会跳过空白字符（空格、制表符和换行符）直到遇到一个非空白字符。

另外，getche()和getch()也是字符输入函数，其所在的头文件均为conio.h。

4．格式输入函数scanf()

scanf()函数的作用为按照用户指定的格式从键盘上把数据输入到指定的变量中，所在包为stdio.h。scanf()的一般格式为：

```
scanf ("格式控制串", 地址表列);
```


scanf()接受用户输入时可以空格、制表符和换行符结束。

格式控制串的使用规则和printf()相同，但是输入时不能规定精度，如“sacnf("7.3f",&f)”是非法的。用&表示某变量所在的内存单元地址，所读入的数据要赋值给某变量，即保存到该变量所在的地址，用“&变量名”表示。

【案例1-8】 读取数据。

源程序如下：

```
#include<stdio.h>
void main()
{
    int n;
    char c1,c2,c3,c4;
    printf("Please enter one integer: ");
    scanf("%d",&n);
    fflush(stdin);    //清空缓冲区
    printf("Please enter four characters: ");
    scanf("%c%c%c%c",&c1,&c2,&c3,&c4);
    printf("You have entered %d and %c%c%c%c\n",n,c1,c2,c3,c4);
}
```

程序运行结果如下：

```
Please enter one integer:  4
Please inter four characters:  abcd
You have entered 4 and abcd
```

运行以上程序时，在输入“abcd”时不能添加空格，否而程序会将空格读取并赋值给指定的变量。

【案例1-9】 含有附加控制符的数据输入。

源程序如下：

```
#include<stdio.h>
void main()
{
    int n1,n2,n3;
    printf("请输入三个整数: ");
    scanf("%d%d%d",&n1,&n2,&n3);
    printf("n1=%d,n2=%d,n3=%d\n",n1,n2,n3);
    printf("请输入三个整数: ");
    scanf("%2d%3d%4d",&n1,&n2,&n3);
    printf("n1=%d,n2=%d,n3=%d\n",n1,n2,n3);
    printf("请输入三个整数: ");
    scanf("%d,%d,%d",&n1,&n2,&n3);
    printf("n1=%d,n2=%d,n3=%d\n",n1,n2,n3);
}
```

程序输出结果如下：

```
请输入三个整数: 1 2 3
n1=1,n2=2,n3=3
请输入三个整数: 123456
n1=12,n2=345,n3=6
请输入三个整数: 1,23,345
n1=1,n2=23,n3=456
```


第一次输入时按顺序输入三个整数数据，之间以空格表示一个数据输入结束，分别将三个整数赋值给 n1、n2 和 n3。

第二次输入时，scanf()函数中的整型变量根据格式项中指定的列宽来分隔数据。在输入 123456 后，系统将前两个宽度数据 12 赋值给 n1，中间三个宽度数据 345 赋值给 n2，最后只剩下一个宽度数据，小于指定宽度，此时只需将剩余数据全部赋值给 n3 即可。如最后剩余数据宽度大于指定宽度，也只截取指定宽度数据。

第三次输入时，scanf()函数格式控制串“%d,%d,%d”中含“,”，则在输入数据时也必须在数据之间添加逗号，否则会显示输入错误。

1.1.5 任务实现

1．问题描述

学生成绩管理是学校教学管理中十分重要又相当复杂的管理工作之一。为了保证学校的信息流畅、工作高效，有必要设计一个学生成绩管理系统。

学生成绩管理系统完成一系列的功能，包括：录入学生信息、显示学生信息、查询学生信息、修改学生信息、学生成绩排序等。

在这里要实现的功能为打印学生成绩管理系统菜单。在菜单项中应列出所有的功能选项，以供用户选择。在用户选择特定的选项后，进入该功能。

2．要点解析

程序的主要功能为显示欢迎信息并列出学生管理系统的主要功能供用户选择。主要功能包括：

（1）添加学生信息。
（2）查找学生信息。
（3）删除学生信息。
（4）修改学生信息。
（5）学生成绩排序。
（6）统计学生成绩信息。
（7）保存数据到文件。
（8）读取所有学生信息。

3．程序实现

通过对上述知识的了解，便可以尝试实现“学生成绩管理系统菜单设计”任务。任务一的源程序如下：


```
#include<stdio.h>
#include<conio.h>
#include<string.h>

//以下为自定义函数声明语句
void choose();              //选择功能函数
void insert();              //插入学生成绩信息
void search();              //查找学生成绩信息
void del();                 //删除学生成绩信息
void modify();              //修改学生成绩信息
void order();               //按平均分成绩排序
void total();               //学生成绩信息统计
void write();               //将学生成绩信息保存在文件中
void read();                //从文件中读取所有学生成绩信息

void main()/*主函数*/
{
        printf("\n\n");
        printf("\t\t|--------------------STUDENT-----------------|\n");
        printf("\t\t|\t 1. 添加学生信息                            |\n");
        printf("\t\t|\t 2. 查找学生信息                            |\n");
        printf("\t\t|\t 3. 删除学生信息                            |\n");
        printf("\t\t|\t 4. 修改学生信息                            |\n");
        printf("\t\t|\t 5. 学生成绩排序                            |\n");
        printf("\t\t|\t 6. 统计学生成绩信息                        |\n");
        printf("\t\t|\t 7. 保存数据到文件                          |\n");
        printf("\t\t|\t 8. 读取所有学生信息                        |\n");
        printf("\t\t|\t 0. 退出系统                                |\n");
        printf("\t\t|--------------------------------------------|\n\n");
        printf("choose(0-7):");
        choose(); //通过用户输入选择相应的功能实现
}
```

程序运行结果如图 1-9 所示。

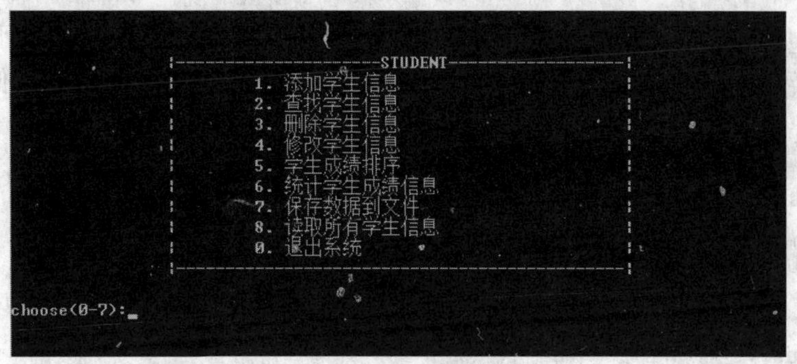

图 1-9 运行结果

任务 1.2 鸡兔同笼问题

任务目标

了解 C 语言中的基本数据类型。

掌握数据类型之间的转换方法。

了解常量和变量的概念，掌握变量定义的方法。

掌握 C 语言中运算符和表达式的概念，掌握几种表达式的含义和用法。

实现鸡兔同笼问题程序。

1.2.1 基本数据类型

计算机语言中的数据类型是为了高效处理不同数据而引入的一个概念，通过数据类型把不同特征的数据以及这些数据的处理方法封装在一起，既便于对信息的处理，也便于计算机硬件的实现。例如，C 语言中有整数类型、浮点类型、字符类型等基本数据类型，另外，还提供了自定义数据类型。

下面具体讲解每一种基本数据类型。

1. 整数类型

整数类型也称为整型，用来存放整数数据，如 1、21、-4、0 等，在 C 语言中用关键字 int 来表示。整型数据可以为十进制、八进制（以 0 开头）或十六进制（以 0x 开头）。

根据所占内存空间大小的不同，整型数据又可以分为三种：整型，以 int 表示；短整型，以 short int 表示，简写为 short；长整型，以 long int 表示，简写为 long。int、short 和 long 具体长度和系统及编译器有关。

除上述三种类型以外，整型数据还可以分为有符号整数（用 signed 表示，通常可以忽略）和无符号整数（用 unsigned 表示）。有符号整数存储时一般用最高位作为符号位，0 为正数，1 为负数。无符号整数只能表示正数。

2. 浮点类型

浮点类型用来存放小数或者超出整数范围的数值。

浮点类型分为单精度型和双精度型两种：单精度型用关键字 float 来表示，有 4 字节；双精度型用关键字 double 表示，需要 8 字节存放。标准格式的浮点数在存储时可分为三个部分：符号位、指数位、尾数位。为了统一表示，尾数位应该小于 1。

由于浮点类型提供的有效数据个数总是有限的，在有效位以外的数字将会被舍去。

【案例 1-10】 浮点类型。

源程序如下：

```
#include<stdio.h>
void main()
{
    double d;
    float f;
    d=123456789123.45;
    printf("d=%f\n",d);
    f=123456789123.45;
    printf("f=%f\n",f);
}
```

程序运行结果如下：


```
d=123456789123.450000
f =123456790528.000000
```

double 所能表示的数据长度大于 float，所以程序中对同样的数据，double 类型可以更完整地记录所有有效位，而 float 只能记录前 7 位有效数据，后面的数据没有意义，几乎不起作用。

3. 字符类型

字符类型数据如字母 A~Z、数字、符号、换行符、空格等，C 语言中用 char 表示字符类型数据。在计算机中，字符是以 ASCII 码的形式存储的，每个字符都有对应的 ASCII 码。

例如，大写字母 A 对应的 ASCII 码值为 65，即一个整数。因此，字符类型和整型关系非常密切，可以把字符类型看作为特殊的整型。

【案例 1-11】 查看字符对应 ASCII。

源程序如下：

```
#include <stdio.h>
void main()
{
    char c1='A',c2='Z',c3='a',c4='z';
    int n1=33,n2=40,n3=53,n4=63;
    printf("A ---%d        Z ---%d\n",c1,c2);
    printf("a ---%d        z ---%d\n",c3,c4);
    printf("33---%c        40---%c\n",n1,n2);
    printf("53---%c        64---%c\n",n3,n4);
}
```

程序运行结果如下：

```
A ---65     Z ---90
a ---97     z ---122
```

```
33 ---!    40 ---<
53 ---5    64 ---?
```

从程序运行结果中可以看出，A 和 Z 对应的 ASCII 码分别为 65 和 90；ASCII 码中 33 对应的字符为！，64 对应的字符为？。

4. 数据类型转换

数据类型转换分类自动转换和强制类型转换。

自动转换发生在参与运算的多个操作数类型不一致时，则先转换成同一类型，再进行计算，如加法操作中两个操作数分别为 int 类型和 float 类型，则都先转换为 float 类型，再进行计算，计算结果为 float 类型。

自动类型转换的规则如下：

```
double、float→long→unsigned→int→char、short
```

自动类型转换由机器自动完成，并且不会丢失数据。

强制类型转换是通过类型转换运算来实现的。其一般形式为：

```
(类型说明符) (表达式)
```

其功能是把表达式的运算结果强制转换成类型说明符所表示的类型。例如：

```
float a=5.432; int b=（int）a;
```

则把 a 转换成整型。

1.2.2 常量和变量

每个 C 程序中处理的数据，无论哪种数据类型，都是以常量和变量的形式出现的。在程序中，常量是可以不经说明而直接引用，而变量是必须先定义后使用的。

1. 常量

常量为程序执行过程中值保持不变的量。

C 语言中常量可以分为两种：直接常量和符号常量。

直接常量为直接以数据形式表现的常量，也称为常数。直接常量根据类型又可以分为 4 种：整型常量、实型常量、字符常量和字符串常量。

整型常量有 3 种表现形式：十进制整数，如 0、23、−23 等；八进制整数，以数字 0 开头，如 012、−034、0567 等；十六进制整数，以 0x 开头，如 0x123、0xa3 等。

实型常量有两种表现形式：由数字和小数点组成的实型数据，如 12.34，−567.08 等；以指数形式表示的实型数据，如 12.3e4，表示 12.3*1000，e 后面必须为整数。

字符常量指单一的字符数据，一般由单引号引起来，如'a'、'!'、'\n'、'4'等。任意数字均可被定义为字符常量，但定义为字符常量以后为字符类型，不能参与数字计算。

字符串常量为一串字符，由双引号引起来，如"hello"、"12345"等。字符常量'a'和字符串常量"a"是不同的，因为字符串在存储时，会自动在字符串的结尾添加'\0'表示字符串的结束，所以"a"实际上由'a'和'\0'两个字符组成。

符号常量为用符号表示数据的常量。符号常量在使用前必须先定义，通常用大写字母来定义符号常量。符号常量一旦定义好之后不能在程序执行过程中修改其值。符号常量定义格式为：

```
#define 常量名 常量值
```

【案例 1-12】 符号常量的使用。

源程序如下：

```
#include <stdio.h>
#define PI 3.14
void main()
{
    float radius;           //表示圆的半径
    float area;             //表示圆的面积
    printf("请输入圆的半径：");
    scanf("%f",&radius);
    area=PI*radius*radius;
    printf("圆的半径为%f \n 圆的面积为%f\n",radius,area);
}
```


程序输出结果如下：

```
请输入圆的半径：10
圆的半径为 10.000000
圆的面积为 314.000000
```

2. 变量

变量是指在程序执行期间值可以发生变化的量。变量代表内存中具有特定属性的内存单元，用来存放程序执行过程中的输入数据、中间结果和最终结果。一个变量应该有一个名字，映射到特定存储单元，存储单元内存放变量值，如图 1-10 所示。

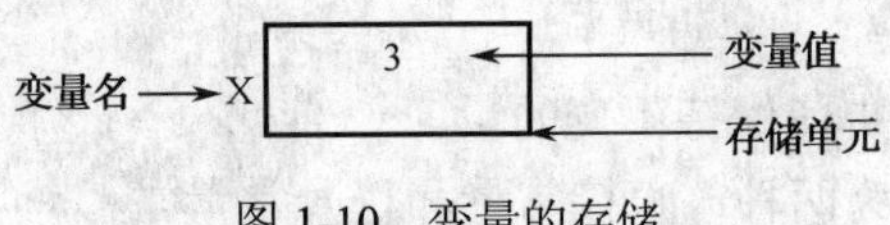

图 1-10 变量的存储

变量名为变量标识符，在编译过程中通过变量名查找相应的内存单元，并从内存单元中读取数据。变量的命名必须符合一定的规范：变量名必须以字母打头，名字中间只能由字母、数字和下画线“_”组成；变量名的长度不得超过 255 个字符；变量名在有效的范围内必须是唯一的。

在 C 语言中，变量必须“先声明、再使用”，在使用一个变量之前，必须先对它进行定义：指定数据类型和一个唯一的变量名。变量声明格式如下：

```
数据类型符 变量名;
```

可以在一个变量类型符后定义多个变量，变量间用逗号隔开，但最后一个变量后必须加“;”。在变量声明的同时可以给变量赋值。如“int a”表示定义一个类型为整型的变量 a；“char c='a'”表示声明一个类型为字符型的变量 c，同时给 c 赋值为字符 a。

1.2.3 运算符和表达式

C 语言中，对常量和变量的处理是通过不同的运算来实现的，用来表示各种运算的符号称为运算符，常量和变量通过运算符组成 C 语言的表达式。C 语言中运算符的种类很多，这里重点介绍算数运算、赋值运算和逗号运算，以及相对应的表达式。

1. 算术运算和算术表达式

算术运算符可分为两类：双目运算符需要两个运算对象，单目运算符只需要一个运算对象。运算对象可以是常数、变量和函数等。

C 语言中提供了 5 个基本运算符：

加法运算符“+”——双目运算符，求两个数相加之和，如 a+b、3+2 等。

减法运算符“-”——可作为双目运算符，求两个数相减的差，如 a-b、5-4 等；也可作单目运算符，表示运算对象取负数，如-4、-a 等。

乘法运算符“*”——双目运算符，取两个数的乘积，如 6*2、a*b 等。

除法运算符“/”——双目运算符，求两个数相除的商，如 a/b、3/2 等，0 不能作为除数。如果两个运算对象都是整数，则商也是整数，得到的结果只取整数部分；如果有其中一个运算对象是实数，则计算结果也用实数表示。

取模运算符“%”——双目运算符，求两个数相除的余数，如 5%3=2，其中两个操作数都必须为整数。

C 语言中还提供了自增运算符“++”和自减运算符“--”，分别表示将操作对象加 1 或减 1，然后存回到原操作对象中。这两个运算符都是单目运算符，运算对象只能是变量，且只能为整型或字符型。自增和自减操作符可以放在操作对象的前面，也可以放在操作对象的后面，其区别可看案例 1-13。

【案例 1-13】 自增和自减操作符的使用。

源程序如下：

```
#include <stdio.h>
void main()
{
    int a=3,b;
    b=++a;
    printf("a=%d,b=%d\n",a,b);
    b=a++;
    printf("a=%d,b=%d\n",a,b);
}
```

程序运行结果如下：

```
a=4,b=4
a=5,b=5
```

执行“b=++a”时，先对 a 进行加 1 运算，计算结果替换原来 a 的值，然后再将 a 的值赋给 b，所以 a=b=4；而执行“b=a++”运算时，先将 a 的值赋给 b，然后再对 a 进行加 1 运算，用运算后的值替换原来 a 的值，所以此时 a=5，b=4。

自减运算的使用方法同上。

用算术运算符和表达式将运算对象连接起来的式子成为算术表达式，例如 5+3、a++、(3+a)*b 等，都是算数表达式。

计算算术表达式时要注意运算符的结合性和优先级，如从左到右运算、先算括号里面的、先乘除后加减等。

2．赋值运算和赋值表达式

赋值运算用运算符“=”表示，作用为将运算符右边的数据存放到左边变量所在的内存单元内。含有赋值运算符的表达式为赋值表达式。

赋值运算符左边的操作对象必须为变量，右边可以为常量、变量、函数等。赋值运算符左右的操作对象必须是同一数据类型，否则无法进行操作。

如果一个赋值语句中有多个赋值运算符，则按照先右后左的顺序进行计算，如“a=b=3*2”，则先计算“b=3*2”的值，再把 b 的值赋给 a。

注意，“=”和“==”是两个不同的操作符，“==”的作用为判断两个操作数是否相等，如“a==b”，该操作判断 a 和 b 是否相等，相等则返回真 1，否则返回假 0。

除了简单的赋值运算外，还可加上其他操作符构成复合的赋值运算，如赋值运算表达式“a+=3”，表示 a=a+3。同理，还有其他复合赋值运算符-=、*=、/=、%=等。

【案例 1-14】 赋值表达式。

源程序如下：

```
#include <stdio.h>
void main()
{
    int a=3;
    a+=3;
    a*=3;
    a+=a+=3;
    printf("a=%d\n",a);
}
```

请读者自行分析该程序的运行结果。

3．逗号运算和逗号运算表达式

逗号运算符是把逗号“，”作为运算符，利用逗号把多个表达式连接在一起，这样构成的表达式为逗号表达式。运算时，用逗号分开的表达式的值分别结算，但整个表达式的值是最后一个表达式的值。逗号表达式的格式为：

```
表达式 1,表达式 2,…,表达式 n;
```

逗号运算符的优先级是最低的。

【案例 1-15】 逗号表达式。

原程序如下：

```
#include <stdio.h>
void main()
{
    int x=2,y=5;
```

```
    int a,b,c;
    a=(y++,x+3);
    b=(x+3,y++,x++);
    c=(x++,y++,x+7);
    printf("a=%d,b=%d,c=%d\n",a,b,c);
}
```

程序运行结果如下：

```
a=5,b=2,c=11
```

分析该程序的运行结果：在“a=(y++,x+3)”中，将最后一个表达式“x+3”的值赋给 a，得到 a=5，此时 x=2；“b=(x+3,y++,x++)”中，将最后一个表达式“x++”的值赋给 b，“x++”为先赋值再加 1，所以 b=2，此时 x=3；在“c=(x++,y++,x+7)”中，遵循从左到右的计算顺序，先计算“x++”，得到 x=4，然后再计算 x+7 后赋值给 c，所以 c=11。

1.2.4 任务实现

1．问题描述

鸡兔同笼问题是一个有趣的数学问题，问题的描述是这样的：一个笼子里面关了很多只鸡和兔子（鸡有 2 只脚，兔子有 4 只脚，没有例外），已经知道了笼子里面鸡兔的总数为 h 和脚的总数为 f，问笼子里分别有多少只兔子和多少只鸡？

2．要点解析

使用基本的数据运算来解决这个问题，有两种解决思路。

思路一

每只兔子比鸡多 2 只脚，如果先假设它们全是鸡，于是根据鸡兔的总数就可以算出在假设下共有几只脚，把这样得到的脚数与题中给出的脚数相比较，看看差多少，每差 2 只脚就说明有 1 只兔，将所差的脚数除以 2，就可以算出共有多少只兔。概括起来，解鸡兔同笼题的基本关系式是：兔数=（实际脚数-每只鸡脚数×鸡兔总数）÷（每只兔子脚数-每只鸡脚数）。

类似地，也可以假设全是兔子。

思路二

可以使用方程组的形式来解决鸡兔同笼问题。

假设输入的头的数量是 h，脚的数量是 f。这两个值是已知的。假设鸡的数量是 c，兔子的数量是 r，那么方程组为：

```
4r+2c=f          //兔子 4 只脚，鸡 2 只脚，所以 4×兔+2×鸡=总脚数
r+c=h            //兔子跟鸡都是一个头，所以兔头+鸡头=总头
```

计算这个方程组得到：

```
r=(f-2h)/2
c=h-r
```

3. 程序实现

思路一

```
#include <stdio.h>
void main()
{
    int r,c,     //r 为兔子数目，c 为鸡数目
    int h,f;     //h 为头的数目，f 为脚的数目
    int n;
    printf("请输入总头数: \n");
    scanf("%d",&h);
    printf("请输入总脚数: \n");
    scanf("%d",&f);
    n=f-2*h;
    r=n/(4-2);
    c=h-r;
    printf("兔子的数量是%d\n",r);
    printf("鸡的数量是%d\n",c);
}
```


思路二

```
#include <stdio.h>
void main()
{
     int r,c,h,f;
    printf("请输入总头数: \n");
    scanf("%d",&h);
    printf("请输入总脚数: \n");
    scanf("%d",&f);
    r=(f-2*h)/2;
    c=h-r;
    printf("兔子的数量是%d\n",r);
    printf("鸡的数量是%d\n",c);
}
```

程序运行结果如下：

```
请输入总头数:
35
请输入总脚数:
108
兔子的数量是 19
鸡的数量是 16
请输入总头数:
20
请输入总脚数:
40
兔子的数量是 0
鸡的数量是 20
```

目前的程序还不能识别错误数据并对错误数据进行处理，在学习后续知识后可以改进这一点，自动检测错误的输入。

课后练习

1. 编写C语言程序，在屏幕上输出自己的名字。

2. 有如下程序，输入数据：12345M678后按Enter键，分析x和y的值。

```
#include<stdio.h>
main(){
int x;
float y;
scanf("%3d%f",&x,&y);
}
```

3. 尝试在屏幕上用“*”输出一个心形。

4. 尝试在屏幕上用“*”输出一棵树的形状。

5. 编写C语言程序，按提示输入学生学号、姓名、院校信息，并按一定的格式在屏幕上输出读到的信息。

6. 分析下面程序的执行结果。

```
#include<stdio.h>
{
    int i=10,j=10;
    printf("%d,%d\n",++i,j--);
}
```

7. 已知字母A的ASCII码是65，分析下面程序的执行结果。

```
#include<stdio.h>
main()
{
    char c1='A',c2='Y';
    printf("%d,%d\n",c1,c2);
}
```

8. 找出以下不正确的C语言标识符。

```
ABC    abc    a_  bc    ab.c   1a   *r   _r   f2
```

9. 分析以下程序的执行结果。

```
#include<stdio.h>
void main（ ）
{
    int   i=10,j=10;
    printf("%d, %d\n",++i, j--);
}
```

10. 有以下程序段，对应正确的输入应为____。

```
float x, y;
scanf("%f%f",&x,&y);
printf("a=&f,b=%f",x,y);
```

A．2.04 <enter> 5.67 <enter>

B．2.04,5.67<enter>

C．a=2.04,b=5.67<enter>

D．2.045.67<enter>

11．有如下程序段：

```
int x1,x2;
char y1,y2;
scanf("%d%c%d%c",&x1,&y1,&x2,&y2);
```

若要求 x1、x2、y1、y2 的值分别为 10、20、A、B，正确的数据输入是什么？

12．分析以下程序的执行结果：

```
void mian()
{
    int   i, j, m, n;
    i=8; j=10;
    m=++i;
    n=j--;
    printf("%d,%d,%d,%d",i,j,m,n);
}
```


13．编写 C 语言程序，计算任意两点（x1,y1）和（x2,y2）之间的距离（根据两点之间距离公式计算）。

14．分析下面程序，指出错误的原因，并改正。

```
#include <stdio.h>
void main()
{
    int a,b;
    float x,y;
    scanf("%d,%d\n",a,b);
    scanf("%5.2f,%5.2f\n",x,y);
    printf("a=%d,b=%d\n",a,b);
    printf("x=%d,b=%y\n",x,y);
}
```

第2章 程序控制结构

算法的实现过程是由一系列操作组成的，这些操作之间的执行次序就是程序的控制结构。结构化程序设计方法强调使用的基本结构是顺序、选择和循环 3 种控制流程，任何简单或复杂的算法都可以由它们组合而成。

一般情况下，程序中的代码按其出现的顺序依次执行，这叫做“顺序执行”。顺序结构是程序设计中最简单、最常用的基本结构。

选择结构程序不是按照语句的顺序依次执行，而是根据给定的条件成立与否，决定下一步选取哪条执行路径。选择结构的特点是：在各种可能的操作分支中，根据所给定的选择条件是否成立，来决定执行某一分支的相应操作，而且在任何情况下，无论分支多少，仅选其一。

算法中有时需要反复执行某一特定操作，循环控制就是由特定的条件决定某些语句重复执行的控制方式。

由于顺序结构比较常见，本章中着注重介绍选择控制结构和循环控制结构的语法规则、语句的使用和程序执行流程等知识。

任务 2.1　测身高

任务目标

掌握关系运算符和关系表达式的概念和用法。

掌握逻辑运算符和逻辑表达式的概念和用法。

掌握条件运算符和条件表达式的概念和用法。

掌握 if 分支语句的用法，包括单分支语句、双分支语句以及多分支语句。

掌握 switch 分支语句的用法。

完成测身高程序。

2.1.1　控制语句中的运算符和表达式

1. 关系运算符和关系表达式

关系运算是逻辑运算中比较简单的一种。所谓“关系运算”实际上是“比较运算”。将两个值进行比较，判断比较的结果是否符合给定的条件。例如，a>3 是一个关系表达式，大于号（>）是一个关系运算符，如果 a 的值为 5，则满足给定的“a>3”条件，因此关系表达式的值为“真”(即“条件满足”)，用值 1 表示；如果 a 的值为 2，不满足“a>3”

条件，则关系表达式的值为“假”，用数值 0 表示。

C 语言中提供 6 种不同的关系运算符，简单介绍如表 2-1 所示。

表 2-1　关系运算符

运 算 符	名　称	运算规则	运算对象	运算结果	举　例	表达式值
<	小于	满足则为真，结果为 1；不满足则为假，结果为 0	整型、字符型、实型	逻辑值 0 或 1	a=2;b=3;a<b;	1
<=	小于等于				a=2;b=3;a<=b;	1
>	大于				a=2;b=3;a>b;	0
>=	大于等于				a=2;b=3;a>=b;	0
==	等于				a=2;b=3;a==b;	0
!=	不等于				a=2;b=3;a!=b;	1

当多种运算符在一个表达式中同时使用时，要注意运算符的优先级，防止记错运算符优先级的最好方法是添加圆括号。关系运算符的优先级关系如下：

（1）前 4 种关系运算符（<，<=，>，>=）的优先级别相同，后 2 种也相同。前 4 种高于后 2 种。例如，“>”优先于“==”。而“>”与“<”优先级相同。

（2）关系运算符的优先级低于算术运算符。

（3）关系运算符的优先级高于赋值运算符。

例如：

c>a+b 等效于 c>(a+b)。

a>b!=c 等效于 (a>b)!=c。

a==b<c 等效于 a==(b<c)。

a=b>c 等效于 a=(b>c)。

【案例 2-1】 关系表达式。

```
#include <stdio.h>
void main()
{
    int a,b,c,x,y;
    a=1,b=2,c=3;
    x=a>b;
    y=a<b<c;
    printf("%d,%d\n",x,y);
    printf("%d\n",a+b>=c);
    printf("%d\n",a>=b!=2);
    printf("%d\n",a+5<b+2);
    printf("%d\n",a!=b>4);
    printf("%d\n",a!=b!=c);
}
```

程序运行结果如下：

```
0,1
1
1
0
```

```
1
1
```

注意，要区分关系运算符“==”和赋值运算符“=”。

【案例 2-2】 运算符“==”和“=”的区分。

```
#include <stdio.h>
void main()
{
    int a=3,b=2,c1,c2;
    c1=(a=b);
    printf("a=%d,b=%d,c1=%d\n",a,b,c1);
    c2=(a==b);
    printf("a=%d,b=%d,c2=%d\n",a,b,c2);
}
```

程序运行结果如下：

```
a=2,b=2,c1=2
a=2,b=2,c2=1
```

“=”为赋值操作，其结果为将右边表达式的值赋给左边变量，会改变左边变量的值；而“==”为关系表达式，用来判断左右两边表达式的值是否相同，相同时表达式结果为1，不同时为 0，不会改变左右两边表达式的值。

2. 逻辑运算符和逻辑表达式

当判断条件有多个时，只执行一个判断并不足以确定程序执行流程，而是需要同时执行多个比较并综合多个比较结果来进行判断，这时就需要用到逻辑运算和逻辑表达式。

C 语言提供 3 种逻辑运算符，这几种运算符的简单介绍如表 2-2 所示。

表 2-2 逻辑运算符

运 算 符	名 称	运算规则	运算对象	运算结果	举 例	表达式值
!	非	逻辑非（NOT）	数字、整型或实数型	逻辑值 1 或 0	a=1;!a	0
&&	与	逻辑与（AND）			a=1;b=0;a&&b	0
||	或	逻辑或（OR）			a=1;b=0;a||b	1

“&&”和“||”是“双目运算符”，它要求有两个运算量（操作数），如(a>b)&& (x>y)，(a>b) || (x>y)。“！”是一目运算符，只要求一个运算量，如！(a>b)。

表 2-3 为逻辑运算的“真值表”，用它表示当 a 和 b 的值为不同组合时，各种逻辑运算所得到的值。

程序的目的是解决客观世界中存在的问题，因此常常需要模拟客观世界中的事物或者概念，如学生。在计算机中是如何表示一个学生或者其他事物的呢？首先要做的是找到这个事物中会被关注的信息。比如在学生信息管理系统中，学生的学号、姓名、年龄、性别、院系等信息会被关注，则在计算机中将这些信息表示出来，即可代表一个学生。但是不同的属性具有不同的数据类型，如学号为整型或者字符型、姓名为字符型、性别为字符型、学院为字符型、成绩为浮点型等。

表 2-3　逻辑运算真值表

a	b	!a	!b	a&&b	a‖b
真	真	假	假	真	真
真	假	假	真	假	真
假	真	真	假	假	真
假	假	真	真	假	假

除了逻辑非以外，逻辑运算符的优先级低于关系运算符，但逻辑非的优先级高于算数运算符。

如前所述，逻辑表达式的值应该是一个逻辑量“真”或“假”。C 语言编译系统在给出逻辑运算结果时，以数值 1 代表“真”，以 0 代表“假”，但在判断一个量是否为“真”时，以 0 代表“假”，以非 0 代表“真”。例如：

若 a=4，则!a 的值为 0。因为 a 的值为非 0，对它进行非运算，值为 1。

若 a=4，b=5，则 a&&b 的值为 1。因为 a 和 b 的值都为非 0，对它进行与运算，值为 1。

a、b 同前，a‖b 的值为 1。

a、b 同前，！ a‖b 的值为 1。

4&&0‖2 的值为 1。

通过这几个例子可以看出，由系统给出的逻辑运算结果不是 0 就是 1。而参加逻辑运算的运算对象可以是任何数值。如果在一个表达式中不同位置上出现数值，应区分哪些是作为数值运算或关系运算的对象，哪些是作为逻辑运算的对象。例如：

```
5>3&&2||8<4-!0
```

表达式自左至右扫描求解。首先处理“5>3”。在关系运算符两侧的 5 和 3 作为数值参加关系运算，“5>3”的值为 1。再进行“1&&2”的运算，此时 1 和 2 均是逻辑运算对象，均为“真”处理，因此结果为 1。再往下进行“1‖8<4-！0”的运算。根据优先次序，“！0”的结果为 1，表达式变成“1‖8<3”，“8<3”的结果为 0。最后得到“1‖0”的结果为 1。

【案例 2-3】 逻辑运算。

```
#include <stdio.h>
void main()
{
    int a,b,c;
    a=2,b=3;
    printf("%d   ",(a==0)&&(a=5));
    printf("a=%d\n",a);
    printf("%d   ",(b>=2)&&(b=0));
    printf("b=%d\n",b);
     a=b=c=1;
    ++a||++b&&++c;                    //短路运算
    printf("a=%d,b=%d,c=%d\n",a,b,c);
    a=b=c=1;
    ++a&&++b||++c;
```

```
    printf("a=%d,b=%d,c=%d\n",a,b,c);
}
```

程序运行结果如下：

```
0    a=2
0    b=0
a=2, b=1, c=1
a=2, b=2, c=1
```

&&和||均是短路运算符。在一个或多个&&相连的表达式中，只要有一个操作数为 0，则整个表达式为 0。同理，在||相连的表达式中，只要前面有一个表达式结果为 0，则整个表达式的结果为 0，后续运行不再继续进行。所以在“++a||++b&&++c”中，由于“++a”的结果为 2，则整个与逻辑表达式的结果为 1，后续的“++b”和“++c”不再执行。但表达式如果为“++a&&++b&&++c”，则需要依次执行“++a”、“++b”和“++c”来得到最终逻辑表达式的结果。

3. 条件运算符和条件表达式

条件运算符是“?”，它是 C 语言中唯一的三目运算符。其基本语法为：

```
表达式 1? 表达式 2: 表达式 3
```

求值过程为：先求表达式 1，若其值为真（非 0），则将表达式 2 的值作为整个表达式的取值；若表达式 1 的值为假（0），则将表达式 3 的值作为整个表达式的取值。例如：

```
max=（a>b）?a:b;
```

其执行结果为将 a 和 b 中较大的值赋值给 max。

条件运算符优先级高于赋值、逗号运算符，低于其他运算符。例如：

m<n ? x : a+3 等价于 (m<n) ?(x) :(a+3)

a++>=10 && b-->20 ? a : b 等价于 (a++>=10 && b-->20) ? a : b

x=3+a>5 ? 100 : 200 等价于 x= ((3+a>5) ? 100 : 200)

【案例 2-4】 条件运算符。

```
#include <stdio.h>
void main()
{
    int a,b,c,d,max;
    a=5;b=7;c=12;d=4;
    max=(a>b?a:b);
    max=(max>c?max:c);
    max=(max>d?max:d);
    printf("The maximal number is %d.\n",max);
}
```

程序运行结果如下：

```
The maximal number is 12.
```

2.1.2 if 语句

if 语句是 C 语言中最简单的流程控制语句，if 语句的作用是判断给定的条件是否满足，根据条件判定结果（真或假）来决定执行什么操作。其基本语法为：

```
if (布尔表达式)
{
    代码段
}
```

其含义是，如果布尔表达式的值为真，则继续执行下面的代码段，否则跳过这个代码段，执行后面的语句。

布尔表达式可以为常量、变量、关系表达式或逻辑表达式。代码段可以是一条语句或多条语句，如果只有一条语句，则可以省略大括号。

C 语言的 if 语句有以下三种基本形式。

1. 单分支 if 语句

```
if (表达式) { 语句段 }
```


这是 if 语句最简单的一种形式。它根据表达式的值进行判定，以决定是否执行某个程序片段。

单分支 if 语句的执行流程如图 2-1 所示。

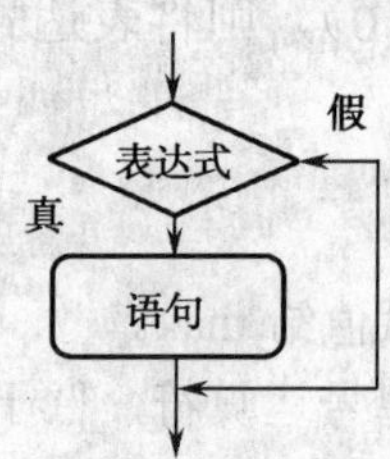

图 2-1 单分支 if 语句执行流程图

【案例 2-5】 数字排序。

```
#include <stdio.h>
void main()
{
    int a,b,c,t;
    printf("请输入三个整数:");
    scanf("%d%d%d",&a,&b,&c);
    printf("a=%d,b=%d,c=%d\n",a,b,c);
    if(a>b)
    {
        t=a;a=b;b=t;
    }
    if (a>c)
    {
        t=a;a=c;c=t;
    }
    if(b>c)
    {
```

```
        t=b;b=c;c=t;
    }
    printf("a=%d,b=%d,c=%d\n",a,b,c);
}
```

该程序的运行结果如下：

```
请输入三个整数：4  9  7
a=4,b=3,c=7
```

排序后结果为：

```
a=3,b=4,c=7
```

2．双分支 if 语句

双分支 if语句的一般形式为：

```
if（布尔表达式）
{
    代码段
}
else
{
代码段
}
```

根据布尔表达式判定选择哪个分支执行，如果表达式值为真，则执行 if 分支语句组；如果为假，则执行 else 分支语句。

if-else 语句的执行流程如图 2-2 所示。

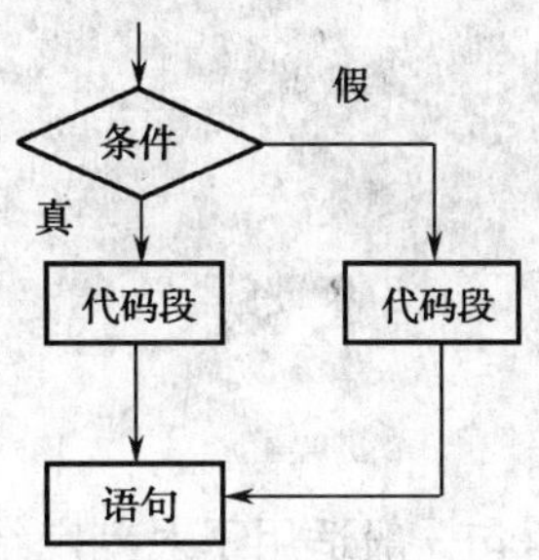

图 2-2　双分支 if 语句执行流程图

【案例 2-6】 三角形判定。

```
#include <stdio.h>
void main()
{
    int a,b,c;
    printf("请输入三角形的三条边:");
    scanf("%d%d%d",&a,&b,&c);
    printf("a=%d,b=%d,c=%d\n",a,b,c);
    if((a>=0||b>=0||c>=0)&&(a+b>c&&a+c>b&&b+c>a))
        printf("可以构成三角形\n");
    else
```

```
        printf("两边之和小于等于第三边或有边为 0，不构成三角形\n");
}
```

分别输入正确的边和错误的边，程序运行结果如下：

```
请输入三角形的三条边: 0 2 3
a=0,b=2,c=3
两边之和小于等于第三边或有边为 0，不构成三角形
请输入三角形的三条边: 1 2 3
a=1,b=2,c=3
两边之和小于等于第三边或有边为 0，不构成三角形
请输入三角形的三条边: 2 3 4
a=2,b=3,c=4
可以构成三角形
```

3. 多分支 if 语句

多重分支 if 语句的一般形式为：


```
if (布尔表达式 1)
{
 代码段 1
}
else if ( 布尔表达式 2 )
{
代码段 2
}
⋮
else if ( 布尔表达式 n-1 )
{
 代码段 n-1
}
else
{
代码段 n
}
```

前面所给的两种形式的 if 语句一般适用于对判定结果做出两种选择的情况，即有两个分支。但是实际情况往往比较复杂，常常会出现多个分支的情况，此时就可以采用第三种形式的 if 分支语句。其执行过程为：依次判断表达式的值，当某个表达式的值为真时，则执行对应的语句，然后跳转到整个 if 语句之外的语句执行；如果所有的表达式都为假，则执行 else 语句对应的程序段，然后继续执行整个程序。

【案例 2-7】 编写 C 语言程序，从键盘上输入一个字符，识别输入的字符类型：大写字母、小写字母、数字或其他类型。

```
#include <stdio.h>
void main()
{
    char c;
    printf("请输入一个字符:");
```

```
    scanf("%c",&c);
    printf("您输入的字符为%c\n",c);
    if(c>='0'&&c<='9')
        printf("这是一个数字\n");
    else if(c>='A'&&c<='Z')
        printf("这是一个大写字母\n");
    else if(c>='a'&&c<='z')
        printf("这是一个小写字母\n");
    else
        printf("这是一个其他字符\n");
}
```

依次输入一个数字、一个小写字母、一个大写字母和一个其他字符，程序运行结果如下：

```
请输入一个字符：5
您输入的字符为 5，这是一个数字
请输入一个字符：t
您输入的字符为 t，这是一个小写字母
请输入一个字符：E
您输入的字符为 E，这是一个大写字母
请输入一个字符：！
您输入的字符为！，这是一个其他字符
```


在多重 if 语句中，要注意各个表达式所表示的条件必须是互相排斥的。也就是说，只有表达式 1 不满足时才会判断表达式 2，而当表达式 2 不满足时才会判断表达式 3，其余依次类推，只有所有表达式均不满足时才执行最后的 else 语句。也就是说，在所有的条件表达式中，应该只有一个条件表达式是为真的，并执行器对应的代码段；其余表达式均为假，所对应的代码段均不执行。

【案例 2-8】 成绩等级判定。

编写程序，让用户输入一个在 0～100 以内的学生考试成绩（整数），要求计算机判定并输入成绩等级：90 分以上为优秀；80～89 分为良好；70～79 分为中等；60～69 分为及格，60 分以下为不合格。

```
#include <stdio.h>
void main()
{
    int score;
    printf("请输入学生成绩(0～100):");
    scanf("%d",&score);
    if(score<0||score>100)
        printf("输入数据不合法\n");
    else if(score>=90&&score<=100)
        printf("您的成绩为优秀\n");
    else if(score>=80&&score<89)
        printf("您的成绩为良好\n");
    else if(score>=70&&score<79)
        printf("您的成绩为中等\n");
    else if(score>=60&&score<69)
```

```
        printf("您的成绩为合格\n");
    else if(score<60)
        printf("您的成绩为不合格\n");
}
```

程序运行结果如下：

```
请输入学生成绩（0～100）：34
您的成绩为不合格
请输入学生成绩（0～100）：87
您的成绩为良好
请输入学生成绩（0～100）：104
输入数据不合法
```

2.1.3 switch 语句

用 if 嵌套的语句处理多层次的情况分支太多，程序冗长而且可读性低，C 语言提供了 switch 语句直接处理多分支选择。switch 的一般形式如下：


```
switch(表达式)
{
    case 常量表达式 1: 代码段 1； break;
    case 常量表达式 2: 代码段 2； break;
    ⋮
    case 常量表达式 n: 代码段 n； break;
    default : 代码段 n+1
}
```

switch 语句根据一个表达式的值选择要执行的代码片段，其流程图和 if-else-if 语句类似。其执行过程为：先计算表达式的值，然后逐个与 case 之后的常量表达式比较，当表达式的值和某个常量的值相等时，执行对应常量后面的语句组；如果表达式的值和所有常量的值均不相等，则执行 default 之后的代码段；如果没有 default，则什么也不执行，直接执行后续代码。

switch 之后的表达式，可以是整形表达式、字符型表达式或枚举型表达式。每一个 case 之后的值都要相互不同。当表达式的值和一个 case 的值相等时，则执行该 case 后的代码段，后续其他 case 则不再进行比较，所以代码段之后一定要加一个 break，表示跳转到 switch 之后的语句，如果不加，则会出现异常错误，最后一个分支可以不加 break。

多个 case 可以共用一组执行语句，如：

```
switch(week)
{
    case  1 :
    case  2 :
    case  3 :
    case  4 :
    case  5 : printf("工作日");
    case  6 :
    case  7 : printf("假期");
```

```
    default  :  printf("输入错误");
}
```

用 switch 语句，同样可以实现成绩等级判定程序。

【案例 2-9】 成绩等级判定 2。

```
#include <stdio.h>
void main()
{
    int score;
    printf("请输入学生成绩(0～100):");
    scanf("%d",&score);
    switch(score/10)
    {
        case 10:
        case 9: printf("您的成绩为优秀\n"); break;
        case 8: printf("您的成绩为良好\n"); break;
        case 7: printf("您的成绩为中等\n"); break;
        case 6: printf("您的成绩为合格\n"); break;
        case 5:
        case 4:
        case 3:
        case 2:
        case 1:
        case 0: printf("您的成绩为不合格\n"); break;
        default:printf("输入数据不合法\n");
    }
}
```

分别输入各个等级的数据，程序运行结果如下：

```
请输入学生成绩(0～100):62
您的成绩为合格
请输入学生成绩(0～100):3
您的成绩为不合格
请输入学生成绩(0～100):94
您的成绩为优秀
请输入学生成绩(0～100):104
输入数据不合法
请输入学生成绩(0～100):72
您的成绩为中等
```

2.1.4 任务实现

1. 问题描述

每个做父母的都关心自己孩子成人后的身高，据有关生理卫生知识与数理统计分析表明，影响小孩成人后的身高的因素包括遗传、饮食习惯与体育锻炼等。小孩成人后的身高与其父母的身高和自身的性别密切相关。设 faHeight 为其父身高，moHeight 为其母身高，身高预测公式为：

男性成人时身高=(faHeight + moHeight)×0.54 cm

女性成人时身高=(faHeight×0.923 + moHeight)/2 cm

此外，如果喜爱体育锻炼，那么可增加身高 2%；如果有良好的卫生饮食习惯，那么可增加身高 1.5%。

编程从键盘输入用户的性别、父母身高、是否喜爱体育锻炼、是否有良好的饮食习惯等条件，利用给定公式和身高预测方法对孩子的身高进行预测。

2．要点解析

要计算孩子的身高，首先要确定计算表达式。而身高的计算公式是由父母身高、性别、饮食习惯和体育锻炼相关的，所以要根据特定的条件选择来确定身高表达式，这就要用到选择控制结构。

最常用的选择控制语句为 if 语句，本案例中选择 if 语句来实现这一功能。

程序具体流程为：

输入父母身高，确定孩子性别，选择是否经常锻炼，选择是否有良好的饮食习惯，确定身高计算公式，计算身高并输出。

程序中用到的变量有：

faHeight 和 moHeight —— float 类型，分别表示孩子父母的身高。

sex —— char 类型，用来表示孩子的性别，输入字符 M 表示男性，F 表示女性。

sport —— char 类型，用来表示是否喜欢体育锻炼，输入字符 Y 表示经常体育锻炼，N 表示不经常体育锻炼。

diet —— char 类型，用来表示是否有良好的饮食习惯，输入字符 Y 表示有良好的饮食习惯，N 则为没有。

3．程序实现

程序具体实现过程如下：

```
#include <stdio.h>
void main()
{
    float faHeight,moHeight,height;
    char sex,sport,diet;
    printf("请分别输入父母的身高,以 cm 为单位:");
    scanf("%f%f",&faHeight,&moHeight);
    printf("%f    %f\n",faHeight,moHeight);
    printf("请输入孩子的性别，M 表示男性，F 表示女性:");
    fflush(stdin);
    scanf("%c",&sex);
    if(sex=='M'||sex=='m')
        height=(faHeight+moHeight)*0.54;
    else
        height=( faHeight *0.923+moHeight)/2;
    printf("是否经常进行体育锻炼，Y 表示是，N 表示否:");
    fflush(stdin);
    scanf("%c",& sport);
    if(sport=='Y'||sport=='y')
```

```
        height=height*(1+0.02);
    printf("是否有良好的饮食习惯，Y表示是，N表示否:");
    fflush( stdin );
    scanf ("%c", &diet);
    if(diet=='Y'||sport=='y')
        height=height*(1+0.015);
    printf("预测的孩子的身高为：%.3f\n", height);
}
```

程序运行结果如下：

```
请分别输入父母的身高，以 cm 为单位:180 163
180.000000   163.000000
请输入孩子的性别，M表示男性，F表示女性:f
是否经常进行体育锻炼，Y表示是，N表示否:y
是否有良好的饮食习惯，Y表示是，N表示否:n
预测的孩子的身高为：170.379
```

任务 2.2　学生信息管理系统之成绩统计

任务目标

了解循环控制结构的概念。

掌握 for 循环语句的用法。

掌握 while 循环语句的用法。

掌握 do-while 循环语句的用法。

完成学生信息统计任务。

2.2.1　for 循环

for 语句是 C 语言所提供的功能强、使用非常广泛的一种循环语句。for 语句的一般形式为：

```
for（表达式 1;表达式 2;表达式 3）
{
    循环语句
}
```

其中，

表达式 1：通常用来给循环变量赋初值，一般是赋值表达式。也允许在 for 语句外给循环变量赋初值，此时可以省略该表达式。

表达式 2：通常是循环条件，一般为关系表达式或逻辑表达式。

表达式 3：通常可用来修改循环变量的值，一般是赋值语句。

这 3 个表达式都可以是逗号表达式，即每个表达式都可由多个表达式组成。3 个表达式都是任选项，都可以省略。省略表达式时，表达式之间的逗号不能省略。

循环语句在条件满足的时候重复执行。

for 语句的执行过程如下：首先计算表达式 1 的值；再计算表达式 2 的值，若值为真（非 0）则执行循环体一次，否则跳出循环；计算表达式 3 的值，然后转回到表达式 2 重复执行。

在整个 for 循环过程中，表达式 1 只计算一次，表达式 2 和表达式 3 则可能计算多次。循环体可能多次执行，也可能一次都不执行。for 语句的执行过程如图 2-3 所示。

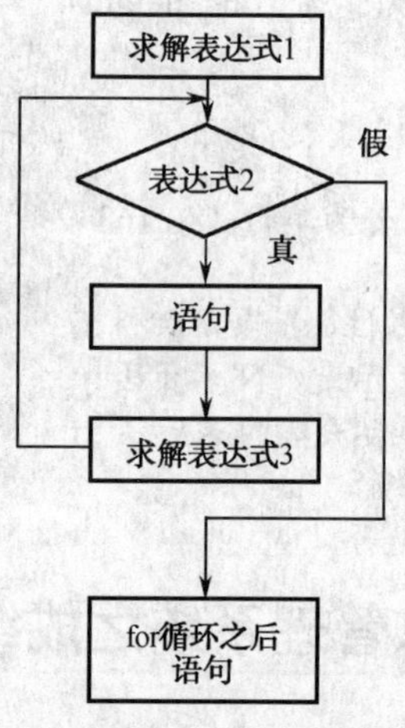

图 2-3　for 循环流程图

【案例 2-10】 从键盘输入一个正整数 n，求 1,2,3,…,n 之和并输出结果。

该程序显然应该用的循环结构，读取 n 之后，求 n 个数之和，设置循环变量，计算循环次数，当计算次数小于等于 n 时执行循环体，大于 n 时结束。

源程序如下：

```
#include <stdio.h>
void main()
{
    int n=0,sum=0;                          //初始时 n 为 0，和 sum 为 0
    printf("请输入整数 n:");
    scanf("%d",&n);
    for(int i=1;i<=n;i++)
        sum=sum+i;
    printf("1 到%d 之和为%d\n",n,sum);
}
```

程序运行结果如下：

```
请输入整数 n:5
1 到 5 之和为 15
Press any key to continue
```

该程序中 for 循环中首先执行表达式 1，将 i 赋值为 1，然后每次判断 i 的值决定是否继续循环，每次执行循环体之后 i 的值加 1。当 i 的值超过 n 之后，循环结束。

【案例 2-11】 输出菲波那契（Fibonacci）数列的前 40 个数，每行 5 个。

斐波那契数列的性质为：第一个数为 1，第二个数为 1，其余每个数为其前面两个数之和。即：

f(1)=1　　　　　　　　　n=1

f(2)=1　　　　　　　　　n=2

f(n)=f (n−1)+f(n+1)　　　　n>=3

```
#include <stdio.h>
#define N 40
void main()
{
    int f,f1,f2;
    f1=1;f2=1;
    int i;
    printf("Fibonacci 的前%d 项为:\n",N);
    printf("%10d%10d",f1,f2);
    for(;i<=N;i++)
    {
        f=f1+f2;                        //生成新的 Fibonacci 数
        printf("%10d",f);
        if(i%5==0)
            printf("\n");
        f1=f2;                          //重新设置 f1 和 f2
        f2=f;
    }
}
```

程序运行结果如下：

```
Fibonacci 的前 40 项为:
         1         1         2         3         5
         8        13        21        34        55
        89       144       233       377       610
       987      1597      2584      4181      6765
     10946     17711     28657     46368     75025
    121393    196418    317811    514229    832040
   1346269   2178309   3524578   5702887   9227465
  14930352  24157817  39088169  63245986 102334155
```

本例的 for 语句中，表达式 1 已省去，循环变量的初值在 for 语句之前已经定义。for 语句中的各表达式都可省略，但分号间隔符不能少。如：

for(;表达式;表达式)省去了表达式 1，for(表达式;;表达式)省去了表达式 2。

for(表达式;表达式;)省去了表达式 3，for(;;)省去了全部表达式。

注意：上述程序中用“#define N 40”，即以常量的形式定义 N 的值而不是在 main 函数中声明，这是一个很好的编程习惯。如果要改变输出数字的个数，如改为输出斐波那契数列的前 30 项，则只要在 define 语句中修改即可，而不需要改变循环体中语句。这在程序规模很大、变量在多处都被使用时尤其重要。

除了表达式以外，循环体也可以是空语句。如：

```
int n=0;
printf("input a string:\n");
for(;getchar()!='\n';n++);
printf("%d",n);
```

本例中，省去了 for 语句的表达式 1，表达式 3 也不是用来修改循环变量，而是用做输入字符的计数。这样，就把本应在循环体中完成的计数放在表达式中完成了。因此循环体是空语句。应注意的是，空语句后的分号不可少，如缺少此分号，则把后面的 printf 语句当成循环体来执行。反过来说，如循环体不为空语句时，绝不能在表达式的括号后加分号，这样又会认为循环体是空语句而不能反复执行。这些都是编程中常见的错误，要十分注意。

【案例 2-12】 分别输出 1～100 之间的奇数和偶数。

```
#include <stdio.h>
#define N 100
void main()
{
    int i;
    printf("1～100 之间的奇数有:\n");
    for(i=1;i<=100;i=i+2)
        printf("%5d\t",i);
    printf("\n");
    printf("1～100 之间的偶数有:\n");
    for(i=2;i<=100;i=i+2)
        printf("%5d\t",i);
}
```


程序运行结果如下：

```
1～100 之间的奇数有:
  1     3     5     7     9    11    13    15    17    19
 21    23    25    27    29    31    33    35    37    39
 41    43    45    47    49    51    53    55    57    59
 61    63    65    67    69    71    73    75    77    79
 81    83    85    87    89    91    93    95    97    99

1～100 之间的偶数有:
  2     4     6     8    10    12    14    16    18    20
 22    24    26    28    30    32    34    36    38    40
 42    44    46    48    50    52    54    56    58    60
 62    64    66    68    70    72    74    76    78    80
 82    84    86    88    90    92    94    96    98   100
```

2.2.2 while 循环

while 循环的一般形式如下：

```
while（表达式）
{
    语句组
}
```

其中，表达式描述循环的条件；语句组为循环体，描述要反复执行的操作。

while 语句的执行过程为：先计算表达式的值，如果表达式的值为真，则循环条件成立，执行循环体，直到表达式不成立为止。因此，while 循环又称当型循环，表示当条件成立即循环执行，适用于循环次数不确定时。

while 语句的特点是：先判断，再执行。如果表达式一开始就不成立，则循环体一次也不执行。

while 语句的执行流程如图 2-4 所示。

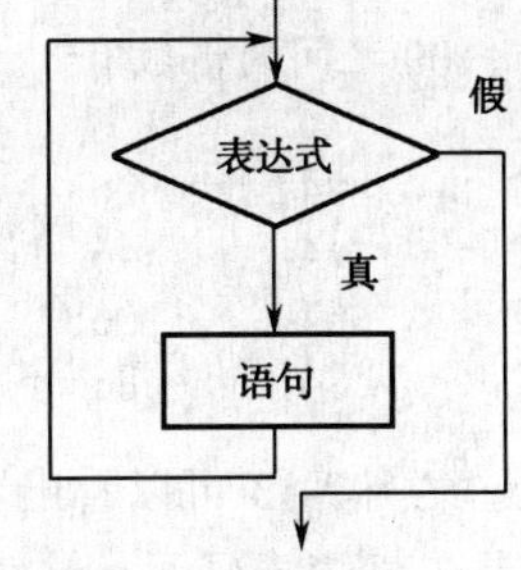

图 2-4 while 循环流程图

注意循环条件的编辑问题，即循环的初值和终值有没有被多计算或少计算，如 while(i<10)和 while(i<=10)相比，循环体执行的次数不同。

循环条件的设置非常重要，否则可能会导致死循环。例如，当循环条件为永真时，则循环体就会无休止地重复执行，出现死循环。例如：while(1){…}，若执行该段程序，则循环条件永远满足，循环体不断重复执行，直到强制关闭程序为止。死循环会大量占用系统资源，在编程过程中一定要注意。

循环体中必须有改变循环条件的语句，否则也会导致死循环。例如，i 初始值为 1，循环条件为 while(i<5)，若循环体中并没有改变 i 值的操作，则该条件一直可以满足，同样会导致死循环。当然，也可以在循环体中添加其他语句来终止循环。

读者可以尝试自己编写一个死循环程序，观察程序运行结果。

【案例 2-13】 用 while 语句实现输出 1～100 以内的所有奇数和偶数。

```
#include <stdio.h>
#define N 100
void main()
{
    int i;
    printf("1～100 之间的奇数有:\n");
    i=1;
    while(i<=N)
    {
        printf("%5d\t",i);
        i=i+2;
    }
    printf("\n");
    printf("1～100 之间的偶数有:\n");
    i=2;
    while(i<=N)
    {
        printf("%5d\t",i);
        i=i+2;
    }
}
```

程序运行结果如下：

```
1～100 之间的奇数有:
    1      3      5      7      9     11     13     15     17     19
   21     23     25     27     29     31     33     35     37     39
   41     43     45     47     49     51     53     55     57     59
```

```
61   63   65   67   69   71   73   75   77   79
81   83   85   87   89   91   93   95   97   99

1～100 之间的偶数有:
 2    4    6    8   10   12   14   16   18   20
22   24   26   28   30   32   34   36   38   40
42   44   46   48   50   52   54   56   58   60
62   64   66   68   70   72   74   76   78   80
82   84   86   88   90   92   94   96   98  100
```

通过案例 2-13 可以看出，for 循环语句和 while 循环语句在大部分情况下可以互换使用，但是在某些情况下，比较适合用 while 语句而不适合用 for，比如案例 2-14。

【案例 2-14】 从键盘输入一系列数字，求其平均数。

由于数字的个数是不确定的，所以无法设置 for 循环中的循环条件，因此也不能用 for 循环来实现这一功能。用户不断地输入数据，直到输入-999 为止，表示没有新的数据。

用 while 实现这一功能，源程序如下：

```
#include <stdio.h>
#define N 100
void main()
{
    float num=0,sum=0,average;          //分别存储读入的数据、数据总和和平均值
    int i=0;                            //数据个数
    printf("请输入数据:");
        scanf("%f",&num);
    while(num!=-999)
    {
        i++;
        sum=sum+num;
        printf("请输入数据:");
        scanf("%f",&num);
    }
    average=sum/i;
    printf("输入结束，共输入%d 个数据，平均值为%.2f\n",i,average);
}
```

程序执行结果如下：

```
请输入数据:4
请输入数据:5
请输入数据:6
请输入数据:-5
请输入数据:-999
输入结束，共输入 4 个数据，平均值为 2.50
```

2.2.3 do-while 循环

do-while 语句的一般形式为：

```
do
{
    语句组
}while(表达式);
```

do-while 语句和 while 语句类型，其执行过程为：先执行循环体一次，然后计算表达式的值，如果表达式的值为真，则循环条件成立，重复执行循环体；若表达式的值为假，则退出循环，转而执行循环语句之后的语句。

do-while 的执行流程如图 2-5 所示。

do-while 为“直到型”，即重复执行循环体，直到条件不满足为止。

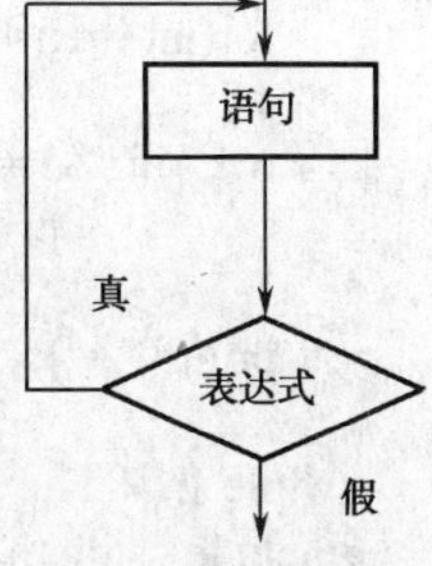

图 2-5　do-while 语句流程图

do-while 和 while 的区别如下：

（1）do-while 是先执行后判断，因此 do-while 至少要执行一次循环体。而 while 是先判断后执行，如果条件不满足，则一次循环体语句也不执行。

（2）在 while 语句中，表达式之后不能加分号，而在 do-while 中表达式的后面必须加分号。

与 while 类似，循环条件的设置很重要，否则会导致死循环。同样，循环体中必须有改变循环条件的语句。

【案例 2-15】 求一个正整数各位数字之和。

```
#include <stdio.h>
void main()
{
    int num, i=0;
    printf("请输入一个正整数:");
    scanf("%d",&num);
    do
    {
        i=i+num%10;
        num=num/10;
    }
    while (num!=0);
    printf("各位数字之和为:%d\n",i);
}
```

该程序运行结果如下：

```
请输入一个正整数:345
各位数字之和为:12
```

通过案例 2-15，可以看出三种循环结构的区别和联系：

（1）for 和 while 循环都是在执行循环体之前先判断循环条件，循环体中的语句可能执行也可能不执行；而 do-while 循环是先执行循环体再判断循环条件，循环体中的语句至少执行一次。

（2）在选择循环结构时，如果循环次数已知，则选 for 循环；如果循环次数未知，则选 while 循环；若需要至少执行一次循环体，则选择 do-while 循环。

（3）三种循环体可以相互替换。

【案例 2-16】 分别使用 for、while、do-while 语句实现同一功能：输出 0～100 之间能被 3 整除的数。

源程序如下：

```
//for 循环
#include <stdio.h>
#define N 100
void main()
{
    for(int i=1;i<=N;i++)
    {
        if(i%3==0)
            printf("%5d",i);
    }
    printf("\n");
}
//while 循环
#include <stdio.h>
#define N 100
void main()
{
    int i=1;
    while(i<=N)
    {
        if(i%3==0)
            printf("%5d",i);
        i++;
    }
    printf("\n");
}
//do-while 循环
#include <stdio.h>
#define N 100
void main()
{
    int i=1;
    do
    {
        if(i%3==0)
            printf("%5d",i);
        i++;
    }while(i<=N);
    printf("\n");
}
```

程序运行结果如下：

```
    3    6    9   12   15   18   21   24   27   30   33   36   39   42   45   48
   51   54   57   60   63   66   69   72   75   78   81   84   87   90   93   96
   99
```

2.2.4 任务实现

1. 问题描述

编写程序，先提示用户输入学生人数，然后再输入所有学生的成绩，最后根据输入数据计算学生成绩的平均分、最高分、最低分、不及格人数、优秀人数等统计信息。

本程序的主要功能是不断地输入学生成绩，这显然是一个循环过程。由于是在程序执行过程中才知道学生人数，则需要定义变量控制循环次数，每次循环读入一个学生成绩，并将这个成绩加入到统计信息中。

2. 要点解析

学生信息统计程序主要分为四个功能：统计学生平均成绩、计算最高分和最低分、统计不合格学生人数（成绩低于 60 分）、统计优秀学生人数（成绩高于等于 90 分）。

初始时学生数目是未知的，程序首先要读入学生数目，然后根据学生数目控制循环体运行的次数，因此应适合使用 for 循环语句。

改变程序的控制方式，改为用户不断地向程序输入成绩信息，直到输入-1 为止，统计所输入的所有有效成绩信息，这时应使用 while 语句。

程序中将会用到以下控制变量。

num：整型变量，表示学生的总人数，作为循环控制变量。

如果使用 while 循环时不输入学生的总人数，此时用变量 have 作为循环控制变量，have 为 1 时表示继续读入数据，当读到-1 时将 have 赋值为 0，表示没有新的数据输入，开始进行信息统计。

score：浮点类型变量，用来读入每一个学生成绩。

average：浮点类型变量，用来存储学生成绩的平均值。

max 和 min：浮点类型变量，分别用来存储学生成绩最大值和最小值。

flunk 和 excellent：整型变量，分别用来统计不及格和优秀学生数目。

3. 程序实现

使用 for 循环语句的程序实现如下：

```
//学生信息统计程序实现 1
#include <stdio.h>
void main()
{
    float score,sum=0;                  //定义学生总成绩
    int num;                            //定义循环变量
    float max=0,min=100;                //最大值和最小值，初始时均为 0 和 100
    int flunk=0,excellent=0;            //不及格人数和优秀学生人数，初始时均为 0
    float average;                      //平均值
    printf("请输入学生人数:");
    scanf("%d",&num);
    if(num<=0)
        return;
    for(int i=1;i<=num;i++)
    {
```

```
            printf("请输入第%d 个学生成绩:",i);          //获取每一个学生成绩
            scanf("%f",&score);
            sum+=score;                                  //计算学生总成绩
            if(score>max)
                max=score;                               //计算学生最高成绩
            if(score<min)
                min=score;                               //计算学生最低成绩
            if(score<60)
                flunk++;                                 //统计不及格人数
            if(score>=90)
                excellent++;                             //统计优秀学生人数
        }
        average=sum/num;
        printf("学生平均成绩为:%.1f\n",average);
        printf("学生成绩最高分为:%.1f\n",max);
        printf("学生成绩最低分为:%.1f\n",min);
        printf("不及格学生数目为:%d\n",flunk);
        printf("优秀的学生数目为:%d\n",excellent);
    }
```


输入 10 个学生成绩信息，程序运行结果如下：

```
请输入学生人数:10
请输入第 1 个学生成绩:74
请输入第 2 个学生成绩:25
请输入第 3 个学生成绩:68
请输入第 4 个学生成绩:96
请输入第 5 个学生成绩:93
请输入第 6 个学生成绩:95
请输入第 7 个学生成绩:83
请输入第 8 个学生成绩:59
请输入第 9 个学生成绩:73
请输入第 10 个学生成绩:77
学生平均成绩为:74.3
学生成绩最高分为:96.0
学生成绩最低分为:25.0
不及格学生数目为:2
优秀的学生数目为:3
```

也可以使用 while 循环语句实现上述程序，程序源代码如下：

```
//学生信息统计程序实现 2
#include <stdio.h>
void main()
{
    float score=0,sum=0;              //定义学生总成绩
    float max=0,min=100;              //最大值和最小值，初始时均为 0 和 100
    int flunk=0,excellent=0;          //不及格人数和优秀学生人数，初始时均为 0
    float average;                    //平均值
    int num=0;                        //计算学生总人数，输出为 0
```

```
    int have=1;                                //循环控制变量，为 1 时继续输入数据，
                                               //为 0 时结束输入
    while(have==1)
    {
        sum+=score;                            //计算学生总成绩
        if(score>max)
            max=score;                         //计算学生最高成绩
        if(score<min&&num!=0)
            min=score;                         //计算学生最低成绩
        if(score<60&&num!=0)
            flunk++;                           //统计不及格人数
        if(score>=90)
            excellent++;                       //统计优秀学生人数
        printf("请输入学生成绩:");              //获取每一个学生成绩
        scanf("%f",&score);
        if(score==-1)
            have=0;
        else num++;
    }
    average=sum/num;
    printf("输入的学生人数为:%d\n", num);
    printf("学生平均成绩为:%.1f\n", average);
    printf("学生成绩最高分为:%.1f\n", max);
    printf("学生成绩最低分为:%.1f\n", min);
    printf("不及格学生数目为:%d\n", flunk);
    printf("优秀的学生数目为:%d\n", excellent);
}
```

输入学生成绩信息，执行结果如下：

```
请输入学生成绩:74
请输入学生成绩:25
请输入学生成绩:68
请输入学生成绩:96
请输入学生成绩:93
请输入学生成绩:95
请输入学生成绩:83
请输入学生成绩:59
请输入学生成绩:73
请输入学生成绩:77
请输入学生成绩:-1
输入的学生人数为:10
学生平均成绩为:74.3
学生成绩最高分为:96.0
学生成绩最低分为:25.0
不及格学生数目为:2
优秀的学生数目为:3
```

任务 2.3　猜价格游戏

任务目标

掌握 break 语句的用法。

掌握 continue 语句的用法。

掌握循环嵌套语句和分析嵌套语句的用法。

完成猜价格游戏程序。

2.3.1　break 和 continue 语句

在程序控制中，有时还需要在结构中改变程序的执行，比如在 switch 语句中，使用了 break。为了能更灵活地控制循环结构，C 语言提供了 continue 和 break 语句，用来实现程序的跳转执行。

1. break 语句

break 语句通常用在循环语句和 switch 语句中，这里介绍 break 在循环结构中的使用方法。break 语句的一般形式为：

```
break;
```

当 break 语句用于 for、while、do-while 语句中时，可以使程序终止 break 所在层的循环，即跳出当前循环，转而执行当前循环之后的语句。通常 break 语句总是和 if 语句连在一起，即满足某一条件时跳出循环。例如：

```
for(i=0;i<=100;i++)
{
  if(i==1)
        break;              //跳出 for 语句
}
printf("%d",i);
```

执行这段代码，输出结果为 1。

break 语句对 if-else 的条件语句不起作用。在多层循环中，一个 break 语句只向外跳一层。

break 语句还可以用作循环结束的条件，如在 while 循环中，如果表达式为永真，如 while(1)，则可以在循环语句中用 break 来结束循环。

【案例 2-17】 读取一系列正整数，求其最大值。

由于实现不知道正整数的个数，所以选择 while 循环来实现，当用户输入“-1”时表示输入结束。

```
#include <stdio.h>
void main()
{
```

```
    int num,max=0;
    int i=1;
    printf("请输入数据,以-1 结束:\n");
    while(1)
    {
        scanf("%d",&num);
        if(num==-1)
            break;
        if(num>max)
            max=num;
    }
    printf("最大值为:%d\n",max);
}
```

程序运行结果如下：

```
请输入数据,以-1 结束:
3
45
6
2
6
73
52
2
234
-1
最大值为:234
```


2. continue 语句

continue 语句的一般形式为：

```
continue;
```

continue 的作用为跳过循环体中剩余的语句而执行下一次循环，continue 语句只能用在 for、while 和 do-while 循环体中，通常和 if 语句一起使用。

注意 break 和 continue 的区别。break 语句用于终止最近的循环或它所在的 switch 语句，控制传递给终止语句后面的语句（如果有的话）。而 continue 语句将控制权传递给它所在循环语句的下一次循环中。比如：

```
for(i=0;i<=100;i++)
{
  if(i==1)
      continue;              //跳过 i=1 的循环，直接执行 i=2 的情况
}
printf("%d",i);
```

【案例 2-18】 统计学生成绩及格人数。

依次输入 10 个成绩，打印其中及格的成绩，并统计及格人数。

```
#include <stdio.h>
void main()
{
    int num=0,score;
    printf("请输入 10 个学生成绩，以逗号隔开:\n");
    for(int i=1;i<=10;i++)
    {
        scanf("%d,",&score);
        if(score<60)
            continue;                    //不及格时，则跳过
        printf("%d,",score);
        num++;
    }
    printf("\n");
    printf("及格人数为:%d\n",num);
}
```

程序执行结果如下：

```
请输入 10 个学生成绩，以逗号隔开:
77,52,68,60,44,46,89,26,90,74
77,68,60,89,90,74,
及格人数为:6
```


2.3.2 循环的嵌套

循环是允许嵌套的，当一个循环体内又包含另一个完整的循环结构时，就成为多重循环或者循环的嵌套。下面介绍几种循环嵌套结构。

if 语句中又包含其他 if 语句，称为 if 语句的嵌套。

在 if 嵌套语句中，一定要注意 if 和 else 的配对问题。当 if 和 else 出现比较多时，容易混淆，因此要注意 if 和 else 的配对规则：else 总是与它上面的、最近的、同一复合语句中的、为配对的 if 语句配对。

如 if -if-else-if-else-if-if-if-else-else 的语法结构为：

```
if
   if
   else
   if
   else
   if
      if
            if
      else
  else
```

当 if 和 else 数目不同时，可以添加{ }来确定配对关系。例如：

```
if
  {  if  }
else
   if
```

对于很多结构复杂的程序来说，单纯的 if 语句或 while 语句不足以实现其功能，这时需要复杂的循环嵌套，即在 if 语句中包含 while 语句或在 while 语句中包含 if 语句。

【案例 2-19】 求两个数的最大公约数和最小公倍数。

求最大公约数和最小公倍数的方法为辗转相除法：

（1）以其中一个数作被除数，另一个数作除数，相除求余数。

（2）若余数不为 0，则以上一次的除数作为新的被除数，以上一次的余数作为新的除数，继续求余数。

（3）直至余数为 0 时，对应的除数就是最大公约数。

然后再根据最大公约数求最小公倍数。

用 while 循环语句求最大公约数和最小公倍数，源程序如下：

```
#include <stdio.h>
void main()
{
    int m,n,r,g,h,p;
    printf("请输入两个正整数:");
    scanf("%d%d",&m,&n);
    p=m*n;
    while((r=m%n)!=0)          //余数不为 0 时循环
    {
        m=n;                   //以上一次的除数作为新的被除数
        n=r;                   //以上一次的余数作为新的除数
    }
    g=n;                       //余数为 0 时的除数即最大公约数
    h=p/g;                     //两数之积除以最大公约数就是最小公倍数
    printf("最大公约数为%d,最小公倍数为%d\n",g,h);
}
```

也可以不用辗转相除法，而是用 for 循环语句来实现这一程序：

```
#include <stdio.h>
void main()
{
    int m,n,g,h,i;
    printf("请输入两个正整数:");
    scanf("%d%d",&m,&n);
    for(g=m;g>=1;g--)
    {
        if((m%g==0)&&(n%g==0))          //此时 g 是最大公约数
            break;
    }
    for(i=1;i<=n;i )
    {
        h=i*m;                          //h 是 m 的倍数
        if(h%n==0)                      //此时 h 是最小公倍数
            break;
    }
    printf("最大公约数为%d,最小公倍数为%d\n",g,h);
}
```

程序运行结果如下：

```
请输入两个正整数:3 5
最大公约数为 1,最小公倍数为 15
请输入两个正整数:12 18
最大公约数为 6,最小公倍数为 36
请输入两个正整数:9 45
最大公约数为 9,最小公倍数为 45
```

应注意循环嵌套时 break 的用法。break 的作用为跳出当前循环，而继续执行该循环以外的代码。例如：

```
int i,j,a=0;
for( j=0;j<=3;j++)
{
for( i=0;i<=2;i++)
    {
        if(i==1)
            break;              //跳出 for 语句
        a++;
    }
}
printf("%d",a);
```

内层 for 循环中当 i 等于 1 时，跳出当前 for 语句，继续执行外层 for 循环。外层 for 循环语句共重复执行 4 次，每次都执行一遍内层 for 循环语句。而内层 for 循环语句每次重复 3 次，i=1 的时候跳过执行 a++。所以执行该程序段后输出 a 的值为 8。

【案例 2-20】 输出 0～100 以内的素数。

```
#include<stdio.h>
#define N 100
int main()
{
    int num=0;
    int i,j;
    printf("0～100 以内的素数有:\n");
    for(i=2;i<=N;i++)
    {
        for(j=2;j<=i-1;j++)
        {
            if(i%j==0)
                break;
        }
        if(j>=i)
        {
          printf("%5d",i);
          num++;
          if(num%5==0)
             printf("\n");
        }
    }
```

```
    printf("\n");
    printf("共有%d 个素数\n",num);
    return 0;
}
```

程序运行结果如下：

```
0～100 以内的素数有：
    2    3    5    7   11
   13   17   19   23   29
   31   37   41   43   47
   53   59   61   67   71
   73   79   83   89   97
共有 25 个素数
```

【案例 2-21】 输出杨辉三角形的前 10 行。

在输出杨辉三角形时通常用到两个性质：

第一个就是杨辉三角形中除了最外层（不包括杨辉三角底边）的数为 1 外，其余的数都是它肩上两个数之和。用数组输出杨辉三角就用这个性质。

第二个性质是杨辉三角形的第 n 行恰好是 C(n,0)～C(n,n)，这里的 C 表示组合。

如杨辉三角形的第一行为 1，第二行为 1 1，第三行为 1 2 1，第四行为 1 3 3 1。

这里使用第二个性质输出杨辉三角形。

源程序如下：

```
#include <stdio.h>
#define N 10
void main()
{
    int i,j,k;
    int b,c;
    for(i=0;i<N;i++)
    {
            for(j=N;j>i;j--)
                printf("   ");
            for(j=0;j<=i;j++)
            {
                b=c=1;
                if(j>=1)
                {
                    for(k=i-j+1;k<=i;k++)
                        b*=k;
                    for(k=1;k<=j;k++)
                        c*=k;
                }
                printf("%4d",b/c);
            }
        printf("\n");
    }
}
```

该程序的运行结果如下：

```
                          1
                        1   1
                      1   2   1
                    1   3   3   1
                  1   4   6   4   1
                1   5  10  10   5   1
              1   6  15  20  15   6   1
            1   7  21  35  35  21   7   1
          1   8  28  56  70  56  28   8   1
        1   9  36  84 126 126  84  36   9   1
```

在编写嵌套循环结构时应注意：

（1）三种循环结构（if、while、do-while）可以任意相互嵌套。

（2）使用循环嵌套时，应注意内层循环和外层循环的循环控制变量不能相同。

（3）在使用多重循环嵌套时应注意 break 的用法。

（4）尽量避免太多和太深的循环嵌套结构。

2.3.3 任务实现

1. 问题描述

相信大部分同学都玩过猜价格游戏：主持人拿出一件物品，该物品的价格是确定的，但游戏参与者并不知道，参与者随机猜测物品的价格，主持人会根据物品的实际价格回应参与者猜测的价格是高还是低，直到参与者猜出物品价格为止。

这里根据游戏规则，编写猜价格游戏程序。

游戏规则为：游戏软件随机产生三位的数字（必须是整数[100,999]）的价格，但不显示，给用户提供输入提示符，让用户猜测这个价格的大小。如果价格正确，则猜价格成功。

玩家有 10 次猜价格的机会，如果在 10 次之内仍未猜出正确的价格，则提示用户游戏失败。

一旦玩家在 10 次的限制内猜出正确的价格，则赢得游戏。

在猜价格的过程中，如果玩家所给价格不是正确价格，程序需给出其提供价格大于正确价格或小于正确价格的提示。

2. 要点解析

程序实现过程中，需要用到选择控制结构，来判断用户猜测的数据是否正确，是高还是低；同时还需要用到循环控制结构，重复执行程序直到用户猜到正确的价格为止。要实现完整的程序功能，仅使用简单的循环语句和控制语句是不够的。

猜价格游戏的系统流程为：系统随机产生一个 100～999 的随机数，然后玩家输入猜测的价格，系统判断玩家输入的价格是否等于系统生成的价格，如果是，则游戏成功，否则系统提示玩家所输入的价格太大还是太小，并且要求玩家再次输入价格。玩家最多只能猜 10，如果玩家猜了 10 次之后仍未猜中，则游戏失败。

程序中用到的系统变量为：

true_price：整型变量，表示物品的实际价格，由系统随机产生。

price：整型变量，存储玩家输入的价格。

time：次数，玩家最多只能输入 10 次，每输入一次价格之后 time 加 1。

每次玩家开始新的游戏时正确的价格都应不同，即系统每次都需要随机产生一个价格，这就要用到随机数函数。C 语言中用 rand()函数来阐述随机数，rand()会返回一个随机数值，范围在 0 至 RAND_MAX 间。RAND_MAX 定义在 stdlib.h，其值为 2147483647，用 rand()%n 来产生一个 0～n 之间的随机数。

但是在程序中使用 rand()函数，会发现每次产生的随机数都相同。rand()函数可以用来产生随机数，但这不是真正意义上的随机数，而是一个伪随机数，称为种子，是以某个递推公式推算出来的一个系数，当这个系数很大的时候，就符合正态分布，从而相当于产生了随机数，但这并不是真正意义上的随机数。当计算机正常开机后这个种子的值就已确定，并且不会改变。

要产生真正的随机数，可以用 srand()函数来产生随机数种子。一般在调用 rand()函数之前调用 srand((unsigned)time(NULL))，这样以 time 函数值（即当前系统时间）作为种子数，因为两次调用 rand 函数的时间通常是不同的，这样就可以保证随机性了。

3．程序实现

程序源代码如下：

```
#include <stdlib.h>
#include <stdio.h>
#include <time.h> /*用到了 time 函数，所以要有这个头文件*/
void main( )
{
    int t_price;                          //物品实际价格
    int price=0;                          //用户猜测的价格
    int time=10;                          //输入次数
    srand((unsigned) time(NULL));         /*播种子*/
    t_price= rand() % 1000+100;           /*产生 100 以内的随机整数*/
    char go='y';                          //是否继续游戏
    while(go=='y'||go=='Y'){
        printf("\n");
        printf("------欢迎参与猜价格游戏!------\n");
        time=10;
        while(time>0)
        {
            printf("  请输入猜测价格(100～1000):");
            scanf("%d",&price);
            if(price>t_price)
                printf("  猜测价格偏高");
            else if(price<t_price)
                printf("  猜测价格偏低");
            else
            {
                printf("  恭喜您猜对了,正确价格为%d!\n",price);
                break;
```

```
                }
                if(time-1==0)
                    printf("\n  您已经猜了 10 次，游戏失败!\n");
                else
                    printf(",请再试一次\n");
                time--;
            }
            printf("  是否再玩一次，Y 表示是，N 表示否:");
            fflush(stdin);
            scanf("%c",&go);
        }
        printf("  游戏结束\n");
    }
```

程序已经实现，并且可以直接参与游戏：

```
------欢迎参与猜价格游戏!------
  请输入猜测价格(100～1000):123
  猜测价格偏低,请再试一次
  请输入猜测价格(100～1000):234
  猜测价格偏高,请再试一次
  请输入猜测价格(100～1000):345
  猜测价格偏高,请再试一次
  请输入猜测价格(100～1000):456
  猜测价格偏高,请再试一次
  请输入猜测价格(100～1000):567
  猜测价格偏高,请再试一次
  请输入猜测价格(100～1000):678
  猜测价格偏高,请再试一次
  请输入猜测价格(100～1000):789
  猜测价格偏高,请再试一次
  请输入猜测价格(100～1000):890
  猜测价格偏高,请再试一次
  请输入猜测价格(100～1000):765
  猜测价格偏高,请再试一次
  请输入猜测价格(100～1000):543
  猜测价格偏高
  您已经猜了 10 次，游戏失败!
  是否再玩一次，Y 表示是，N 表示否:y

------欢迎参与猜价格游戏!------
  请输入猜测价格(100～1000):500
  猜测价格偏高,请再试一次
  请输入猜测价格(100～1000):250
  猜测价格偏高,请再试一次
  请输入猜测价格(100～1000):170
  猜测价格偏高,请再试一次
  请输入猜测价格(100～1000):135
  猜测价格偏低,请再试一次
```

```
请输入猜测价格(100～1000):150
猜测价格偏高,请再试一次
请输入猜测价格(100～1000):140
猜测价格偏低,请再试一次
请输入猜测价格(100～1000):141
恭喜您猜对了,正确价格为 141!
是否再玩一次，Y 表示是，N 表示否:n
游戏结束
```

课后练习

1. 已有定义语句 int x=3,y=0,z=0;，则值为 0 的表达式是____。

   A. x&&y

   B. x||z

   C. x ||z+2&&y-z

   D. !((x<y)&& !z||y)

2. C 语言对嵌套 if 语句的规定是：else 总是与____配对。

   A. 其之前最近的 if

   B. 第一个 if

   C. 缩进位置相同的 if

   D. 其之前最近且不带 else 的 if

3. x 为奇数时值为“真”，x 为偶数时值为“假”的表达式是____。

   A. !(x%2==1)　　B. x%2==0　　C. x%2　　D. !(x%2)

4. 以下程序的运行结果是____。

```
main()
{   int i=0;
    if(i==0) printf("**");
    else printf("$"); printf("*\n");
}
```

   A. *　　B. $*　　C. **　　D. ***

5. 有以下程序段，其中 x 为整型变量，以下选项中叙述正确的是____。

```
x=0;
while (!x!=0)   x=x+1;
```

   A. 退出 while 循环后，x 的值为 0

   B. 退出 while 循环后，x 的值为 1

   C. while 的控制表达式是非法的

   D. while 循环执行无限次

6. 有以下程序段，其中 x 为整型变量，以下选项中叙述正确的是____。

```
x=-1;
do{;}
```

```
while (x=x+1);
printf("x=%d",x);
```

A．该循环没有循环体，程序错误

B．输出 x=1

C．输出 x=0

D．输出 x=-1

7．有以下程序：

```
main()
{   int x=3;
    do
    { printf("%d",x=x-2); }
    while(!(x=x-1));
}
```

程序的输出结果是____。

A．1　　B．3　0　　C．1　-2　　D．死循环

8．表示"整数 x 的绝对值大于 5"时值为"真"的 C 语言表达式是____。

9．有以下程序：

```
main()
{   float x=2.0,y;
    if(x<0.0)   y=0.0;
        else if(x<5.0)&&(!x))   y=1.0/(x+2.0);
            else   if(x<10.0)   y=1.0/x;
    else   y=1.0;
    printf("%f\n",y);
}
```

程序的输出结果是：____。

10．以下程序的输出结果是：____。

```
main()
{   int a=5,b=4,c=6,d;
    printf("%d\n",d=a>b ?(a>c ? a:c) : (b));
}
```

11．有以下程序：

```
main()
{   int x=0,y=0,i;
    for(i=1 ; ;i=i+1)
    { if(i%2==0)   {x=x+1 ;continue ;}
      if(i%5==0)   {y=y+1 ;break ;}
    }
    printf("%d,%d",x,y);
}
```

程序的输出结果是：____。

12．有以下程序：

```
main()
```

```
{   int i=0;
    for(i=i+3 ;i<=5 ;i=i+2)
      switch(i%5)
       { case 0: printf("*");
         case 1: printf("#"); break;
         case 2: printf("&");
         default: printf("!"); break;
         }
}
```

程序的输出结果是：____。

13．下面程序的输出结果是____。

```
    main()
{
     int i,j=2;
     for(i=1;i<=2*j;i=i+1)
       switch(i/j)
       {
          case 0: printf("*"); break;
          case 1: printf("*"); break;
          case 2: printf("#");break;
          default:break;
       }
}
```

14．计算 1～100 之间的奇数之和以及偶数之和。

15．输出 100 以内能被 3 整除且个位数为 9 的所有整数。

16．找出 2～1000 之间的全部同构数。同构数是这样一组数：它出现在其平方数的右边，例如，5 是 25 右边的数，25 是 625 右边的数，5 和 25 都是同构数。

17．编程将 1～100 之间能被 2、3、5 整除的数的和求出来并输出。注意，在判断时如果一个数能同时被多个数整除，则要算到多种情况里去。如 6 既能被 2 整除，又能被 3 整除，则要同时算到能被 2 整除的和能被 3 整除这两种情况里。

18．编程序输出 1～1000 内的所有素数。所谓素数是指除了能被 1 和它本身之外不能被其他数整除的数。

19．编程计算 a+aa+aaa+aaaa+...+aa...a（n 个 a）的值，其中 n 和 a 的值由键盘输入。

20．编程题目：有 1、2、3、4 四个数字，能组成多少个互不相同且无重复数字的三位数？都是多少？

21．编写程序实现，输出 n 以内的所有素数。

第3章 数组

数组是在程序设计中，为了处理方便，把具有相同类型的若干变量按有序的形式组织起来的一种形式。这些按序排列的同类数据元素的集合称为数组。

数组是一种高效的数据组织方式，几乎所有的高级程序设计语言都支持数组。一个数组可以分解为多个数据元素，而同数组中每个数据元素的类型应该是一致的。这些数组元素可以是基本数据类型或构造类型。

在内存中，数组使用连续的存储空间，各元素相邻存放，引用某一个元素时只要给出数组名和该元素在数组中的位置信息即可。元素的位置称为下标，数组按下标的个数可以分为一维数组、二维数组，二维以上的数组称为多维数组。

任务 3.1　学生信息管理系统之成绩排序

任务目标

了解一维数组的概念，比较实用一维数组存储数据和直接使用基本数据类型存储相比的优点。

了解一维数组的定义、初始化以及元素引用方法。

了解一维数组的使用方法。

了解排序算法，掌握几种排序算法的思想和代码实现。

可以使用一维数组实现简单的应用。

实现学生成绩排序程序。

3.1.1　一维数组的定义和引用

在数组使用之前，首先要对其进行定义。一维数组的定义方式为：

```
类型说明符 数组名 [常量表达式]
```

类型说明符是任意一种基本数据类型或者构造数据类型，例如 int、float、char 等。类型说明符限制了数组元素的取值类型。

数组名是一个标志符，应遵循 C 语言中标志符的命名规则取名。

方括号是必须的，且不能换成其他符号。

常量表达式表示组数中数据的个数，也称数组的长度。常量表达式可以是常量和符号常量，但是不能包含变量。

允许在同一个类型说明符后跟多个数组的定义，这些数组为同一类型，以逗号隔开，

最后一个数组后加分号。如，

"int x[10];"表明定义一个长度为 10 的 int 类型的数组。

"float score[5];"为定义一个 float 类型数据的长度为 5 的数组。

使用数组时应注意以下几点：

（1）对于同一个数组中的所有元素，其数据类型都是相同的。

（2）各个数组元素在数组中是有序排列的，即有先后次序关系。

（3）数组中元素可以是基本数据类型，也可以是其他类型，如数组类型元素。

（4）数组定义的时候必须指明数组的长度，即"int a[ ]"这种定义是不正确的。

（5）数组长度必须是一个确定的值，即常量或常量表达式，而不可以为变量。例如下面定义是错误的："int n; int a[n];"，即使该变量已经有确定的取值也不可以，而"int n=10;int a[n];"也是不正确的。

数组元素是组成数组的基本单元。下标是元素子数组中的顺序号，是从 0 开始的。数组元素用数组名和数组下标共同表示，其形式为：

```
数组名[下标]
```

其中下标必须为整型值，可以是整型常量、整型变量或整型表达式。如，"int a[10];"表示定义一个长度为 10 的整型数组，数组的下标从 0 开始，取值范围为 0～9，"a[5]"表示数组 a 中第 6 个数值，"a[5]=5"表示将数组 a 中第 6 个值赋值为 5。另外 a[0]，a[i]，a[i+j]，a[i++]等都是合法的数组元素。但是下标的范围不能超出数组的长度范围，而"a[10]"则为非法数据。

那么使用数组在实际案例中有什么优点呢？来看下面的例子。

如果一个班有 10 个学生，要求输入每个学生的 C 语言成绩，然后将成绩依次输出。

【案例 3-1】 输入并读取学生成绩。

```
//不使用数组
#include <stdio.h>
void main()
{
    int s1,s2,s3,s4,s5,s6,s7,s8,s9,s10;
    printf("请输入学生成绩\n");
    scanf("%d %d %d %d %d %d %d %d %d %d",&s1,&s2,&s3,&s4,&s5,&s6,&s7,&s8,
&s9,&s10);
    printf("输入的学生成绩为：\n");
    printf("%d %d %d %d %d %d %d %d %d %d\n",s1,s2,s3,s4,s5,s6,s7,s8,s9,s10);
}
```

程序中定义了 10 个变量，分别用来存储录入的 10 个学生的成绩。上面的程序并没有什么太大的问题，但是假设需要记录的学生成绩数目为 100 个、1000 个甚至上万个呢？显然不可能定义成千上万个变量来分别存储数据，这样不但需要使用特别多的变量名，在数据访问的时候也会很麻烦。

数组的应用很好地解决了上述问题。用数组实现上述程序，源代码如下：

```
//使用数组存储
#include <stdio.h>
#define N 10
```

```
void main()
{
    int s[N];
    printf("请输入学生成绩\n");
    int i;
    for(i=0;i<=N-1;i++)
    {
        scanf("%d",&s[i]);          //读取数据并赋值给数组 s 的第 i+1 个元素
    }
    printf("输入的学生成绩为：\n");
        for(i=0;i<=N-1;i++)
    {
        printf("%d ",s[i]);         //输出数组 s 中第 i+1 个元素的值
    }
    printf("\n");
}
```

程序运行结果如下：

```
请输入学生成绩
68 94 31 75 83 92 85 60 77 88
输入的学生成绩为:
68 94 31 75 83 92 85 60 77 88
```


从上述分析可以看出，对于大量同类型且相关联的数据，数组是一种方便且简单的处理方式。使用预定义#define N 10 的方式定义 N 的值，如果要输入的数据变成 100 个或者 1000 个，则只要将 N 的值改变即可，使用方便。

通过上面的案例还可以看出，数组通常和循环结构一起使用。通过每次改变数组下标的形式，来依次处理数组中的每一个元素。相反的，不能直接使用数组名来实现对整个数组的访问，即下面的书写形式是错误的：

```
scanf("%d",&s);
printf("%d",s);
```

下标的取值范围为 0～N-1。“s[0]”表示数组 s 中的第一个元素，“s[N-1]”表示数组中的最后一个即第 N 个元素。

在 C 语言中，系统并不自动检测数组元素的下标是否越界，但是引用越界的元素可能访问违法数据，造成较严重的后果，所以编写程序时一定要注意数组下标不越界。

在 C 语言中，数组作为一个整体，并不能参加数据运算，而只能对单个数据元素进行处理。

3.1.2 一维数组的初始化

定义数组时给数组元素赋值，称为数组的初始化。

和普通的数据类型一样，定义数组之后数组内是没有初始值的。除了在使用的时候给数组元素赋值之外，也可以在定义的时候对数组进行初始化。

和赋值不同的是，数组元素的初始化是在编译的时候进行的，而数组元素的赋值是在运行过程中进行的。在编译时候进行初始化可以减少运行时间，提高运行效率。

数组初始化的一般形式如下：

```
类型说明符 数组名 [常量表达式]={初始值列表}
```

其中左边部分为数组的定义，右边部分为给出了数组元素的若干取值，即为各元素的初值，各数值之间用逗号隔开。

数组初始化可以分为两种形式，分别为给所有元素赋初值和给部分元素赋初值。

给所有元素赋初值的形式如下：

```
int a[5]={1,2,3,4,5};
```

这个语句首先定义了一个长度为 5 的整型数组 a，同时对 a 的元素取值进行初始化。初始化时根据{}里的值依次对每个数组元素进行赋值，赋值后结果为：a[0]=1，a[1]=2，a[2]=3，a[3]=4，a[4]=5。

在给数组元素中所有值初始化的情况下，可以不指定数组的长度，系统会根据初始值的个数自动计算数组长度。但如果{ }内初值的个数不等于数组的长度，则数组长度信息不能省略。如上面的初始化可以写为：

```
int a[ ]={1,2,3,4,5};
```

给部分元素赋值形式如下：

```
int a[5]={1,2,3};
```

表示定义一个长度为 5 的数组，并对数组的前三个元素赋值。赋值后结果为：a[0]=1，a[1]=2，a[2]=3。而后面的元素自动赋值为 0。

或者可以对数组中不连续的元素赋值，此时不赋值的地方应写 0。例如：

```
int a[5]={0,2,0,3};
```

赋值结果为 a[0]=0，a[1]=2，a[2]=0，a[3]=3，a[4]=0。

```
int a[5]={0,0,0,1,2};
```

赋值结果为：a[0]=0，a[1]=0，a[2]=0，a[3]=1，a[4]=2。

但是下面的赋值形式是错误的：

```
int a[5]={1, ,2,3,4};
```

在数组初始化时还应该注意下面几点：

不能对整个数组进行初始化，而应对数组中的每个元素依次进行初始化。如下面的形式是错误的：

```
int a[5]=1;
```

初始化时初始值的个数可以小于数组的长度，但是不能超出数组的长度。

数组初始化之后还可以在后续的操作过程中对元素值进行修改。

【案例 3-2】 定义一维数组，赋初值为 1，3，5，7，9 并输出该数组。

```
#include <stdio.h>
void main()
{
    printf("数组 a 为:\n");
```

```
    int a[5]={1,3,5,7,9};
    int i;
    for(i=0;i<5;i++)
    {
        printf("%d\t",a[i]);
    }
    printf("\n");
}
```

程序定义一个长度为 5 的整型数组 a，并对其赋初值。

程序运行结果如下：

```
数组 a 为:
1        3        5        7        9
```

3.1.3　一维数组的使用

一维数组的使用非常广泛，在很多场合都需要将待处理的数据用一维数组的形式存储。其中最常见的应用为数据遍历、查找、排序等。

【案例 3-3】 读取学生成绩，并计算成绩最高分和最低分。

```
//求学生成绩最高分和最低分
#include <stdio.h>
#define N 10
void main()
{
    int score[N];                    //存储学生成绩信息
    int max,min;                     //分别存储最高成绩和最低成绩
    int i;
    printf("请依次输入 10 个学生的成绩\n");
    for (i=0;i<N;i++)
        scanf("%d",&score[i]);
    max=score[0];min=score[0];
    for(i=0;i<N;i++)
    {
        if(score[i]>max)
            max=score[i];        //依次比较求最高成绩
        if(score[i]<min)
            min=score[i];        //依次比较求最低成绩
    }
    printf("输入的学生成绩为:\n");
    for(i=0;i<N;i++)
        printf("%d ",score[i]);
    printf("\n 其中最高成绩为%d,最低成绩为%d\n",max,min);
}
```

程序运行结果如下：

```
请依次输入 10 个学生的成绩
78 43 90 99 65 59 78 89 84 69
输入的学生成绩为:
```

```
78 43 90 99 65 59 78 89 84 69
其中最高成绩为 99,最低成绩为 43
```

上述程序中，依次读取学生成绩信息并存到数组中，以进行后续处理。在计算最大值时，首先假设 score[0]为最大值，把 score[0]的值赋给 max。然后通过 for 循环，将 max 与 score 数组中的每一个值即 score[0]～score[9]进行比较，若比 max 大，则将该下标变量对应的数组元素的值赋给 max，否则继续比较。在对数组中所有元素都比较一轮之后，max 为数组中的最大值。最低分的求法相同。

求成绩最高分的关键为将 max 与数组中的每一个元素进行比较，最终得到整个数组中元素的最大值。这种处理方法，即读取数组中每一个元素，对其值根据应用进行不同的处理，称为数组的遍历。

数组遍历一般用于求数组中最大最小值、平均值、读取数组所有元素值、对数组中所有元素进行处理等。数组的遍历一般采用 for 循环的方式，通过数组下标的改变，依次对数组中的每一个元素进行处理。

【案例 3-4】 查找数据。

查询数据是数组中常用的一个操作。典型的数据查找的方法为顺序查找，即当确定要查找的数据时，将该数据依次和数组中的第 0 个数据一直到最后一个数据进行匹配，若找到相同的数据，则查找成功；若查找成功后数组中还有后续其他元素，则跳过后续元素，无须对其处理；若查找到最后一个数据元素后仍未找到要查找的数据，则查找失败。

顺序查找的代码实现如下：

```
//顺序查找
#include <stdio.h>
#define N 10
void main()
{
    int a[N];
    int i,x;
    printf("请依次输入%d 个正整数:\n",N);
    for (i=0;i<N;i++)
        scanf("%d",&a[i]);
    printf("请输入要查找的数据:\n");
    scanf("%d",&x);
    for(i=0;i<N;i++)
    {
        if(a[i]==x)
        {
            printf("查找成功!\n");
            printf("%d 为数组中第%d 个数\n",x,i+1);
            break;     //查找成功后，后面的元素不需要再进行比较
        }
    }
    if(i==10)
        printf("查找失败\n");
}
```

查找成功时程序运行结果如下：

```
请依次输入 10 个正整数:
2 48 32 98 13 42 6 23 67 54
请输入要查找的数据:
23
查找成功!
23 为数组中第 8 个数
```

查找失败时程序运行结果如下：

```
请依次输入 10 个正整数:
4 5 23 55 32 12 7 42 56 23
请输入要查找的数据:
1
查找失败
```

在上述顺序查找中，如果要查找的数据不存在或者为最后一个数据，则需要依次读取从第一个数组元素到最后一个数组元素，即查找时要比较的次数和要查找的数据与其在数组中的位置有关。当数组中有 N 个元素时，查找所需要的比较平均次数为 N/2。当存储的数据量很大时，查找的效率会变得很低。

因此，这里介绍另外一种查找方法，即折半查找法，也称为二分查找法。和顺序查找不同，二分法只适合于数组中元素按顺序排列的情况。

当数组中元素按顺序排列时，将要查找的数据和数组中任意一个位置的元素比较，若相等则查找成功；若大于数组元素，则要查找的数据在数组中该元素所处下标位置之后；若小于数组元素，则要查找的数据在该数组元素所处下标位置之前。

二分法正是利用这一特性，每次都取数组的中间位置元素和待查找数据比较，这样每次都可以排除一半数组元素，然后继续从剩下的数组中按此规则查找，直到查找成功或数组只剩下最后一个元素且仍未匹配即查找失败为止。

用二分法实现对数组 a 的查找时，设置变量 first 和 last，分别表示当前查找区域的第一个位置和最后一个位置，将待查找数据 x 和中间元素进行匹配，中间元素下边应为 mid=「(first +last)/2」（表示取整），根据匹配结果进行不同的处理。

（1）x=a[min]：查找成功。

（2）x>a[min]：在 a[min]和 a[last] 范围内继续查找。

（3）x<a[min]：在 a[first]和 a[min] 范围内继续查找。

查找范围改变之后相应的 first 和 last 值也要进行改变，直到 first >last 为止。

【案例 3-5】 二分查找法。

```
//二分查找
#include <stdio.h>
#define N 10
void main()
{
    int a[N];
    int i,x;
    int first,last,min;
    printf("请输入%d 个按从小到大顺序排列的正整数:\n",N);
```

```
    for (i=0;i<N;i++)
        scanf("%d",&a[i]);
    printf("请输入要查找的数据:\n");
    scanf("%d",&x);
    first=1;last=N;
    while(first<=last)
    {
        min=(first+last)/2;          //自动取整
        if(x==a[min])
        {
            printf("查找成功!\n");
            printf("%d 为数组中第%d 个数\n",x,min);
            break;                   //查找成功后，后面的元素不需要再进行比较
        }
        else if(x>a[min])
            first=min+1;
        else
            last=min-1;
    }
    if(first>last)
        printf("查找失败\n");
}
```


程序运行结果如下：

```
请输入 10 个按从小到大顺序排列的正整数:
4 7 12 18 21 26 29 32 45 83
请输入要查找的数据:
21
查找成功!
21 为数组中第 5 个数
```

二分法要求所输入的数据需按正确的顺序输入，若不满足此要求则会发生查找错误，如：

```
请输入 10 个按从小到大顺序排列的正整数:
3 42 51 23 5 9 23 12 19 10
请输入要查找的数据:
12
查找失败
```

要解决这一问题，可以在读取用户输入的数据的时候进行检查，看输入是否合法，如可将读取数据部分换成如下代码：

```
int tmp=0;
for (i=0;i<N;i++)
{
    scanf("%d",&a[i]);
    if(tmp>a[i])
    {
        printf("输出数据错误!程序结束!\n");
        return;
```

```
        }
        else tmp=a[i];
    }
```

这时程序运行结果如下：

```
请输入 10 个按从小到大顺序排列的正整数:
3 5 4
输出数据错误!程序结束!
```

注意，对于大部分程序来说，输入数据检查都是必要的。如果对输入的数据不做任何规范和限制，如在需要输入整数时输入字符、在需要输入正数时输入负数、没有按规定的要求如按序输入数据等，都会对程序造成较大的影响。所以，在读取数据时对数据类型和大小等进行检查，看是否满足程序要求，这是很必要的。

使用二分法查找数据，如上例中有 10 个数据，则需要最多比较 3 次即可查找成功或确定要查找的数据不在数组内，顺序查找则需要平均 5 次比较才可查找完毕。但是数组长度 N 为 100、1000、10000 的时候呢？在处理大量数据时，二分法所需要的比较次数远远小于顺序查找法，程序效率较高。但是二分法的缺点是所处理的数组元素必须是已排序的。

二分法的思想为每次把数组分为两部分，以排除法的形式逐渐缩小查找范围。那么是否每次都可以将数组分成三等分呢？此时查找效率如何？读者可尝试实现“三分法”，并分析查找结束时的平均比较次数以及在数据量非常大时和二分法比较哪个效率更高。

数组的另外一个重要的应用为数组元素排序。下面先介绍一种最简单的排序算法，即选择排序。

选择排序的思想为：每一趟从待排序的数据元素中选出最小（或最大）的一个元素，顺序放在已排好序的数列的最后，直到全部待排序的数据元素排完。即首先从数组中选择一个最大的元素，将该元素和数组的最后一个位置 N 的元素交换，然后再从前 N-1 个元素中选出最大的，和 N-1 位置的元素交换，重复这个过程，直到整个数组完成排序为止。例如对一个长度为 5 的待排序数组：

初始数组为 5　9　2　6　1

首先遍历该数组，选出最大的元素放在最后的位置，一次选择后结果如下：

第一次选择后为 5　1　2　6　9

重复上述过程，直到排序结束。每次选择后结果分别如下：

第二次选择后为 5　1　2　6　9

第三次选择后为 2　1　5　6　9

第四次选择后为 1　2　5　6　9

选择排序的代码实现，如案例 3-6 所示。

【案例 3-6】 选择排序。

```
//选择排序
#include <stdio.h>
#define N 10
void main()
{
    int a[N];
```

```
	int i,j,tmp;
	int max;                    //记录数组中元素最大值所在的下标
	printf("请输入%d 个待排序的正整数:\n",N);
	for (i=0;i<N;i++)
		scanf("%d",&a[i]);
	for(i=N-1;i>=0;i--)
	{
		max=i;                  //选择最大值
		for(j=0;j<i;j++)
			if(a[j]>a[max])
				max=j;
		if(max!=i)              //交换数据
		{
			tmp=a[i];
			a[i]=a[max];
			a[max]=tmp;
		}
	}
	printf("排序后的数组为:\n");
	for (i=0;i<N;i++)
		printf("%d ",a[i]);
	printf("\n");
}
```

程序运行结果如下：

```
请输入 10 个待排序的正整数:
32 16 9 21 56 83 26 5 19 13
排序后的数组为:
5 9 13 16 19 21 26 32 56 83
```

对于一个数组长度为 N 的数组，要完成排序则需要对数组进行 N 次选择，每次选择都需要对数组进行一次遍历过程。

另外一种常用的排序方法为冒泡排序。冒泡排序的基本概念是：依次比较相邻的两个数，将小数放在前面，大数放在后面。即在第一趟：首先比较第 1 个和第 2 个数，将小数放前，大数放后。然后比较第 2 个数和第 3 个数，将小数放前，大数放后，如此继续，直至比较最后两个数，将小数放前，大数放后。至此第一趟结束，将最大的数放到了最后。在第二趟：仍从第一对数开始比较（因为可能由于第 2 个数和第 3 个数的交换，使得第 1 个数不再小于第 2 个数），将小数放前，大数放后，一直比较到倒数第二个数（倒数第一的位置上已经是最大的），第二趟结束，在倒数第二的位置上得到一个新的最大数（其实在整个数列中是第二大的数）。如此下去，重复以上过程，直至最终完成排序。例如有一个长度为 5 的数组：

初始数组为：5　9　2　6　1

第一次冒泡时，首先比较前两个数 5 和 9，顺序正确，继续比较 9 和 2，将 9 和 2 互换，然后继续比较 9 和 6，直到比较到最后两个数为止。

第一次冒泡后：5　2　6　1　9

重复上述过程，直到完成排序为止。

第二次冒泡后：2　5　1　6　9

第三次冒泡后：2　1　5　6　9

第四次冒泡后：1　2　5　6　9

对于一个数组长度为 N 的数组，要完成排序则需要对数组进行 N-1 次冒泡操作，每次冒泡过程都需要对数组进行一次遍历。

可以发现，对下面的数组进行冒泡排序：

初始数组为 9　2　3　5　7

第一次冒泡后：2　3　5　7　9

这时数组已经排序好。后续的冒泡过程中数组元素顺序不再发生改变，即后续的第二次、第三次和第四次冒泡结果都和第二次相同，也就是说后续的操作是不必要的。可以在程序中设计，如果发现在一次冒泡中数组元素顺序完全不变，则说明数组已经排序好，可以终止操作。

请尝试自己编写冒泡排序算法。

3.1.4　任务实现

1．问题描述

为了更好地查看和分析学生信息，通常需要对学生成绩进行排序。要求对班里 20 名同学的成绩按从高到低的顺序排列。

2．要点解析

首先依次读取学生成绩信息，将学生成绩以数组的形式存储。然后在数组内对学生成绩进行排序，并给出最高成绩和最低成绩。

排序算法可以选择使用已学过的选择排序和冒泡排序两种方式。

选择排序的排序过程为：

（1）遍历数组，选出数组中元素的最小值，将这个元素与数组中最后一个位置 N 的元素交换，最后一个元素为已排序的，前面 N-1 个元素是未排序的。

（2）对前面未排序部分的元素进行遍历，选出其中的最小值，将其放在已排序部分的第一个位置。

（3）重复上述过程，共经 N-1 次选择后，排序结束。

冒泡排序的排序过程为：

（1）比较第一个数和第二个数，如果顺序不正确则交换，然后比较第二个和第三个数，依次类推，直到完成一轮冒泡。第一次冒泡结束后，数组中的最大值应在最后一个位置。

（2）对前 N-1 个数组元素继续进行冒泡操作。

（3）重复上述过程，直到排序结束。

3．程序实现

用选择排序法实现该程序，源代码如下：

```
//选择排序
#include <stdio.h>
```

```
#define N 20
void main()
{
    int score[N];
    int i,j,tmp;
    int min;                //记录数组中元素最小值所在的下标
    printf("请输入%d 个学生的成绩:\n",N);
    for (i=0;i<N;i++)
        scanf("%d",&score[i]);
    for(i=N-1;i>=0;i--)
    {
        min=i;              //选择最大值
        for(j=0;j<i;j++)
            if(score[j]<score[min])
                min=j;
        if(min!=i)          //交换数据
        {
            tmp=score[i];
            score[i]=score[min];
            score[min]=tmp;
        }
    }
    printf("学生成绩从高到低顺序为:\n");
    for (i=0;i<N;i++)
        printf("%d ",score[i]);
    printf("\n 最高成绩为%d\n",score[0]);
    printf("最低成绩为%d\n",score[N-1]);
}
```


程序运行结果如下：

```
请输入 20 个学生的成绩:
77 63 94 84 82 93 99 58 64 66
73 78 82 90 36 96 81 75 77 69
学生成绩从高到低顺序为:
99 96 94 93 90 84 82 82 81 78
77 77 75 73 69 66 64 63 58 36
最高成绩为 99
最低成绩为 36
```

用冒泡排序实现该程序，源代码如下：

```
//冒泡排序
#include <stdio.h>
#define N 20
void main()
{
    int score[N];
    int i,j,tmp;
    int change;     //用来标记一次冒泡中是否有元素位置变化
    printf("请输入%d 个学生的成绩:\n",N);
    for (i=0;i<N;i++)
```

```
            scanf("%d",&score[i]);
    for(i=0;i<N-1;i++)
    {
        change=0;
        for(j=0;j<N-1-i;j++)
        {
            if(score[j]<score[j+1])
            {
                tmp=score[j];
                score[j]=score[j+1];
                score[j+1]=tmp;
                change=1;
            }
        }
        if(change==0)
            break;
    }
    printf("学生成绩从高到低顺序为:\n");
    for (i=0;i<N;i++)
        printf("%d ",score[i]);
    printf("\n 最高成绩为%d\n",score[0]);
    printf("最低成绩为%d\n",score[N-1]);
}
```


程序运行结果如下：

```
请输入 20 个学生的成绩:
77 63 94 84 82 93 99 58 64 66
73 78 82 90 36 96 81 75 77 69
学生成绩从高到低顺序为:
99 96 94 93 90 84 82 82 81 78 77 77 75 73 69 66 64 63 58 36
最高成绩为 99
最低成绩为 36
```

任务 3.2　学生信息管理系统之成绩添加和查找

任务目标

了解二维数组的概念，二维数组的适用范围和特点。

了解二维数组的定义、初始化以及元素引用方法。

了解二维数组使用过程中应注意的问题。

可以使用二维数组实现简单的应用。

使用二维数组实现学生成绩的添加和查找任务。

3.2.1　二维数组的定义和引用

具有两个下标的数组称为二维数组。二维数组和矩阵的形式相对应。

二维数组定义的一般形式为：

```
类型说明符 数组名 [ 常量表达式 1][ 常量表达式 2]
```

其中，类型说明符和数组名的定义和一维数组中的相同。

常量表达式 1 表示一维下标的长度，常量表达式 2 表示二维下标的长度。例如：

```
int a[3][4];
```

定义了一个 3 行 4 列的数组，数组名为 a。

二维数组的元素也称为双下标变量，其引用形式为：

```
数组名[下标 1][下标 2]
```

其中，下标应为整型变量或者整型表达式。例如：

```
a[1][2]
```

表示 a 数组中第 1 行第 2 列的元素。

数组 a[3][4]中共有 12 个元素，分别为：

```
a[0][0]、a[0][1]、a[0][2]、a[0][3]
a[1][0]、a[1][1]、a[1][2]、a[1][3]
a[2][0]、a[2][1]、a[2][2]、a[2][3]
```


二维数组在概念上是二维的，即下标在两个方向上变化。但是在实际存放时二维数组的元素是连续编址的，也就是说存储单元是按照一维线性排列的。在一维存储器中存放二维数组有两种存放方式：一种是按行存放，即先存完第一行再存第二行；另一种是按列存放，即先存第一列然后再存第二列。在 C 语言中，二维数组是按行排列的。

可以将二维数组 a 看成一个一维数组，数组中元素分别为：a[0]、a[1]、a[2]，但是数组元素不是简单的数据类型，而是含有 4 个元素的一维数组。

【案例 3-7】 学生信息存储。

编写程序，实现读取学生的学号和成绩信息，并输出。

程序源代码如下：

```
#include <stdio.h>
#define N 5
void main()
{
    int inf[2][N];
    int i,j;
    printf("请依次输入%d 个学生的学号和成绩\n",N);
    for(i=0;i<N;i++)
    {
        scanf("%d",&inf[0][i]);
        scanf("%d",&inf[1][i]);
    }
    printf("学生信息如下:\n");
    printf("学号   成绩\n");
    for(i=0;i<N;i++)
    {
        for(j=0;j<2;j++)
            printf("%d        ",inf[j][i]);
```

```
            printf("\n");
        }
    }
```

程序运行结果如下：

```
请依次输入5个学生的学号和成绩
1 78
2 94
3 68
4 81
5 60
学生信息如下:
学号    成绩
1       78
2       94
3       68
4       81
5       60
```


程序中使用双重循环，在内循环中读取一个同学的学号和成绩，外循环中依次读取每个同学的信息。

可以尝试用一维数组实现上述程序，并比较二维数组和一维数组的使用范围。

3.2.2 二维数组的初始化

二维数组的初始化有两种基本形式，分别为：

（1）按行分段赋值，其基本形式为：

```
类型说明符 数组名[行常量表达式][列常量表达式]={ {第 0 行初始值},{第 1 行初始值}…{第 n 行初始值}}
```

其中，等号左边的部分为二维数组的定义，等号右边依次分段给出各行元素的初始值，各段之间用逗号隔开，即将第一段中的数值依次赋值给第一行各元素。第二段中的数值依次赋值给第二行各元素，依次类推，直到初始化完毕。例如：

```
int a[2][3]={{1,2,3},{4,5,6}};
```

其对应的初始矩阵a为：

$$\begin{pmatrix}1 & 2 & 3\\4 & 5 & 6\end{pmatrix}$$

（2）按列顺序赋值，其基本形式为：

```
类型说明符 数组名[行常量表达式][列常量表达式]={ 初始值}
```

其中，等号左边的部分为二维数组的定义，等号右边部分{}内的初始值连续依次地给出各元素的初始值，各元素之间用逗号隔开。即，按二维数组元素的存放顺序，将初始值列表中的数据依次赋值给各个元素，在C语言中，顺序为按行优先顺序。例如：

```
int a[3][2]={1,2,3,4,5,6};
```

等价于：

```
int a[3][2]={{1,2},{3,4},{5,6}};
```

在二维数组初始化过程中要注意：

（1）初始化时允许初始值个数小于数组的长度。此时：

① 若按顺序赋值法初始化，可以只给出数组的前半部分元素的初值。

② 若按分段赋值法初始化，可以只给出每段的前半部分元素的初值。

未赋值部分元素自动赋值为 0。例如：

```
int a[2][3]={1,2,3,4};
```

对于二维数组为：$\begin{pmatrix} 1 & 2 & 3 \\ 4 & 0 & 0 \end{pmatrix}$

```
int a[2][3]={{1}{2,3}};
```

对于二维数组为：$\begin{pmatrix} 1 & 0 & 0 \\ 2 & 3 & 0 \end{pmatrix}$

（2）初始化时如对所有的元素赋值，则定义时可以不指定数组第一维的长度，系统会根据初始值个数和第二位长度自动计算第二位长度；如果所赋初值的个数不等于所定义的数组的长度，则不可省略。例如：

```
int a[3][2]={1,2,3,4,5,6};
```

可以写成：

```
int a[ ][2]={1,2,3,4,5,6};
```

（3）初始值的个数不能大于数组的长度。例如：

错误：int a[2][3]={1,2,3,4,5,6,7,8};

错误：int a[2][3]={{1,2},{3,4}{5,6}{7,8}};

（4）初始值应和数组的第一维数和第二维数分别对应。例如：

错误：int a[2][3]={{1,2,3},{4,5,6}};

（5）一般循环语句对二维数组进行赋值和输出，并常采用嵌套循环的方式。例如：

```
int a[5][6];
for(int i=0;i<5;i++)
    for(int j=0;j<6;j++)
        scanf("%d",&a[i][j]);
```

这里外层循环对于二维数组的行，每次循环对于数组的一行；内层循环对于二维数组的一列。

【案例 3-8】 已知 5 名同学的三门课成绩，提供查询功能，可以查选任意同学的任意门课成绩。

```
#include <stdio.h>
#define N 5
void main()
{
    int score[3][5]=
```

```
        {{78,90,84,67,90},
        {65,78,83,91,73},
        {92,75,61,59,76}};
        int n,k;
        printf("输入要查选的学生学号,范围为 1～5:");
        scanf("%d",&n);
        printf("输入要查询的课程,1 为语文,2 为数学,3 为英语:");
        scanf("%d",&k);
        printf("成绩为%d\n",score[k-1][n-1]);
}
```

程序运行结果如下：

```
输入要查选的学生学号,范围为 1～5:4
输入要查询的课程,1 为语文,2 为数学,3 为英语:3
成绩为 59
```

3.2.3 二维数组的使用

二维数组的使用范围和矩阵类似，主要用于同一个对象含有多个相同性质和数据类型的参数时，如一个学生有多门成绩，每门课成绩的数据类型都相同。

【案例 3-9】 编写代码实现矩阵的转置。

```
//矩阵的转置
#include <stdio.h>
void main()
{
    int a[4][5];
    int i,j;
    printf("请输入一个 4 行 5 列的矩阵，按行输入\n");
    for(i=0;i<4;i++)
        for(j=0;j<5;j++)
            scanf("%d",&a[i][j]);
    printf("转置后的矩阵为:\n");
    for(i=0;i<5;i++)
    {
        for(j=0;j<4;j++)
            printf("%d\t",a[j][i]);
        printf("\n");
    }
}
```

程序运行结果如下：

```
请输入一个 4 行 5 列的矩阵，按行输入
5 8 1 6 2
9 0 4 6 3
7 5 0 4 6
3 9 6 0 1
转置后的矩阵为:
5       9       7       3
```

```
8       0       5       9
1       4       0       6
6       6       4       0
2       3       6       1
```

使用二维数组还可以实现其他类似的矩阵操作，如矩阵的加减法、矩阵乘法等。

【案例 3-10】 矩阵的加法。

```
//矩阵的加法
#include <stdio.h>
void main()
{
    int a[4][5],b[4][5];
    int c[4][5];
    int i,j;
    printf("请输入第一个 4 行 5 列的矩阵，按行输入\n");
    for(i=0;i<4;i++)
        for(j=0;j<5;j++)
            scanf("%d",&a[i][j]);
    printf("请输入第二个 4 行 5 列的矩阵，按行输入\n");
    for(i=0;i<4;i++)
        for(j=0;j<5;j++)
            scanf("%d",&b[i][j]);
    for(i=0;i<4;i++)
        for(j=0;j<5;j++)
            c[i][j]=a[i][j]+b[i][j];
    printf("矩阵之和为:\n");
    for(i=0;i<4;i++)
    {
        for(j=0;j<5;j++)
            printf("%d\t",c[i][j]);
        printf("\n");
    }
}
```

程序运行结果如下：

```
请输入第一个 4 行 5 列的矩阵，按行输入
6 9 0 2 3
8 0 1 6 4
7 9 3 1 5
4 6 0 3 2
请输入第二个 4 行 5 列的矩阵，按行输入
7 0 5 0 1
0 2 0 3 5
8 0 2 0 6
9 1 0 0 2
矩阵之和为:
13      9       5       2       4
8       2       1       9       9
15      9       5       1       11
13      7       0       3       4
```

【案例 3-11】 读取五位同学三门课的成绩，并计算每门课的平均成绩。

```
#include <stdio.h>
#define N 5
void main()
{
    int score[3][N];
    int avg[3];
    int sum;
    int i,j;
    printf("请依次输入每门课%d 个学生的成绩:\n",N);
    for(i=0;i<3;i++)
    {
        printf("第%d 门课:",i+1);
        sum=0;
        for(j=0;j<N;j++)
        {
            scanf("%d",&score[i][j]);
            sum=sum+score[i][j];

        }
        avg[i]=sum/N;
    }
    printf("学生信息如下:\n");
    printf("学生\t 课程 1\t 课程 2\t 课程 3\n");
    for(i=0;i<N;i++)
    {
        printf(" %d",i);
        for(j=0;j<3;j++)
            printf("\t%d",score[j][i]);
        printf("\n");
    }
    printf("平均\t%d\t%d\t%d\n",avg[0],avg[1],avg[2]);
}
```

程序运行结果如下：

```
请依次输入每门课 5 个学生的成绩:
第 1 门课:78 90 76 82 67
第 2 门课:80 85 77 92 71
第 3 门课:83 91 69 96 82
学生信息如下:
学生    课程 1   课程 2   课程 3
 0      78       80       83
 1      90       85       91
 2      76       77       69
 3      82       92       96
 4      67       71       82
平均    78       81       84
```

注意，输入的时候是按行读入，每次读取一门课 5 个学生的成绩，而在输出的时候是按列输出的，每次输出一个学生的成绩。

通过比较可以发现，使用一维数组处理学生信息时只能管理学生一门课的成绩，如存在多门课时，则需要多个一维数组来处理；而用二维数组，则可以一次管理多门课程成绩。

3.2.4 任务实现

1. 问题描述

编写程序，实现简单的学生成绩添加和查询功能。假定第一次输入的学生成绩学号为 1，第二次输入的学生学号为 2，依次类推。

每个学生有三门功课，需要记录每门课的成绩，以及计算学生的平均成绩。

程序应实现以下功能：

（1）录入学生考试成绩。

（2）打印这次考试中每个学生的成绩。

（3）根据学号查询学生的成绩。

（4）可以继续添加学生成绩信息。

2. 要点解析

定义一个二维数组，一行表示一个学生的成绩，每列表示一门功课的成绩。

首先要提供一个菜单供用户选择功能，再根据用户选择的功能来完成相应的功能。

因为要实现添加学生成绩功能，事先并不知道学生的个数，所以不能定义明确的二维数组。可以定义一个较大的二维数组，如规定学生成绩不超过 50 个，则可定义一个 50 行的二维数组，并可以逐一添加新的学生成绩信息。

由于不能动态地定义数组的长度，因而采用定义一个最大长度数组的方式解决事先不确定数组长度的问题，但是这样当数据信息较少时，会浪费较多的存储空间。

3. 程序实现

```
#include <stdio.h>
#define N 50
void main()
{
    int score[50][3]={78,90,84,67,90,65,78,83,91,73,92,75,61,59,76};
    int avg[50]={84,74,84,80,65};
    int i,j;
    int choose;
    int num=5,k;
    while(1)
    {
        printf("\n\n");
        printf("\t|-------------------STUDENT--------------------|\n");
        printf("\t|\t 1. 添加学生成绩                              |\n");
        printf("\t|\t 2. 根据学号查找学生成绩                      |\n");
        printf("\t|\t 3. 显示学生成绩表                            |\n");
        printf("\t|\t 0. 退出系统                                  |\n");
        printf("\t|----------------------------------------------|\n\n");
        printf("choose(0～3):");
```

```
                scanf("%d",&choose);
                switch(choose)
                {
                    case 0:
                        printf("退出系统\n");
                        return;
                        break;
                    case 1:
                        printf("请依次输入第%d 名学生三门课的成绩:\n",num+1);
                        for(i=0;i<3;i++)
                            scanf("%d",&score[num][i]);
                        avg[num]=(score[num][0]+score[num][1]+score[num][2])/3;
                        num++;
                        printf("添加成功\n");
                        break;
                    case 2:
                        printf("请输出要查询的学生学号:");
                        scanf("%d",&k);
                        printf("学号\t 课程 1\t 课程 2\t 课程 3\t 平均\n");
                        printf("%d\t",k);
                        for(i=0;i<3;i++)
                            printf("%d\t",score[k-1][i]);
                        printf("%d\n",avg[k-1]);
                        break;
                    case 3:
                        printf("学号\t 课程 1\t 课程 2\t 课程 3\t 平均\n");
                        for(i=0;i<50;i++)
                        {
                            if(avg[i]==0)
                                break;
                            else
                            {
                                printf("%d\t",i+1);
                                for(j=0;j<3;j++)
                                    printf("%d\t",score[i][j]);
                                printf("%d\n",avg[i]);
                            }
                        }
                        break;
                }
            }
        }
```

程序运行结果如下:

```
|-------------------STUDENT-------------------------------------|
|           1. 添加学生成绩                                      |
|           2. 根据学号查找学生成绩                              |
|           3. 显示学生成绩表                                    |
|           0. 退出系统                                          |
|-----------------------------------------------------------------|
```

```
choose(0~3):3
学号    课程 1   课程 2   课程 3   平均
1       78       90       84       84
2       67       90       65       74
3       78       83       91       84
4       73       92       75       80
5       61       59       76       65

        |------------------STUDENT-----------------------------------|
        |           1. 添加学生成绩                          |
        |           2. 根据学号查找学生成绩                  |
        |           3. 显示学生成绩表                        |
        |           0. 退出系统                              |
        |------------------------------------------------------------|
choose(0~3):1
请依次输入第 6 名学生三门课的成绩:
89 93 76
添加成功
        |------------------STUDENT-----------------------------------|
        |           1. 添加学生成绩                          |
        |           2. 根据学号查找学生成绩                  |
        |           3. 显示学生成绩表                        |
        |           0. 退出系统                              |
        |------------------------------------------------------------|
choose(0~3):3
学号    课程 1   课程 2   课程 3   平均
1       78       90       84       84
2       67       90       65       74
3       78       83       91       84
4       73       92       75       80
5       61       59       76       65
6       89       93       76       86
        |------------------STUDENT-----------------------------------|
        |           1. 添加学生成绩                          |
        |           2. 根据学号查找学生成绩                  |
        |           3. 显示学生成绩表                        |
        |           0. 退出系统                              |
        |------------------------------------------------------------|
choose(0~3):2
请输出要查询的学生学号:4
学号    课程 1   课程 2   课程 3   平均
4       73       92       75       80
        |------------------STUDENT-----------------------------------|
        |           1. 添加学生成绩                          |
        |           2. 根据学号查找学生成绩                  |
        |           3. 显示学生成绩表                        |
        |           0. 退出系统                              |
        |------------------------------------------------------------|
```

```
choose(0～3):0
退出系统
```

任务 3.3　学生信息管理系统之姓名排序

任务目标

初步认识字符数组。

掌握字符数组的概念、定义、引用和初始化方法。

掌握字符数组的输入和输出方法。

掌握常用的字符数组处理函数。

完成学生姓名排序程序。

3.3.1　字符数组

当数组中元素的数据类型为字符型时，称这种数组为字符数组。一维字符数组的定义形式为：

```
char 数组名 [常量表达式];
```

例如："char s[3];"表示定义一个数组名为 s 的一维字符数组，数组中包含 3 个元素，每一个元素可以存放一个字符。

一维字符数组的引用格式类似于整型数组，其形式如下：

```
数组名[下标];
```

例如上面例子中定义的长度为 3 的一维字符数组中的三个字符元素分别为：s[0]、s[1]、s[2]。下标同样是从 0 开始的。

在 C 语言中用字符数组来存放字符串。使用字符串时即定义一个字符数组，将字符数组中的元素连起来形成一个字符串。

字符数组有两种初始化方法。

（1）按单个字符的方法赋初始值。其基本形式为：

```
char 数组名[常量表达式]={初始值表};
```

初始值表中列出组数中的字符，以逗号隔开。例如：

```
char a[5]={'a', 'b', 'c', 'd', 'e'};
```

初值的个数不能大于数组长度。和一维数组类似，字符数组赋值时如果是给所有元素赋初值，则可以省略字符长度；同时可以给部分元素赋初值，此时数组长度不可以省略，且为赋值部分元素自动定义为空字符，即'\0'。例如：

```
char b[ ]= {'a', 'b', 'c', 'd', 'e'};
char c[5]={'a', 'b', 'c', 'd'};
```

其中，字符数组 b 的长度应为 5，字符数组 c 长度也是 5，字符元素为：c[0]='a'，c[1]='b'，c[2]='c'，c[3]='d'，c[4]='\0'。

（2）把一个字符串作为初值赋值给字符数组。其一般形式为：

```
char 数组名[常量表达式]={字符串常量};
```

字符串是指若干个有效字符组成的序列，其表示方法为用双引号将字符序列括起来，如“string”。字符串也可以包括转义字符以及 ASCII 码表中的字符。对字符串进行处理时，字符串放在字符数组中。

字符串占用连续的存储空间，其中的每一个字符占一个字节，字符数组名表示存储空间的首地址，即第一个字符的地址。

初始化时字符串中的每一个字符依次对应字符数组中的元素。例如：

```
char c[6]={“Hello”};
```

注意，当把字符串赋值给一个字符数组时，编译程序会自动在字符串的结尾加上一个字符串结束标志字符“'\0'”，即上面赋值语句的结果为：c[0]='H'，c[1]='e'，c[2]='l'，c[3]='l'，c[4]='\0'。下面的赋值语句是错误的：

```
char[5]={“Hello”};
```

而下面几种字符数组初始化形式都是正确的：

```
char[6]=“Hello”;
char[ ]={“Hello”};
char[ ]=“Hello”;
```

字符串只能在定义字符数组时以初始化的形式赋值给字符数组变量，而不能在使用时将一个字符串直接赋值给一个字符数组变量，如下面做法是错误的：

```
char s[10];
s=”abcdef”;
```

字符串中，“'\0'”代表 ASCII 码为 0 的字符，表示一个空操作，只起一个标志作用，因此，系统在每一个字符串的结尾都加上一个特殊字符“'\0'”，以方便进行字符串处理。则存储字符串数组的长度应至少比字符串的长度多 1 位，用于存放“'\0'”。

字符数组中，“'\0'”标志着字符的结束，认为“'\0'”以后的元素是无效字符。

【案例 3-12】 逐个输入 10 个大写字母，依次打印其所对应的小写字母。

程序源代码如下：

```
//将大写字符转化为小写字符
#include <stdio.h>
void main(){
    int i;
    char h[5]={'H','E','L','L','O'};
    char s[10]="WELCOME";
    char c[10];
    printf("请输入 10 个大写字母:\n");
    for (i=0;i<10;i++)
        scanf("%c,",&c[i]);
    for(i=0;i<5;i++)
        printf("%c",h[i]);
    printf("的小写形式为:");
```

```
        for(i=0;i<5;i++)
            printf("%c",h[i]+32);
        printf("\n");
        for(i=0;i<10;i++)
            printf("%c",s[i]);
        printf("的小写形式为:");
        for(i=0;i<10;i++)
            printf("%c",s[i]+32);
        printf("\n");
        for(i=0;i<10;i++)
            printf("%c",c[i]);
        printf("的小写形式为:");
        for(i=0;i<10;i++)
            printf("%c",c[i]+32);
        printf("\n");
    }
```

程序运行结果如下：

```
请输入 10 个大写字母:
R,T,Y,W,C,G,J,K,S,Z
HELLO 的小写形式为:hello
WELCOME 的小写形式为：welcome
RTYWCGJKSZ 的小写形式为:rtywcgjksz
```


二维字符数组的定义和使用和二维数组类似，这里不再进行详细的讲解。

3.3.2 字符串的输入和输出

字符串的输入和输出均有三种方法：逐个输入\输出、整串输入\输出和用字符串处理函数输入和输出。接下来详细介绍这三种方法。

1．逐个输入和输出

用格式符“"%c"”对字符数组逐个输入和输出，即对字符串对于的字符数组中的每一个元素进行输入和输出。一般和 for 循环配合使用，如：

```
for(i=0;i<10;i++)
    printf("%c",s[i]);
```

【案例 3-13】 逐个输入和输出。

```
#include <stdio.h>
void main(){
    int i;
    char s1[10]={"Hello"};
    char s2[6]="hello";
    for(i=0;i<10;i++)
        printf("%c",s1[i]);
    printf("\n");
    for(i=0;i<10;i++)
        printf("%d   ",s1[i]);
```

```
    printf("\n");
}
```

程序运行结果如下：

```
hello
72  101  108  108  111  0  0  0  0  0
```

对于字符数组 s1，其长度为 10，对其赋初值“hello”，此时 s1 表示一个字符串，s1 的第 6 个元素及后续元素都字符赋值为“'\0'”，同时依次输出此字符数组的每一个元素时输出结果为“hello”，而不输出后面的字符。但这并不说明后面的字符不存在，数组的长度发生变化。在以 ASCII 码的形式输出字符数组时可看到后续元素均赋值为“'\0'”。

2．整串输入和输出

整串输入和输出时使用的格式控制符为“%s”。由于数组名表示字符数组中第一个元素的存储位置，所以在整串输入和输出时可以用数组名来表示整个数组，而不需要使用数组的下标。

使用整串输入和输出时应注意以下几点：

（1）输出的字符不包括结束符“'\0'”。

（2）输入和输出时只用到数组名，而不需要加数组下标。

（3）在利用“%s”来进行输入时，输入的结束标记是空格或换行符。

（4）如果数组长度大于字符串的实际长度，也只是输出到遇“'\0'”结束。

（5）如果一个字符数组中包含一个以上的“'\0'”，则遇到第一个“'\0'”时输出就截止。

【案例 3-14】 整串输入和输出。

```
#include <stdio.h>
void main(){
    char a[5],b[5],c[5];
    char s[15];
    printf("请输入 How are you?\n");
    scanf("%s%s%s",&a,&b,&c);
    printf("a=%s\nb=%s\nc=%s\n",a,b,c);
    printf("请再次输入 How are you?\n");
    scanf("%s\n",&s);
    printf("s=%s\n",s);
    s[4]='a';s[5]='r';s[6]='e'; s[7]='\0';
    printf("s=%s\n",s);
    s[3]=' ';
    printf("s=%s\n",s);
}
```

程序运行结果如下：

```
请输入 How are you?
How are you?
a=How
b=are
c=you?
```

```
请再次输入 How are you?
How are you?
s=How
s=How
s=How are
```

字符串输入时以空格或按 Enter 键结束，所以第一次输入“How are you？”时将这三个单词分别读到了单个字符数组中，而第二次则只能读到“How”，空格后面部分则读不到。

将字符数组的第 4、5、6 个元素分别赋值，但是输出字符数组 s 时仍然只能输出“How”，这时因为在读入 s 时自动在“How”后面加上了一个结束字符“'\0'”，所以在输出的时候只输出结束符前面的部分。在有多个结束符时只输出第一个结束符前面的部分。

3. 使用字符串函数输入和输出

字符串的输入和输出还可以使用 gets( )和 puts( ) 进行整体的输入和输出。

（1）字符串输入函数，其一般形式为：

```
gets（字符数组名）;
```


其功能为从键盘上读取一个字符串存入到指定的字符数组中。gets 函数以换行符为结束标记。

例如：

```
char ch[10];
gets(ch);
```

使用 gets 函数读取字符串时应注意：

① 数组名不需要使用下标。

② gets 函数读取字符串时没有长度限制，因此编程时要保证字符数组有足够大的空间存放输入的字符串，即输入的字符串长度应小于数组的定义长度。

③ 在使用 gets 函数时，只能输入一个字符串，不能写成

```
gets(ch1,ch2);
```

④ 也可以用 getchar 函数逐个输入字符来实现字符串的输入，如，

```
char ch[5];
for(int i=0;i<5;i++)
    ch[i]=getchar();
```

【案例 3-15】 字符串的几种输入方法比较。

```
#include <stdio.h>
void main(){
    char s1[15],s2[15],s3[15];
    int i;
    printf("请输入一个字符串,以'0'结尾:\n");
    i=0;
    do
    {
        scanf("%c",&s1[i]);
```

```
        i++;
    }while(s1[i-1]!='0');
    printf("第一个字符串为:\n");
    for(i=0;s1[i]!='0';i++)
        printf("%c",s1[i]);
    printf("\n");
    fflush(stdin);
    printf("请输入二个字符串:\n");
    scanf("%s",&s2);
    printf("第二个字符串为:\n");
    for(i=0;s2[i]!='\0';i++)
        printf("%c",s2[i]);
    printf("\n");
    fflush(stdin);
    printf("请输入三个字符串:\n");
    gets(s3);
    printf("第三个字符串为:\n");
    for(i=0;s3[i]!='\0';i++)
        printf("%c",s3[i]);
    printf("\n");
}
```


程序运行结果如下：

```
请输入一个字符串,以'0'结尾:
Good moring!
0
第一个字符串为:
Good moring!

请输入二个字符串:
Good moring!
第二个字符串为:
Good
请输入三个字符串:
Good moring!
第三个字符串为:
Good moring!
```

这里分别使用单个字符输入法、整串输入法和 gets 函数输入法三种方法读取字符串。通过程序运行结果可以比较这三种方法的区别。

字符输入法为每次读取一个字符，这种方法以空格或换行的形式停止读入，必须用特殊字符来标志输入结束。因为读取的对象为一个字符，所以空格符和换行符均会被存储到字符串中。这种方法读取字符串比较麻烦，且不会在数组中自动添加字符串结束符号，只能人工添加符号标志字符串的结束。因此一般不使用这种方法来进行字符串的读取。

整串读取法和 gets 函数法读取的结果不同。gets 函数是以回车标志输入结束的，所以 gets 函数可以接受空格符，当读取到回车字符时自动结束读取；而整串读取以回车符和空格符来标志输入结束，既不能接受回车符也不能接受空格符，其所能读取的字符串只能为不是空格和回车的一串字符。

综合上面三种方法的优缺点，一般对于字符串的输入都采用 gets 函数来进行。

（2）字符串输出函数，其一般形式为：

```
puts（字符数组）;
```

其功能为把一个字符数组中的内容输出，在屏幕上显示该字符串。

例如：

```
char ch[10]= "china";
puts(ch);
```

使用 puts 函数读取字符串时应注意：

① 数组名不需要使用下标。

② puts 函数依次只能输出一个字符串，不能写成

```
gets(ch1,ch2);
```

③ puts 函数中可以使用转义字符，如“puts("abcde\ABCDE");”的输出结果为：

```
abcde
ABCDE
```


【案例 3-16】 字符串输出方法比较。

```
#include <stdio.h>
void main()
{
      char s[]="Good moring!";
      printf("单个字符输出:\n");
      for(int i=0;i<12;i++)
            printf("%c",s[i]);
      printf("\n");
      printf("整串字符输出:\n");
      printf("%s",s);
      printf("%s",s);
      printf("\n");
      printf("puts 函数输出:\n");
      puts(s);
      puts(s);
}
```

程序运行结果如下：

```
单个字符输出:
Good moring!
整串字符输出:
Good moring!Good moring!
puts 函数输出:
Good moring!
Good moring!
```

这里分别使用单个字符输入法、整串输入法和 gets 函数输入法三种方法输出字符串。通过程序运行结果可以比较这三种方法的区别。

使用单个字符输出时必须明确字符串中字符个数，然后使用 for 循环逐个输出每一个字符。这种输出方法操作比较麻烦，且在一些情况下确定有效字符个数过于复杂，如对字符数组用字符串初始化时可不指明字符长度，或给字符数组赋值时赋值长度小于字符数组的长度等，而且这种方法容易产生数组越界错误。所以，一般不用单个字符方式输出字符串。

使用整串输出和 puts 函数输出的方式操作比较简单，为常用的字符串输出用法。而通过程序运行结果，可以看出这两种方法也有一定的区别。用 puts 函数输出，每当完成一个字符串的输出后会自动换行接着输出下一个字符串；而用整串输出时输出一个字符串后并不换行。这时因为，puts 函数在输出字符串时，遇到“'\0'”会自动终止输出，并将“'\0'”转换为“'\n'”输出；而用 printf 函数整串输出时，遇到“'\0'”只会终止输出，不会将其转化为“'\n'”输出，所以两者输出结果不同。

一般情况下，可以使用 puts 函数输出，但是当需要按一定格式输出时，可以选用 printf 函数输出。

3.3.3 字符串处理函数

C 语言中提供了丰富的字符串处理函数。这些函数大致包括输入、输出、合并、修改、比较、转化、复制和搜索几类。使用这些处理函数方便简单，大大减轻了编程的负担。

在前面的章节中已经介绍了输入和输出处理函数，这两个函数都在头文件“stdio.h”中，其他字符处理函数都包含在头文件“string.h”中，使用前应包含适当的头文件。

下面介绍几种常用的字符处理函数。

1. 字符串长度函数 strlen( )

strlen()函数的功能为求字符串的长度，其基本形式为：

```
strlen(字符数组名);
```

注意，括号中的字符数组名也可以直接用字符串常量来代替。

字符串的长度与数组的长度不同，其返回的函数值为不包括“'\0'”在内的字符数组中字符串的实际长度值。

【案例 3-17】 计算字符串长度。

```
#include <stdio.h>
#include <string.h>
void main()
{
    int length;
    char s[20];
    printf("请输入一个字符串:\n");
    gets(s);
    length=strlen(s);
    printf("输入的字符串为:");
    puts(s);
    printf("字符串的长度为:");
    printf("%d\n",length);
}
```

程序运行结果如下：

```
请输入一个字符串:
I love China!
输入的字符串为:I love China!
字符串的长度为:13
```

2．字符串连接函数 strcat( )

strcat( )函数的功能为连接两个字符串，其形式如下：

```
strcat(字符数组 1,字符数组 2)
```

该函数的执行过程为：首先删掉字符数组 1 中的字符串的结束符“'\0'”，然后将字符数组 2 中的字符串连接到字符数组 1 中字符串的后面，最后在字符串 2 后面添加结束符，函数的返回值为字符数组 1 的首地址。

要注意的是，字符数组 1 的长度应足够长，否则不能全部装入被连接的字符串。因此定义字符串 1 时不能省略长度，并且应该定义一个比较大的长度。

【案例 3-18】 字符串连接。


```
#include <stdio.h>
#include <string.h>
void main()
{
    char s1[30]="My name is ";
    char s2[10];
    printf("请输入你的名字:\n");
    gets(s2);
    strcat(s1,s2);
    puts(s1);
}
```

程序运行结果如下：

```
请输入你的名字:
Rose
My name is Rose
```

3．字符串复制函数 strcpy( )

strcpy()函数的形式如下：

```
strcpy (字符数组名 1,字符数组名 2);
```

该函数的功能为：将字符数组 2 中的字符串复制到字符数组 1 中。串结束标志“'\0'”也一同复制。

字符数组名 2 也可以是一个字符串常量，此时相当于将这个字符串常量赋值给字符数组 1。例如：

```
char s[20];
strcpy(s,"Hello");
```

并且，只能使用 strcpy 的形式对字符数组进行赋值，而不能像其他简单数据类型一样使用等号进行赋值。

同样，字符数组 1 的长度必须足够大，以便能够容纳字符数组 2 或者字符串常量，否则将会出错。

【案例 3-19】 字符串复制函数。

```
#include <stdio.h>
#include <string.h>
void main()
{
    char s1[40]="Math";
    char s2[]="C Language";
    char s3[]=" is very simple";
    strcpy(s1,s2);
    strcat(s1,s3);
    puts(s1);
}
```

程序运行结果如下：

```
C Language is very simple
```


4．字符串比较函数 strcmp( )

strcmp()的形式为：

```
strcmp(字符数组名 1,字符数组名 2);
```

该函数的功能为：按照 ASCII 码顺序比较两个数组中的字符串，并由函数返回值返回比较结果。其比较结果如下：

字符串 1=字符串 2，返回值为 0。

字符串 1>字符串 2，返回值>0。

字符串 1<字符串 2，返回值<0。

该函数也可以用来比较两个字符串常量，或者一个字符串常量和一个数组。

【案例 3-20】 字符串比较。

为了保证信息的安全，大多数系统都含有用户登录模块，只有输入正确的用户名和密码之后才能进行相应的操作。

编写程序实现用户登录功能。

```
#include <stdio.h>
#include <string.h>
void main()
{
    char s[20];                          //存储用户输入的密码
    char password[]="right";             //正确的密码
    int r=1;
    printf("欢迎登录学生管理系统.\n");
    while(1)
    {
        printf("请输入正确的密码:");
        gets(s);
```

```
            r=strcmp(s,password);
            if(r==0)
            {
                printf("密码正确,登录成功！\n");
                break;
            }
            else
                printf("密码错误！\n");
        }
    }
```

程序运行结果如下：

```
欢迎登录学生管理系统.
请输入正确的密码:abc
密码错误!
请输入正确的密码:123
密码错误!
请输入正确的密码:right
密码正确,登录成功!
```


3.3.4 任务实现

1. 问题描述

为了方便管理学生信息，需要对每一个学生都有一个唯一的标记。显然姓名并不能作为学生唯一的标记，因为学生姓名可能会重复。一般来说，这个问题的解决方案为给每一个学生分配一个唯一的学号，每个学生的学号都不会重复，这样可以根据学号来进行查询等相关操作和处理。

学号一般是在学生入学时根据学生姓名的字典排序顺序分配的。统计所有学生的姓名，将其依次排序，然后根据排序结果给学生分配学号。

程序应实现下列功能：

（1）读入学生姓名。

（2）对学生姓名按字典顺序排序。

（3）根据学生姓名顺序给学生分配学号。

（4）输出学生姓名和学号信息。

2. 要点解析

每一个学生的姓名都是一个字符串类型数据，处理多个学生姓名时需要用到二维字符数组。所以首先要定义一个二维字符数组，存储学生姓名。

C 语言中可以把一个二维字符数组当成多个一维字符数组处理。这里可将每一个学生姓名看成一个一维字符数组，学生数目为二维数组的第二维长度。

排序时可以使用之前学到过的排序算法，不同的是比较大小时不再是比较数值的大小，而是比较字符串的大小。将所有字符串按从小到大的顺序排列，然后放到二维数组中。

排序时选用选择排序算法对学生姓名进行排序。排序的实现和一维数组内的选择排序相同，只是将一维数组中的元素由整型变量变为一维字符数组，比较元素大小时该用字符串比较算法，移动数组元素时使用字符串复制算法。

最后根据排序后的结果定义学生的学号，然后输出结果。

3. 程序实现

程序源代码如下：

```
//学生姓名排序
#include <stdio.h>
#include <string.h>
void main()
{
    char name[10][20];
    int i,j;
    int max;
    char tmp[20];
    int large;
    printf("请依次输入 10 个学生的姓名:\n");
    for(i=0;i<10;i++)
        gets(name[i]);

    for(i=9;i>=0;i--)                       //使用选择排序算法
    {
        strcpy(tmp,name[i]);                //先假定最大值为未排序中最后一个
        max=i;
        for(j=0;j<i;j++)
        {
            large=strcmp(tmp,name[j]);      //记录一趟比较中的最大值
            if(large<0)
            {
                strcpy(tmp,name[j]);
                max=j;
            }
        }
        if(strcmp(tmp,name[i])!=0)          //如果不是未排序中最后一个，则进行交换
        {
            strcpy(tmp,name[i]);
            strcpy(name[i],name[max]);
            strcpy(name[max],tmp);
        }
    }
    printf("学生信息如下:\n");
    printf("学号\t\t 姓名\n");
    for(i=0;i<10;i++)
    {
        printf("%d\t\t",i+2012000);
        puts(name[i]);
    }
}
```

程序运行结果如下：

```
请依次输入10个学生的姓名:
Jack
Rose
Lily
Sun
Tom
Lucy
Angelia
Daisy
Demi
William
学生信息如下:
学号          姓名
2012000       Angelia
2012001       Daisy
2012002       Demi
2012003       Jack
2012004       Lily
2012005       Lucy
2012006       Rose
2012007       Sun
2012008       Tom
2012009       William
```


课后练习

1．在C语言中，引用数组元素时，其数组下标的数据类型允许是____。

A．整型常量　　B．整型表达式

C．整型常量或整型表达式　　D．任何类型的表达式

2．下列定义语句中错误的是____。

A．int a[] = {1,2}　　B．char a[3]

C．char s[10] = "test"　　D．int n=5,a[n];

3．在C语言中，一维数组的定义方式为：类型说明符数组名____。

A．[整型常量表达式]　　B．[整型表达式]

C．[整型常量] 或[整型表达式]　　D．[常量]

4．以下能对二维数组a 进行正确初始化的语句是____。

A．int a[2][]={{1,0,1},{5,2,3}};　　B．int a[][3]={{1,2,3},{4,5,6}};

C．int a[2][4]={{1,2,3},{4,5},{6}};　　D．int a[][3]={{1,0,1},{},{1,1}};

5．若有说明 int a[][4]={0,0};则下面不正确的叙述是____。

A．数组a 的每个元素都可得到初值 0

B．二维数组 a 的第一维大小为 1

C．因为二维数组 a 中第二维大小的值除以初值个数的商为 1，故数组 a 的行数为 1

D．只有元素 a[0][0]和 a[0][1]可得到初值 0，其余元素均得不到初值 0

6．以下程序的输出结果是____。

```
main( )
  {
     int i,   k, a[10], p[3];
     k =5;
     for(i=0;i<10;i=i+1)   a[i]=I;
     for(i=0;i<3;i=i+1)   p[i]=a[i*(i+1)];
     for(i=0;i<3;i=i+1)   k=k+p[i]+2;
     printf("%d\n",k);
   }
```

A．20　　　　B．21　　　　C．22　　　　D．23

7．在C语言中，二维数组元素在内存中的存放顺序是____。

8．若有定义: double x[3][5];则x数组中行下标的下限为____，列下标的上限为____。

9．若有定义: int a[3][4]={{1,2},{0},{4,6,8,10}};则初始化后，a[1][2]得到的初值____。

10．下面程序的运行结果是____。

```
main()
{int i, j, row, col, min;
 int a[3][4]={{1,2,3,4},{9,8,7,6},{-1,-2,0,5}};
 min=a[0][0];
 for(i=0;i<3;i++)
    for(j=0;j<4;j++)
       if(a[i][j]<min)
          {min=a[i][j];row=I;col=j;}
 printf("min=%d,row=%d,col=%d\n",min,row,col);
}
```

11．下面程序将二维数组a的行和列元素互换后存到另一个二维数组b中，请填空。

```
main()
{int a[2][3]={{1,2,3},{4,5,6}};
     int b[3][2], i,j;
     printf("array a:\n");
     for(i = 0;i<=1;i=i+1)
     {
          for(j=0; ___; i=i+1)
          {
               printf("%5d",a[i][j]);
               ____;
          }
          printf ( "\n");
 }
 printf("array b:\n");
 for(i = 0;____;i++)
    {
       for(j=0;j<=1;j++)
       printf("%5d",b[i][j]);
       printf("\n");
    }
 }
```

12．下面程序可求出矩阵 a 的两条对角线上的元素之和，请填空。

```
main()
{int a[3][3]={1,3,6,7,9,11,14,15,17},sum1=0,sum2=0,i,j;
 for(i=0;i<3;i++)
    for(j=0;j<3;j++)
       if(i==j) sum1= sum1+a[i][j];
 for(i=0;i<3;i++)
    for(____;____;j--)
       if((i+j)==2) sum2= sum2+a[i][j];
 printf("sum1=%d, sum2=%d\n", sum1,sum2);
}
```

下面程序的运行结果是____。

13．

```
#include<stdio.h>
main()
{   int i=0;
    char a[] = "abm",b[] = "aqid",c[10];
    while(a[i] != "\0"&&b[i]!='\0')
    {if(a[i]>=b[i])
    c[i]=a[i]-32;
    else c[i]=b[i]-32;
    ++i;
    }
    c[i]='\0';
    puts(c);
}
```


14．从键盘输入若干整数（数据个数应少于 50），其值在 0～4 的范围内，用-1 作为输入结束的标志。统计每个整数的个数。

15．通过赋初值按行顺序给 2×3 的二维数组赋予 2、4、6 等偶数，然后按列的顺序输出该数组。

16．通过循环按行顺序为一个 5×5 的二维数组 a 赋 1～25 的自然数，然后输出该数组的左下半三角。

17．编写程序分别实现顺序查找和二分法查找，在查找结束后同时输出比较次数。

18．二分法的思想为每次把数组分为两部分，以排除法的形式逐渐缩小查找范围。那么是否可以每次将数组三等分呢？此时查找效率如何？编写程序实现三分法查找，同时输出比较次数，并分析和二分法比较哪个效率更高。

19．矩阵的加法、减法、乘法。

第4章 函数

在大型程序中，一个同样的程序段可能需要出现多次，这样，程序将变得十分冗长，一旦这部分程序需要调整，程序的修改工作将十分繁重。因此，C 语言中提供了函数方式，利用这种方式，可以将一个复杂的问题分解为很多小问题，给每一个小问题编写一段程序（函数体），为这段程序设定名称（函数名）以及接收数据的方式（参数）。最后把很多个这样的函数通过函数调用组合成一个完成复杂功能的有机体。这就是C语言结构化设计的思想。

通过这种结构化的设计，将复杂的程序任务分解为很多个更小、更简单的任务。每一个任务由一个函数完成，而函数中的变量和代码也独立于程序的其他部分，这样使得程序编写更容易。同时如果程序中有错误，可以将问题缩小到特定的函数，使程序更加容易调试。

C 语言中的函数有两种：标准函数和自定义函数。前者由系统提供，如之前用到的printf()、puts()，数据处理函数 sin(x)、cos(x)等，这类函数只要把其对应的头文件包括进来即可直接调用；后者是程序员根据需要自己定义的函数。本章主要讨论自定义函数的使用方法。

任务 4.1　数学能力测试系统

任务目标

了解函数的功能和优点。

掌握函数的定义形式。

掌握函数的调用方法。

掌握形参和实参的概念。

掌握函数说明语句的形式和用法。

掌握函数的值的概念。

掌握函数返回值的用法。

完成数学能力测试程序设计。

4.1.1　函数的定义

函数定义就是确定函数完成什么功能以及如何运行的程序模块。函数必须先定义，然后才能使用。

创建一个函数时，必须指定函数头作为定义的第一行，接着是这个函数放在一对大括号内的执行代码。这些代码成为函数体。函数头指明了函数的返回值类型、函数的名称和参数，函数体完成函数所有的处理操作。

函数定义的一般形式为：

```
类型标志符 函数名（[形式参数表]）
{
    变量说明
    执行语句
}
```

其中，类型标志符即函数类型，函数类型和函数返回值的类型一致，如果没有返回值，则函数类型为 void。

有的函数有返回值，有的函数没有返回值。函数的返回值是指函数被调用之后，执行函数体中的程序段所取得的并返回给主调用函数的值。有返回值的参数，其函数体中必须有相应的返回语句 return。

函数名是唯一标识一个函数的名称，应为一个合法的标识符。

形式参数列表由 0 个、1 个或多个参数组成。参数之间用逗号隔开，每个参数都包括参数的类型和名称。例如 int max(int a,int b);中声明了两个参数，它们均为 int 类型。

用大括号括起来的部分为函数体，包括变量说明和执行语句，这一部分的代码表明了函数可以实现的功能。函数体内可以没有代码，但是大括号必须存在。空的函数体在调试大型程序时经常用到。

出现在形式参数列表中的形参，以及出现在函数体变量说明中的变量都是局部变量，只在函数内部生效。

下面是合法的函数定义的例子。

【案例 4-1】 输出简单图形。

```
void print()
{
    int i,j;
    for(i=1;i<=10;i++)
    {
        for(j=1;j<=i;j++)
            printf("*");
        printf("\n");
    }
}
```

案例 4-1 中定义了一个 void 类型的无参数函数 print，该函数的功能为在屏幕上打印一个 10 行的三角形。当函数没有返回值时，必须说明函数类型为 void，这里的 void 不可以省略。

【案例 4-2】 根据参数输出简单图形。

```
void print(int x)
{
    int i,j;
    for(i=1;i<=x;i++)
```

```
    {
        for(j=1;j<=i;j++)
            printf("*");
        printf("\n");
    }
}
```

案例 4-2 中定义的函数 print 包含一个参数，其功能同样为在屏幕上打印一个三角形，不同的是三角形的行数是由函数的参数确定的。函数运行前首先接收通过函数调用传递的参数，确定 x 的取值，然后执行后续操作。

下面几个关于函数定义的案例是不正确的。

【案例 4-3】 定义函数，根据输入的参数输出一个长方形。

```
void print(int x, y)
{
    int i,j;
    for(i=1;i<=x;i++)
    {
        for(j=1;j<=y;j++)
        {
            if(i==1||j==1||i==x||j==y)
                printf("* ");
            else
                printf("  ");

        }
        printf("\n");
    }
}
```

在函数定义中，每一个形参都必须用一个类型说明符单独说明，不可以公用。将上述案例中的函数定义改为 void print(int x,int y)，则函数定义正确。

【案例 4-4】 定义一个函数，输出一个数的平方。

```
void add(int x,int y)
{
    int result;
    void squart(int x);
    result=suqart(x)+squart(y)
    printf("%d",result);
}
```

案例 4-4 中，在一个函数的函数体内又定义了另外一个函数，这种现象为函数的定义嵌套，这是不正确的。

在 C 语言中，所有的函数定义，包括 main()函数在内，都是平行的，也就是说一个函数的函数体内，不能定义另一个函数，即不能嵌套定义。是函数之间运行互相调用时，也允许嵌套调用，但 main()函数除外，main()只能调用其他函数而不能被调用。因此，C 程序的执行总是从 main()函数开始，完成对其他函数的调用后再返回到 mian()函数，最后由 mian()函数结束整个程序。一个程序有且只能有一个 mian()函数。

4.1.2 函数的调用

1. 函数调用形式

程序中之所以定义函数，是为了在程序中其他需要的地方调用函数。在程序中是通过对函数的调用来执行函数体的。

在前面的章节中，其实已经涉及到了一些函数的调用的案例，如 printf 函数、puts 函数等的调用。函数调用是通过函数调用语句实现的，主函数就是主调函数，主函数中调用的函数为被调函数。函数调用的一般形式为：

```
函数名（实际参数表）
```

对无参数函数调用时无实际参数。实际参数列表中的参数可以是常数，变量或其他构造类型数据表达式，各参数之间用逗号隔开。这里的参数的个数、类型和顺序都应与被调函数定义中的参数列表中的设置相同。

函数调用的过程为：先计算出实际参数表中各表达式的值，然后把值传递给对应的形参，然后再将执行控制流转向被调函数的第一个语句并执行函数体。当函数执行完后，执行控制流返回到主调函数中。

函数调用的结果称为函数的值，也就是函数体中 return 语句返回的值。可通过“函数名（实际参数表）”的形式访问返回语句返回的值，如有以下函数：

```
int add(int a,int b)
{
    return a+b;
}
```

其中，return 语句表示返回 a 加 b 的值，即调用该函数可获得 a 加 b 的值，调用形式为 add(a,b)。

函数调用有三种表现形式，分别为：作为单独的函数调用语句；作为函数的部分参数；作为表达式的一部分。

【案例 4-5】 编写程序，求三个数中的最大值。

```
#include <stdio.h>
int max(int a,int b,int c)
{
     if(a>b)
     {
          if(a>c)
               return a;
          else
               return c;
     }
     else
     {
          if(b>c)
               return b;
          else
               return c;
     }
```

```
}
void main()
{
    int a,b,c;
    int maxnum;
    printf("请依次输入三个整数：\n");
    scanf("%d%d%d",&a,&b,&c);
    printf("最大值为：%d\n",max(a,b,c));   //函数调用作为输出参数
}
```

程序运行结果如下：

```
请依次输入三个整数:
9 2 6
最大值为：9
```

案例中定义了求三个数中的最大值函数 max，函数中通过比较返回三个参数中的最大值。在主程序中，函数调用作为输出参数直接输出。

可以将上述程序中的输出部分提取出来单独作为一个函数，则程序可变为：

```
void print(int maxnum)
{
    printf("最大值为：%d\n",maxnum);

}
void main()
{
    int a,b,c;
    int maxnum;
    printf("请依次输入三个整数：\n");
    scanf("%d%d%d",&a,&b,&c);
    print(max(a,b,c));
}
```

此时对 print 函数的调用是作为单独的函数调用语句，函数没有返回值，只是完成独立的操作。max 函数的调用结果则作为参数传递给 print 函数。

2. 函数的形参和实参

在函数定义中，出现在函数名括号中的参数为形式参数，简称形参；函数调用时，出现在函数名后括号中的参数是实际参数，简称实参。

函数调用时，形参的数量和类型要和实参的数量和类型相一致，并且实参和形参的顺序也应保持一致，所代表的意义也一致。形参和实参的功能是数据传送。发生函数调用时，主调函数把实参的值传送给被调函数的形参，从而实现主调函数向被调函数的数据传送。

形参和实参的使用有以下特点：

（1）形参变量只有在被调用时才分配内存单元，在调用结束时，即刻释放所分配的内存单元。因此，形参只有在函数内部有效。函数调用结束返回主调函数后则不能再使用该形参变量。

（2）实参可以是常量、变量、表达式、函数等，无论实参是何种类型的量，在进行函数调用时，它们都必须具有确定的值，以便把这些值传送给形参。因此应预先用赋值、输入等办法使实参获得确定值。

（3）实参和形参在数量上、类型上、顺序上应严格一致，否则会发生“类型不匹配”的错误。

（4）函数调用中发生的数据传送是单向的。即只能把实参的值传送给形参，而不能把形参的值反向地传送给实参。因此，在函数调用过程中，形参的值发生改变，而实参中的值不会变化。

【案例 4-6】 计算从 1 到 n 的和。

```
#include <stdio.h>
int s(int n)
{
    int i;
    for(i=n-1;i>=1;i--)
        n=n+i;
    printf("函数 s 中: n=%d\n",n);
    return 0;
}
void main()
{
    int n;
    printf("请输入一个正整数: \n");
    scanf("%d",&n);
    printf("主函数中调用 s 前: n=%d\n",n);
    s(n);
    printf("主函数中调用 s 后: n=%d\n",n);
}
```


程序运行结果如下：

```
请输入一个正整数:
100
主函数中调用 s 前: n=100
函数 s 中: n=5050
主函数中调用 s 后: n=100
```

本程序中定义了一个函数 s，该函数的功能是求$\sum n_i$的值。在主函数中输入 n 值，并作为实参，在调用时传送给 s 函数的形参量 n（注意，本例的形参变量和实参变量的标识符都为 n，但这是两个不同的量，各自的作用域不同）。在主函数中调用函数 s 前用 printf 语句输出一次 n 值，这个 n 值是实参 n 的值。在函数 s 中也用 printf 语句输出了一次 n 值，这个 n 值是形参最后取得的 n 值，然后再在主函数中输出一次 n 的值，发现 n 的值仍为 10 不变。从运行情况看，输入 n 值为 100。即实参 n 的值为 100。把此值传给函数 s 时，形参 n 的初值也为 100，在执行函数过程中，形参 n 的值变为 5050。返回主函数之后，输出实参 n 的值仍为 100。可见传值调用时实参不随形参的变化而变化。

在函数调用时，为形参变量 n 分配内存单元，并将实参 n 的值传递给形参 n。然后在函数 s 内对 n 的值进行计算，形参 n 的值发生了变化。在程序结束时，要释放为形参 n

分配的内存空间。即形参 n 只在函数 s 内部有效，函数 s 的执行不会影响主函数中实参 s 的值，函数调用前后实参值不变。

3．函数的说明

C 语言可以由若干个文件组成，每一个文件又可以单独编译，因此当编译程序中的函数调用时，如果不知道该函数参数的个数和类型，编译系统就无法检查形参和实参是否匹配。为了保证函数调用时，编译程序能够检查出调用过程中传递的参数和函数定义中的参数是否类型一致和个数匹配，以保证函数调用的成功，因此有时在主调用函数中需要对调用函数进行说明。

在之前的例子中，总是先写调用函数然后再写主调函数。但是实际上组成一个程序的函数的位置是任意的，即有可能主调函数在被调函数之前，此时需要用到函数说明语句，否则将无法使用被调函数。

函数说明的一般形式如下：

```
函数类型 函数名([形式参数列表])
```

例如：

```
int max(int a,int b);
```

【案例 4-7】 求圆的面积。

```
#include <stdio.h>
#define PI 3.14
void main()
{
    float x;
    float a;
    float area(float x);
    printf("请输入圆的半径：\n");
    scanf("%f",&x);
    a=area(x);
    printf("圆的面积为：%.3f\n",a);
}
float area(float x)
{
    float a;
    a=PI*x*x;
    return a;
}
```

程序运行结果如下：

```
请输入圆的半径:
6
圆的面积为：113.040
```

函数的说明除了在主调函数中，也可以出现在函数的外部，如上述程序可以改写为：

```
#include <stdio.h>
#define PI 3.14
```

```
float area(float x);
void main()
{
    float x;
    float a;
    printf("请输入圆的半径：\n");
    scanf("%f",&x);
    a=area(x);
    printf("圆的面积为：%.3f\n",a);
}
float area(float x)
{
    float a;
    a=PI*x*x;
    return a;
}
```

函数的说明和函数定义在形式上类似，但是函数说明并不等价于函数定义。函数的定义由两部分组成：函数首部和函数体，函数的定义中应包括实现函数功能的语句和返回值等；而函数的说明中只是一个说明，没有具体的功能实现语句。

另外，函数的定义只能有一次，而函数的说明可以有多次，每次调用函数之前就应该在主调函数中说明一次。例如：

```
#define PI 3.14
void main()
{
    float area(float x);
    …
}
void print()
{
    float area(float x);
    …
}
float area(float x)
{
    float a;
    a=PI*x*x;
    return a;
}
```

在主函数和另外一个函数 print 中均用到了函数 area，所以都在调用前对函数 area 进行了说明，但是函数 area 的定义只有一次，在定义中给出了函数的具体功能的实现。而函数的说明则不包括功能实现。

函数说明并不是必须的，在下列情况中不需要对函数进行说明也可以使用：函数返回值为整型或字符型时，且在同一个文件中既定义函数，又调用函数；函数的定义和调用在同一个文件中，且定义在调用之前。

如果函数的定义和调用在两个不同的文件中，则无论函数返回值的类型是什么，在调用函数时，必须给出函数的说明。

【案例 4-8】 求长方形的面积。

```
#include <stdio.h>
void main()
{
      int x,y;
      int a;
      printf("请输入长方形两边长：\n");
      scanf("%d%d",&x,&y);
      a=area(x,y);
      printf("长方形的面积为：%d\n",a);
}
int area(int x,int y)
{
      int a;
      a=x*y;
      return a;
}
```

程序运行结果如下：

```
请输入长方形两边长：
5 6
长方形的面积为：30
```

4.1.3 函数的值

函数的值指示函数调用之后，执行函数体中的程序段所取得并返回给主调用函数的值，函数值的类型为函数类型。函数的值只能通过返回值的形式返回给主调用用函数。

返回值语句 return 的形式如下：

```
return 表达式;
```

执行时，首先计算表达式的值（可以为常量表达式、变量或复合类型的表达式），然后将该值返回给调用函数。

函数类型一般与 return 语句表达式的类型一致。如果函数不提供返回值，则可以定义函数类型为空类型（void）。

如果 return 语句中表达式的类型与函数的类型不一致，则以函数的类型为准，返回时自动进行数据类型转换。

一个程序中可以有多个 return 语句，但是每次调用只能执行一个 return 语句，因此函数只能有一个返回值。

如果函数不提供返回值，且被定义为空类型时，系统默认函数类型为整型。

返回值语句 return 的作用为：结束本函数运行，返回到主调用函数中执行下一条指定；将表达式运算结果返回到调用处。

【案例 4-9】 编写一个函数，在屏幕上显示一个字符串。

```
#include<stdio.h>
void print()
```

```
{
    char s[100];
    printf("请输入一个字符串:\n");
    gets(s);
    printf("输入的字符串为:\n");
    puts(s);
    return;
}
void main()
{
     print();
     printf("输出结束\n");
}
```

程序运行结果如下：

```
请输入一个字符串:
Hello
输入的字符串为:
Hello
输出结束
```


程序中定义了一个无参数函数 print()，在执行完最后一个语句 puts(s)，即显示字符串 s 之后，遇到 return 语句，函数结束并返回到主调用函数中，即继续执行主函数中的输出语句。

在函数类型为 void 的情况下，通常可以省略 return 语句的使用，函数执行完最后一条语句后，自动结束并返回到主调用函数中。

【案例 4-10】 编写一个函数，比较 a、b 的大小，并返回其中较大的一个。

```
#include <stdio.h>
int max1(int a,int b)
{
    if(a>=b)
        return a;
    else
        return b;
}
int max2(int a,int b)
{
    return (a>b?a:b);
}
void main()
{
    int a,b;
    int m;
    printf("请输入两个整数: \n");
    scanf("%d%d",&a,&b);
    printf("两个数中较大值为:\n");
    m=max1(a,b);
    printf("调用函数 max1 运行结果: %d\n",m);
    m=max2(a,b);
```

```
    printf("调用函数 max2 运行结果：%d\n",m);
}
```

程序运行结果如下：

```
请输入两个整数:
10 15
两个数中较大值为:
调用函数 max1 运行结果：15
调用函数 max2 运行结果：15
```

在这个程序中定义的函数 max1 和 max2 的功能为返回两个数中的较大值。在这个两个函数中，程序并不是执行到最后一条语句之后才终止并跳出到主程序中的，而是根据比较结果，如已知 a>b 时，则不需要执行下面的 else 语句就可以确定最大值，这时可以直接跳出函数。

程序 max1 和 max2 的功能均为比较两个数的最大值，max2 函数中只有一条 return 语句，max1 中有两条 return 语句，但函数具体执行时都只执行其中的一条 return 语句，返回该函数值到主调用函数中。

函数的返回值非空时，则可以将函数的值看成一个明确的数值用在任意表达式中，如将函数返回值赋给另外的变量或直接输出函数返回值。

注意，用户定义的函数大部分属于以下三种类型：第一种为数据处理型，函数的主体为对数据进行计算或其他处理，最后输出数据处理结果；第二种为信息处理型，对一些信息进行处理，处理后返回一个值，这个值仅作为处理成功或失败的标记，而无具体的含义；第三种为功能独立型，完成指定的功能，没有返回值。

4.1.4 任务实现

1. 问题描述

编写程序，训练儿童加、减、乘、除数学算数能力的程序。

程序应该能自动生成加法、减法、乘法和除法运算的算数表达式，并且通过学生输入的答案判断结果是否正确，然后给出提示。在用户选择结束程序时，可以统计共回答了多少题，得分为多少。

2. 要点解析

根据程序功能，可以将总程序分为 5 个模块，即

add：随机输出加法表达式并判断答案是否正确。

sub：随机输出减法表达式并判断答案是否正确。

mul：随机输出乘法表达式并判断答案是否正确。

divi：随机输出除法表达式并判断答案是否正确。

mark：统计答题数目和得分情况。

3. 程序实现

```
#include<stdio.h>
#include<stdlib.h>
```

```
#include<time.h>
void add();
void sub();
void mul();
void divi();
void mark(int c);
int count = 0,sum = 0;
void main()
{
    int choice;
    char ans = 'y';
    printf("欢迎使用儿童算数运算能力测试程序\n\n 长时间使用计算机不利于儿童身体健康\n\n 每次只能做一项练习：\n\n");
    printf("\t1.加法运算\n");
    printf("\t2.减法运算\n");
    printf("\t3.乘法运算\n");
    printf("\t4.除法运算\n");
    printf("\t0.退出\n");
    printf("请选择操作(0-4):");
    scanf("%d",&choice);
    while(ans == 'y' || ans == 'Y')
    {
        switch(choice)
        {
            case 1:add();break;
            case 2:sub();break;
            case 3:mul();break;
            case 4:divi();break;
            case 0:printf("欢迎下次使用，再见！\n\n");exit(0);
            default:printf("输入有误！\n\n");exit(0);
        }
        printf("是否继续？按 y 继续，按 n 退出。\n");
        scanf("%s",&ans);
    }
    mark(choice);
}

void add()
{
    int x,y,z,result;
    srand(time(NULL));
    x = rand()%10;
    y = rand()%10;
    result = x + y;
    printf("%d+%d= ",x,y);
    scanf("%d",&z);
    if(z == result)
    {
        printf("恭喜你，答对了，加 10 分！\n\n");
        sum+=10;
    }
```

```
        else
            printf("答错了，继续努力哦!\n\n");
        count++;
}

void sub()
{
        int x,y,z,result;
        srand(time(NULL));
        x = rand()%10;
        y = rand()%10;
        result = x - y;
        printf("%d-%d= ",x,y);
        scanf("%d",&z);
        if(z == result)
        {
            printf("恭喜你，答对了，加 10 分！ \n\n");
            sum+=10;
        }
        else
            printf("答错了，继续努力哦!\n\n");
        count++;
}

void mul()
{
        int x,y,z,result;
        srand(time(NULL));
        x = rand()%10;
        y = rand()%10;
        result = x * y;
        printf("%d*%d= ",x,y);
        scanf("%d",&z);
        if(z == result)
        {
            printf("恭喜你，答对了，加 10 分！ \n\n");
            sum+=10;
        }
        else
            printf("答错了，继续努力哦!\n\n");
        count++;
}

void divi()
{
        int x,y,z,result;
        srand(time(NULL));
        x = rand()%10;
        y = rand()%10;
        while(x%y != 0 || y == 0)
        {
```

```
            srand(time(NULL));
            x = rand()%10;
            y = rand()%10;
        }
        result = x / y;
        printf("%d/%d= ",x,y);
        scanf("%d",&z);
        if(z == result)
        {
            printf("恭喜你，答对了，加 10 分！ \n\n");
            sum+=10;
        }
        else
            printf("答错了，继续努力哦!\n\n");
        count++;
    }

    void mark(int c)
    {
        switch(c)
        {
            case 1:printf("本次共做加法题%d 道，总得分为%d!\n",count,sum);break;
            case 2:printf("本次共做减法题%d 道，总得分为%d!\n",count,sum);break;
            case 3:printf("本次共做乘法题%d 道，总得分为%d!\n",count,sum);break;
            case 4:printf("本次共做除法题%d 道，总得分为%d!\n",count,sum);break;
        }
        printf("欢迎下次使用，再见！ \n");
    }
```


程序运行结果如下：

```
欢迎使用儿童算数运算能力测试程序
长时间使用计算机不利于儿童身体健康
每次只能做一项练习:
        1.加法运算
        2.减法运算
        3.乘法运算
        4.除法运算
        0.退出
请选择操作(0～4):1
9+8= 17
恭喜你，答对了，加 10 分!
是否继续？按 y 继续，按 n 退出。
y
2+5= 7
恭喜你，答对了，加 10 分!
是否继续？按 y 继续，按 n 退出。
y
5+1= 6
恭喜你，答对了，加 10 分!
是否继续？按 y 继续，按 n 退出。
```

```
y
4+8= 10
答错了，继续努力哦!
是否继续？按 y 继续，按 n 退出。
n
本次共做加法题 4 道，总得分为 30!
欢迎下次使用，再见!
```

任务 4.2 汉诺塔问题

任务目标

掌握函数的递归调用方法。
掌握函数嵌套调用方法。
掌握局部变量和全局变量的概念和用法。
掌握变量的静态和动态存储方式。
掌握全局变量和局部变量的存储方式。
完成汉诺塔程序设计。

4.2.1 嵌套调用和递归调用

1．函数的嵌套调用

在 C 语言中，各函数的定义是平等的，独立的，不允许在一个函数的函数体内定义另外一个函数，即函数的定义不允许嵌套。但是 C 语言中，运行在一个函数的定义中会出现另外一个函数的调用，即函数的嵌套调用。当出现这样的调用时，在执行第一个函数的函数体过程中会出现第二个函数的调用和执行。

【案例 4-11】 函数的嵌套调用。

```
#include <stdio.h>
void fun1()
{
    void fun2();
    printf("--------\n");
    fun2();
    printf("--------\n");
}
void fun2()
{
    printf("********\n");
}
void main()
{
    void fun1();
    void fun2();
    printf("&&&&&&&&\n");
    fun1();
```

```
        printf("&&&&&&&&\n");
    }
```

程序运行结果如下：

```
&&&&&&&&
--------
********
--------
&&&&&&&&
```

其中，函数的执行过程为：

（1）执行 main 函数的开头部分。

（2）遇到 fun1 函数的调用语句，转向 fun1 函数的执行。

（3）执行 fun1 的开头部分。

（4）遇到 fun2 函数的调用语句，转向 fun2 函数的执行。

（5）执行 fun2 函数。

（6）fun2 函数执行结束，返回其调用处，即 fun1。

（7）继续执行 fun1 函数。

（8）fun1 函数执行结束，返回到 main 函数的执行。

（9）main 函数执行结束，程序终止。

程序执行流程如图 4-1 所示。

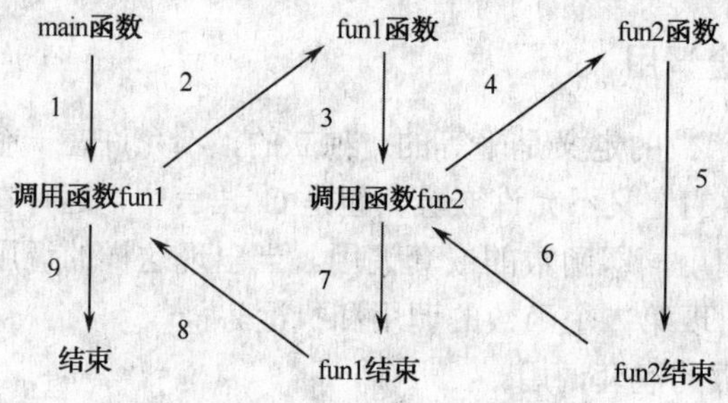

图 4-1　嵌套函数执行流程

2．函数的递归调用

在调用一个函数的过程中又出现了直接或间接地调用该函数自身，这种函数调用方式称为递归调用。

例如：

```
void fun()
{
    ...
    fun();
    ...
}
```

在函数体内直接有本函数的调用，这种方式为直接递归调用。

```
void fun1()
{
```

```
    ...
    fun2();
    ...
}
void fun2()
{
    fun1()
}
```

在一个函数的函数体内调用了另外一个函数，但是该函数又有对本函数的调用，这种方式为嵌套递归调用。

由于算法的有穷性特点，不能让一个函数无休止地调用其函数自身，这样会导致死循环。因此，必须采用某些手段来终止递归调用，常用的方法是在递归调用前添加判断条件，条件不满足之后就跳出该递归调用。

【案例 4-12】 使用递归调用求一个数的阶乘。

设定 f(n)=n!，则可知 f(n−1)=n×f(n−1)，f(1)=1，f(0)=1。

源程序如下：


```
#include <stdio.h>
int f(int n)
{
    int s;
    if(n<0)
    {
        printf("输入错误!\n");
        return 0;
    }
    if(n==0||n==1)
        s=1;
    else
        s=f(n-1)*n;
    return s;
}
void main()
{
    int n;
    int s;
    printf("请输入一个正整数:");
    scanf("%d",&n);
    s=f(n);
    printf("%d!=%d\n",n,s);
}
```

程序运行结果如下：

```
请输入一个正整数:5
5!=120
```

主函数调用 scanf 函数得到一个正整数，然后调用 f 函数，并且 f 中 n 的值为 5，此时 n 的值不满足 n<0 或者 n==0||n==1，所以继续调用函数 f。第二次调用 f 时，形参 n 接

收到的实参值为 4，然后继续调用，直到第五次调用，接收到的形参值为 1，满足条件 n==1，则执行 s=1，然后执行 return 语句。

这样第 4 次调用 f 收到第 5 次调用的返回值 f(1)，并计算 f(2)=2×f(1)=2，并将这个值返回给第 3 次调用，第 4 次调用结束；第 3 次调用根据第 4 次调用的返回值 f(2)计算 f(3)3×f(2)=6，结束本次调用并返回给第 2 次调用；第 2 次调用计算 f(4)=4×f(3)=24；第一次调用计算 f(5)=5×f(4)=120，然后返回给主程序并输出。

案例 4-12 也可以不用递归的方法，而是直接使用循环语句来实现，且比递归法更加易于理解和容易实现。但是有些问题则比较适合用递归法来实现，比如：

（1）可以将问题转化为与原问题解决方法相同的新问题，通常新问题的规模和复杂度较原问题递减。

（2）简化之后的问题是易于实现的或者已知解决方法的。

（3）递归必须有一个出口，即终止递归语句的条件。

【案例 4-13】 输入一个正整数序列，以相反的顺序输出该序列，以递归的方法实现。

将原问题分解为解决方法相同的几个小问题：

假设输出的正整数只有一位，则问题简化为反向输出一位正整数。这样只要输出这一位正整数即可。

对于一个位数大于 1 的正整数，则可以将其在逻辑上分为两部分：个位数的数字和个位数之前的所有数字。则问题分解为：

（1）先输出个位数的反向序列。

（2）再输出其他部分的反向序列。

显然前面一个问题是已经可以解决的，问题转化为输出个位数之前的反向序列。

对于个位数之前的数字，可以继续按上述规则将其分解，直到完成整个正整数序列的反向输出。

程序源代码如下：

```
#include <stdio.h>
void change(int num)
{
    int n=num;
    if(n<0)
    {
        printf("输入错误!\n");
        return;
    }
    if(n>=0&&n<=9)                  //若 n 为一位整数
        printf("%d",n);             //直接输出
    else
    {
        printf("%d",n%10);          //输出 n 的个位数
        change(n/10);               //输出 n 的个位数之外的其他数字
    }
}
void main()
{
```

```
    int num;
    printf("请输入一个正整数序列:\n");
    scanf("%d",&num);
    printf("该整数的反向序列为:\n");
    change(num);
    printf("\n");
}
```

程序运行结果如下：

```
请输入一个正整数序列:
123456789
该整数的反向序列为:
987654321
```

上述问题的解决方案为将问题进行分解，然后用较小的问题来解决较大的问题，即递归的思想。

4.2.2 局部变量和全局变量

在 C 语言中，变量的不同定义形式和定义位置，使得变量有不同的有效范围，这个有效范围即变量的作用域。从变量的作用域来划分，变量可以分为局部变量和全局变量。

1. 局部变量

局部变量也称内部变量，是指在函数内定义的变量。局部变量的作用域仅限于本函数内，即只能在本函数中使用，在函数执行结束后即释放该变量的内存空间，离开函数之后再使用这种变量是非法的。

局部变量的形式有以下三种。

（1）在函数体内定义的变量：其作用范围只能在所处的函数内，一旦超出这个范围，变量不起作用。

（2）在函数形式参数列表中定义的变量：其作用范围只在函数内部。

（3）在复合语句中定义的变量：其作用范围仅在所处的复合语句中。

例如：

```
int f1(int i)
{
    int j,k;
    ...
}
int f2(int x)
{
    int y,z;
...
}
```

函数 f1 中定义了三个变量，i 为形参，j 和 k 为变量，i、j、k 仅在 f1 内部有效，或者 i、j、k 的作用域仅限于 f1 内部。同理，f2 中定义的 x、y、z 的作用域 f2 内部，仅在 f2 内部有效。

允许在不同函数中使用相同的变量名和形参名。

复合语句中也可以定义变量，其作用域只在复合语句范围内，如：

```
void fun()
{                      ---------------------------------------------
    int x,y;
    …
    {                  -----------------          x 和 y 的作用域
        int z;         z 的作用域
        z=x+y;
    }                  ----------------
    …
}                      ---------------------------------------------
```

同一函数体内或同一层的复合语句内，应先进行所有的声明，然后再写执行语句。

不同层的复合语句，变量之前可以重名。此时执行到内层语句时，同名变量中内层定义的变量有限，外层变量被屏蔽，结束内层语句后才有效。

【案例 4-14】 局部变量的作用域。


```
#include <stdio.h>
int add(int x,int y)
{
    int sum;
    sum=x+y;
    return sum;
}
int plu(int x,int y)
{
    return x-y;
}
void main()
{
    int x=3;
    int y=3;
    printf("x=%d,y=%d\n",x,y);
    {
        int x=5;
        printf("x=%d\n",x);
        y++;
    }
    printf("x=%d,y=%d\n",x,y);
    printf("x+y=%d\n",add(x,y));
    printf("x-y=%d\n",plu(x,y));
}
```

程序运行结果如下：

```
x=3,y=3
x=5
x=3,y=4
x+y=7
x-y=-1
```

请读者自行分析上述程序中各个变量的作用域。

2. 全局变量

在任何函数体外定义的变量为全局变量。全局变量的作用域比较宽，它的有效范围为从其定义的位置开始到所在源文件的结束，在这个区域内任意函数都可以调用它。例如：

```
int a,b;              //外部变量
void fun1()
{
    …
}
int x,y;
void fun2()
{
    …
}
void main()
{
    …
}
```

其中 a、b、x 和 y 都是外部变量，a 和 b 的作用域为从其开始定义到 fun1、fun2 和 main 函数，而 x 和 y 的定义在 fun1 之后，所以其作用域为 fun2 和 main 函数。

全局变量可以加强函数模块之间的数据联系，但是会使函数之间的独立性降低，这从程序模块化设计的观点看是不利的。全局变量的使用还容易导致程序错误，因为全局变量为多个函数共享，因此全局变量的错误将会传递给其作用域所在的所有函数。因此在程序设计时应尽量避免全局变量的使用，加强函数的独立性。

在同一个源文件中，允许全局变量和局部变量同名。在局部变量的作用范围之内，全部变量被屏蔽，不起作用。例如：

```
int x=0;
void fun(int x)
{
        x=x+1;
}
void main()
{
    fun(x);
    printf("x=%d",x);
}
```

程序中定义了一个全局变量 x，它的作用范围为从定义到文本结束。而 fun 函数中也定义了一个同名的变量 x，则在 fun 内部，全局变量 x 不起作用。程序执行时，调用函数 fun(x)，这里的 x 为全局变量，即 x=0。程序转向 fun 函数时，fun 函数内的 x 被赋值为 0，并执行 x=x+1 的操作，局部变量 x 变为 1。函数 fun 执行结束之后，继续执行 main 函数，输出 x 的值。此时 fun 函数中改变的 x 的值为局部变量 x，全局变量 x 的值不变，输出结果应为 x=1。

【案例 4-15】 全局变量的使用。

```
#include <stdio.h>
int max,min,avg;
void process(int num)
{
    int score,sum=0;
    int count=0;
    printf("请输入学生%d 的成绩:\n",num);
    scanf("%d",&score);
    max=min=score;
    do
    {
        sum=sum+score;
        if(score<min)
            min=score;
        if(score>max)
            max=score;
        count++;
        scanf("%d",&score);
    }
    while(score>=0);
    avg=sum/count;
}
void main()
{
    int i;
    for(i=1;i<=3;i++)
    {
        process(i);
        printf("******学生 1*******\n");
        printf("最高分\t 最低分\t 平均分\n");
        printf("%d\t%d\t%d\n",max,min,avg);
    }
}
```


程序运行结果如下：

```
请输入学生 1 的成绩:
78 90 86 74 92 -1
******学生 1*******
最高分   最低分   平均分
92       74       84
请输入学生 2 的成绩:
89 93 82 85 71 -1
******学生 1*******
最高分   最低分   平均分
93       71       84
请输入学生 3 的成绩:
78 92 94 65 99 -1
******学生 1*******
最高分   最低分   平均分
99       65       85
```

4.2.3 变量的存储类型

C 语言中的每一个变量都有两个属性：作用域类型和存储类型。变量的作用域从变量在什么空间内有效的角度划分，可以分为全局变量和局部变量。变量的存储类型则是以变量在内存中存在的时间角度划分的，可以分为动态存储方式和静态存储方式两种。

静态存储方式是指在程序运行期间分配固定的存储空间的方式，而动态存储方式则是在程序运行期间根据需要动态分配存储空间的方式。

编译后的 C 程序有 4 个不同的逻辑内存区域，它们分别有不同的功能。

程序区：用来存放程序代码的区域。

静态存储区：用来存储程序中的全局变量和局部变量。

栈区：程序运行时用来存放临时数据，可以用来保存函数调用时的现场和返回地址，也可以用来存放形式参数变量和自动局部变量等。

堆区：是一个自由存储区域，程序通过 C 语言的动态存储分配函数来使用它，用于存储链表等。

栈和堆的内容是动态变化的，因此也称为动态存储区。数据可以存放在动态存储区和静态存储区，变量的存储相应地可以分为动态存储类型和静态存储类型。

由于全局变量可以供程序中所有函数使用，所以全局变量的值需要在整个运行期间进行保存，全部变量应该安排在静态存储区内。

局部变量可以放在静态存储区内，也可以放在栈区。

一个变量属于静态存储还是动态存储，并不能仅从其作用域来看，还应该考虑其存储类别说明。

在 C 语言中，变量的存储类型如表 4-1 所示。

表 4-1 变量存储类型

auto	自动变量	动态存储方式
register	寄存器变量	
extern	外部变量	静态存储方式
static	静态变量	

下面详细介绍上述四种存储类型。

1. auto

自动变量 auto 的变量类型为动态存储变量，其一般形式为：

```
auto 数据类型 变量名;
```

例如：

```
auto int a;
```

函数中的变量如果不做特殊说明，系统都是动态地分配内存空间，数据存储在动态存储区中，函数的形参和在函数中定义的变量都属于此类。在调用变量时系统为其分配内存空间，在函数调用结束后自动释放内存空间，这类变量为自动变量。

auto 只能用来说明函数体内的局部变量，不能说明形参、全局变量。函数中的形参虽然不用 auto 来说明，但是形参也是 auto 类型变量。

函数被调用运行期是该函数自动局部变量的生存期。自动局部变量的有限生存期可以节省内存单元，而且使函数独立性增强。

变量类型为 auto 时，auto 也可以省略，省略是默认为 auto 类型。

2. register

register 定义的变量值存放在 CPU 的寄存器中，而不像普通的变量存储在内存单元中。使用寄存器来存储变量的速度比使用普通变量快得多，这时因为寄存器变量实际上存储在 CPU 中，不需访问内存来确定和修改其值。

存储其变量的定义形式为：

```
register 数据类型 变量名;
```

例如：

```
register int a;
```

寄存器变量可以提高数据的读取速度，以提高程序的运行效率。不过，有的编译系统可以忽略寄存器存储类型修饰符，直接把 register 变量当成自动变量处理，在内存中给其分配内存单元，而不把数据放在存储器中；并且现在计算机的运行速度越来越快，性能越来越高，优化的编译器能够自动识别使用比较频繁的变量，将其放在寄存器中，而不需要程序员的指定。

因此，register 类型的变量在实际应用中使用不多，这里只要了解即可。

3. extern

extern 类型说明符可以用来扩展外部变量的作用域。在不加任何说明的情况下，声明全局变量的作用域只能从定义开始，到变量所在的文件结束为止，如果要把作用范围扩展到其他文件或文件的其他区域，则需要定义外部变量，即 extern 类型的变量。

extern 类型的变量定义形式为：

```
extern 变量名;
```

【案例 4-16】 外部变量的使用。

在同一个工程中创建两个文件，分别命名为 file1 和 file2。

file1 的代码：

```
#include <stdio.h>
int a;
void main()
{
    int power(int n);
    int b=3,c,d,m;
    scanf("%d,%d",&a,&m);
    c=a*b;
    printf("%d*%d=%d\n",a,b,c);
    d=power(m);
    printf("%d^%d=%d\n",a,m,d);
}
```

file2 的代码：

```
extern a;
int power(int n)
{
    int i,y=1;
    for(i=1;i<=n;i++)
        y*=a;
    return y;
}
```

程序运行结果如下：

```
2,3
2*3=6
2^3=8
```

案例 4-16 在 file1 中定义了变量 a，变量 a 的作用域为整个 file1 文件。文件 file2 中使用 extern a 声明将 a 的作用域又扩展到了 file2 中。这样 a 在 file2 中同样有效。程序先通过接收键盘输入将 a 的值赋为 2，然后调用 power 函数，power 函数中有对 a 进行处理的语句，语句中 a 的值也为 2。

同理，函数也可以使用外部声明扩展作用范围，如案例 4-16 也使用了外部函数 power，外部函数的声明可以省略关键字 extern。

4．static

类型 static 有以下两个作用。

（1）把未用 auto 说明的局部变量的存储方式由动态存储方式改为静态存储方式，即改变其生存周期。

前面介绍过，如果一个局部变量定义为 auto 类型或者未说明类型，则默认为动态存储方式存储，函数调用时为其分配内存空间，函数结束后自动消失。但是如果函数的局部变量声明为 static 类型，则该变量即变为静态存储类型，称为静态局部变量，该变量是在变量定义时就分配内存空间，并且一直存在，直到整个程序执行结束。

静态局部变量的作用域仍和动态局部变量相同，即只能在定义该变量的函数内使用，退出该函数之后，尽管该变量还继续存在，但是不能使用。如果再次调用该函数，则可以继续使用该变量，并且保留上次调用该函数结束时该变量的值。

如果一个变量声明为 static 类型，且在定义时未给其赋初值，则系统自动为其赋初使值为 0。

【案例 4-17】 静态局部变量和动态局部变量的比较。

```
#include <stdio.h>
int fun1()
{
    int x=0;
    x++;
    return x;
}
int fun2()
```

```
{
    static int y=0;
    y++;
    return y;
}
void main()
{
    int i;
    printf("fun1:\t");
    for(i=0;i<5;i++)
    {
        printf("%d\t",fun1());
    }
    printf("\n");
    printf("fun2:\t");
    for(i=0;i<5;i++)
    {
        printf("%d\t",fun2());
    }
    printf("\n");
}
```


程序运行结果为：

```
fun1:   1       1       1       1       1
fun2:   1       2       3       4       5
```

fun1 和 fun2 中分别定义了一个静态局部变量和动态局部变量，比较函数 fun1 和函数 fun2 的 5 次运行结果可以看出，每次 fun1 运行时，fun1 的返回值不变，这时因为每次 fun1 运行开始时为 x 分配存储空间并赋初值，fun1 运行结束后就释放内存空间，所以每次运行 x 的值不变；而 fun2 中 y 为静态局部变量，定义时即分配内存空间并赋初值，每次运行 fun2 时 y 的值保持为上次 fun2()运行结束时 y 的值，所以连续 5 次运行 fun2 时返回的值分别为 1、2、3、4、5。

（2）使全局变量的作用域无法扩展到其他文件中。

前面介绍过使用 extern 可以将一个文件中的全局变量扩展到其他文件中，但是为了保持程序的独立性，并不希望一个文件中定义的变量可以让其他文件任意使用，这样就可以使用 static 来完成，即在定义一个变量时加上 static 修饰符，那么该变量就只能在当前文件中使用。

【案例 4-18】 用 static 改变全局变量作用域。

file 中代码如下：

```
#include <stdio.h>
void a();
void b();
void main()
{
    extern int num;
    num=7;
    a();
```

```
    b();
}
```

file1 中代码如下：

```
#include <stdio.h>
int num;
void a()
{
    printf("file1:%d\n",num);
}
```

file2 中代码如下：

```
#include <stdio.h>
static int num;
void b()
{
    printf("file2:%d\n",num);
}
```

程序运行结果如下：

```
file1:7
file2:0
```


从上述案例中可以看出，file 使用 extern 引用外部变量只能引用 file1 中的全局变量，而不能引用 file2 中的静态全局变量。

static 在不同地方的作用不同，使用的时候应该注意。

4.2.4 任务实现

1．问题描述

汉诺塔游戏来自印度的一个古老传说，开天辟地的神——波拉玛在一个庙里留下了三根金刚柱，第一根上面套着大小不同的 64 个金片，上小下达依次排列。游戏的目标是将所有的金片搬到第三根柱子上，搬移过程中，可以利用中间的柱子作为辅助，但是一次只能搬移一个金片，搬移下来之后只能放到三个柱子中的一个上，且大的不能放在小的上面。

要解决的问题为：

有三根柱子 A、B、C。

A 柱上有若干按大小顺序叠放的金片。

每次移动一个金片，且只能移到 A、B、C 中任一根柱子上，大的不能叠放在小的之上。

把所有的金片从 A 柱移动到 C 柱上。

试编写程序模拟搬移过程。

2．要点解析

可以根据递归的思想来分析这个问题。

如果只有一个金片，则把金片从 A 移动到 C 上即可，移动结束。

如果有 n 个金片，则将前 n−1 个金片移动到 B 上，然后将最后一个金片移动到 C 上，最后将前 n−1 个金片从 B 移动到 C 上即可。

将前 n−1 个金片从 A 上移动到 B 上又可以分为三个过程：将前 n−2 个金片移动到 A 上，再将第 n−1 个金片移动到 C 上，最后将前 n−1 个金片移动到 C 上即可。同理将前 n−1 个金片从 B 移动到 C 的过程类似。

依次进行这样的分解，最后完成整个搬移任务。

程序设计如下：

（1）如果 n=1，则将金片从 A 上移动到 C 上。

（2）如果 n=2，将 n−1（即第一个）个金片移动到 B 上，然后将第 n 个金片移动到 C 上，最后将前 n−1 个金片移动到 C 上。

（3）如果 n>2 时，先将前 n−1 个金片移动到 B 上，然后将第 n 个金片移动到 C 上，最后将前 n−1 个金片移动到 C 上即可。

每次将 n 个金片从原始柱子移到另外一个目标柱子时，都先将前 n−1 个金片移动到第三个柱子上，然后移动第 n 个柱子，最后将前 n−1 个柱子从第三根移动到目标柱子上。

3．程序实现

```
//汉诺塔程序
#include <stdio.h>
int num=0;
//第一个参数表示金片的数量
//后面三个参数分别代表金片开始所在的柱子、需要借用的第三根柱子、目标柱子
void hanio(int n,char A,char B,char C)
{
      if(n==1)
      {
            printf("将金片%d 从%c 移动到%c\n",n,A,C);
            num++;
      }
      else
      {
            hanio(n-1,A,C,B);
            printf("将金片%d 从%c 移动到%c\n",n,A,C);
            num++;
            hanio(n-1,B,A,C);
      }
}
void main()
{
      int n;
      void hanio(int n,char a,char b,char c);
      printf("请输入金片的数量:");
      scanf("%d",&n);
      hanio(n,'A','B','C');
      printf("完成目标，共需移动%d 次\n",num);
}
```

程序运行结果如下：

```
请输入金片的数量:4
将金片 1 从 A 移动到 B
将金片 2 从 A 移动到 C
将金片 1 从 B 移动到 C
将金片 3 从 A 移动到 B
将金片 1 从 C 移动到 A
将金片 2 从 C 移动到 B
将金片 1 从 A 移动到 B
将金片 4 从 A 移动到 C
将金片 1 从 B 移动到 C
将金片 2 从 B 移动到 A
将金片 1 从 C 移动到 A
将金片 3 从 B 移动到 C
将金片 1 从 A 移动到 B
将金片 2 从 A 移动到 C
将金片 1 从 B 移动到 C
完成目标，共需移动 15 次
```


任务 4.3　学生信息管理系统之函数实现

任务目标

掌握数组在函数中的用法，比较使用数组作为函数的参数和返回值与使用基本数据类型时的区别。

了解一些常用的库函数，掌握库函数的使用方法。

掌握编译预处理的知识。

用函数实现学生信息管理系统程序。

4.3.1　数组和函数

在函数中，参数可以是表达式，数组元素和变量可以作为表达式的组成部分，所以数组元素也可以作为函数的参数。数组元素作为函数实参，其用法和基本数据类型变量相同，另外，数组名也可以作为实参和形参，传递的是数组的首地址。

1. 数组元素作为函数参数

数组元素作为函数的参数和变量作为函数参数时一样使用，传递的是数值，是“值传递”方式，接收的实参值和形参应是具有相同类型的变量。

【案例 4-19】 一个数组中有 10 个数，比较其中的最大值。

```
#include <stdio.h>
void main()
{
	int max(int a,int b);
```

```
        int a[10];
        int i,m;
        printf("输入 10 个正整数:\n");
        for(i=0;i<10;i++)
            scanf("%d",&a[i]);
        m=a[0];
        for(i=1;i<10;i++)
            m=max(m,a[i]);
        printf("最大值为:\n%d\n",m);
    }
    int max(int a,int b)
    {
        if(a>b)
            return a;
        else
            return b;
    }
```

程序运行结果如下：


```
输入 10 个正整数:
8 29 13 6 32 21 17 0 19 20
最大值为:
32
```

2．一维数组作为函数参数

一维数组作为函数参数，可将数组名作为函数实参。数组名作为函数实参时，形参可以是数组或者指针变量。关于指针的使用在后面章节中会进行介绍，现在只讨论形参和实参都是数组时的情况。

数组名作为实参时，实参向形参传递的不是具体的值，而是数组的首地址，函数将实参的地址传递给形参，形参和实参共用同一块内存单元，形参值的改变会影响实参的值，这种参数传递方式为“传地址”。

数组作为形参时可以不指明数组的大小，只在数组名后面加一个方括号表示形参类型为数组，有时为了程序需要，可以另外设置一个参数表示数组长度，用来传递需要处理的数组中元素的个数。

函数调用需要数组作为实参时，直接将数组名作为参数即可，不需要指明数字的长度，也不需要加方括号。

【案例 4-20】 数组元素排序。

```
#include <stdio.h>
void sort(int a[],int n)
{
    int i,j,tmp;
    for(i=0;i<n-1;i++)
        for(j=0;j<n-1-i;j++)
            if(a[j]>a[j+1])
            {
                tmp=a[j];
```

```
                    a[j]=a[j+1];
                    a[j+1]=tmp;
                }
}
void main()
{
    int a[10];
    int i;
    printf("输入 10 个正整数:\n");
    for(i=0;i<10;i++)
        scanf("%d",&a[i]);
    sort(a,10);
    printf("排序后数组为:\n");
    for(i=0;i<10;i++)
        printf("%d   ",a[i]);
    printf("\n");
}
```

程序运行结果如下：

```
输入 10 个正整数:
13 36 82 74 53 96 87 9 3 18
排序后数组为:
3   9   13   18   36   53   74   82   87   96
```

通过案例可以看出，在传值调用时，将实参的值赋给形参，函数改变或使用形参的值，实参的值不变；而传地址时，将实参的地址传递给形参，实参和形参共用内存单元，形参值的改变即为实参值的改变，函数调用结束后实参值为函数结束时的形参值。

3．二维数组作为函数参数

可以用二维数组作为函数的参数。二维数组作为实参时，可以直接使用二维数组名。二维数组作为形参时，可以指定每一维的大小，也可以省略第一维的大小说明，但是不能省略第二维的大小说明。

同样，函数调用的时候只要以二维数组名作为实参即可，不需要指明数组的长度，也不需要方括号。

【案例 4-21】 有一个 4×3 的矩阵，求其中元素的最小值。

```
#include <stdio.h>
int min(int a[][3])
{
    int i,j,m;
    m=a[0][0];
    for(i=0;i<4;i++)
        for(j=0;j<3;j++)
            if(a[i][j]<m)
                m=a[i][j];
    return m;
}
void main()
{
```

```
    int array[4][3]={{9,8,7},{7,6,5},{6,5,4},{4,3,2}};
    printf("最小值为:%d\n",min(array));
}
```

程序运行结果为：

```
最小值为:2
```

4.3.2 库函数

在C 语言中，有很多已经定义好并存在某一个文件中，供用户直接使用，这就是库函数。最常用的printf、scanf函数都是库函数。

使用库函数时要用include 命令，引用库函数所在头文件的文件名，其一般形式为：

```
#include "文件名"
```

或

```
#include <文件名>
```

例如，printf和scanf函数所在的头文件为stdio.h，应在使用前在程序开头添加#include <stdio.h>命令。

常用的库函数有：

```
int abs(int x);                        //求整数的绝对值
double exp(double x);                  //求指数函数
double log(double x);                  //求对数函数
double sin(double x);                  //求正弦值
double cos(double x);                  //求余弦值
double pow(double x,double y);         //指数函数，求 x 的 y 次方
double sqrt(double x);                 //求平方根
void rand();                           //随机数生成
void gettime(struct time timep);       //获取当前系统时间
```

【案例4-22】 库函数的使用。

```
#include <stdio.h>
#include <stdlib.h>
#include <time.h>
#include <dos.h>
#include <math.h>
void main()
{
    int x,y,s;
    struct time t;
    gettime(&t);
    printf("当前系统时间为:%2d:%02d:%02d\n",t.ti_hour,t.ti_min,t.ti_sec);
    srand(time(NULL));
    x = rand()%10;
    y=rand()%10;
    s=pow(x,y);
    printf("%d 的%d 次方为%d\n",x,y,s);
}
```

程序运行结果如下：

```
当前系统时间为:10:05:34
6 的 7 次方为 279936
```

4.3.3 编译预处理

编译预处理是在对源程序正式编译之前的预处理，用#开头的命令就是预处理命令。在C 语言源程序中添加一些编译预处理命令，可以使程序更加简洁、易读，还可以提高程序的运行效率。

C 语言中提供了三种编译预处理功能，即宏定义、文件包含和条件编译。为了和一般语句区分，预处理命令以# 开头，且结尾不加分号，并通常占用一个独立的行。

1. 宏定义

宏定义是指用一个指定的标志符来代替程序中的一个片段。宏定义可以分为无参数的宏和有参数的宏两种。

（1）无参数的宏的一般形式如下：

```
#define 宏名 表达式
```

其中表达式可以是常数、字符或字符串、表达式和语句，甚至可以为多条语句。宏名为一个合法的标识符。

例如：

```
#define PI 3.1415926
```

在程序中，宏定义用标识符 PI 代表数字 3.1415926，这样程序中凡是用到这个数据量时，都用 PI 来表示，编译预处理时将所有的 PI 替换为 3.1415926。这样使程序更加简洁，避免数据不一致问题。同时如果要修改 PI 的值，如改变其有效数据的个数时，不需要在所有用到 PI 的地方做修改，只要修改宏定义即可。

宏定义时也可以使用已经定义的宏。

【案例 4-23】 计算圆的面积。

```
#include<stdio.h>
#define PI 3.14
#define R 5
#define AREA PI*R*R
void main()
{
    printf("r=%d\narea=%.2f\n",R,AREA);
}
```

程序运行结果如下：

```
r=5
area=78.50
```

（2）带参数的宏的一般形式如下：

```
#difine 宏名（形参列表）表达式
```

例如：

```
#define MUL(x,y) x*y
```

在程序编译预处理阶段，MUL(i,j)被替换为 i×j，其中的 i 和 j 作为实参替换了宏定义中的形参 x 和 y。

使用带参数的宏定义时，宏定义中的表达式中的形参通常用括号括起来，以避免会出错。例如程序中有如下语句：

```
m=MUL(i+1，j-1);
```

则在编译时可将其替换为：

```
m=i+1*j-1;
```

这显然是不对的，因此应该将宏定义为：

```
#define MUL(x,y) (x)*(y)
```

可以将程序中反复使用的运算表达式或简单函数定义为带参数的宏，这样可以使程序更简洁。

【案例 4-24】 带参数的宏。

```
#include<stdio.h>
#define MAX(x,y) x>y?x:y;
void main()
{
    int a[10];
    int max;
    int i;
    printf("请输入 10 个正整数:\n");
    for(i=0;i<10;i++)
        scanf("%d",&a[i]);
    max=a[0];
    for(i=0;i<10;i++)
        max=MAX(max,a[i]);
    printf("最大值为:%d\n",max);
}
```

程序运行结果如下：

```
请输入 10 个正整数:
7 2 9 5 1 4 10 3 8 6
最大值为:10
```

带宏的参数和函数非常类似，但是两者之前还是有本质的区别的。

（1）宏替换在编译预处理时进行，不占运行时间，只占用编译预处理的时间，函数调用在程序运行时进行，占运行时间。

（2）带参数的宏只是简单的字符替换，并不计算带参数的表达式的值，而函数需要计算实参表达式的值，并赋值给形参。

（3）宏名没有类型，宏参数也没有类型的问题，宏中使用的参数的类型是在参数定义的时候确定的，所以宏中的表达式中参数可以是任意类型；而函数中则不同，函数中对数据类型有严格的定义。

2. 文件包含

文件包含是指一个程序中将另一个指定的文件的全部内容都包含进来，文件包含的一般形式为：

```
#include "文件名" 或#include <文件名>
```

使用文件包含命令时，相当于将 include 后面的源文件的全部内容写在语句 include 后面的位置。

3. 条件编译

在一般情况下，源程序中所有的语句都参与编译，但是有时候只希望对其中某一部分在满足一定条件时才进行编译，即对部分内容指定编译条件，也就是条件编译。

条件编译的形式有以下几种。

形式一的定义如下：

```
#ifdef 标识符
    程序段 1
#else
    程序段 2
#endif
```

功能为：如果标识符已经被#define 命令定义过，则在程序编译时只处理程序段 1，否则只处理程序段 2。

形式二的定义如下：

```
#ifndef 标识符
    程序段 1
#else
    程序段 2
#endif
```

功能为：如果标识符没有被#define 命令定义过，则在程序编译时只处理程序段 1，否则只处理程序段 2。

形式三的定义如下：

```
#if 常量表达式
    程序段 1
#else
    程序段 2
#endif
```

功能为：如果常量表达式的值为真，则处理程序段 1，否则处理程序段 2。

【案例 4-25】 条件编译 1。

```
#include <stdio.h>
#define CHOICE1
#ifdef CHOICE1
    #define PI 3.1415926
```

```
#else
      #define PI 3.14
#endif
void main()
{
     float r,area;
     scanf("%f",&r);
     area=r*r*PI;
     printf("area=%f\n",area);
}
```

程序运行结果如下：

```
5
area=78.539815
```

【案例 4-26】 条件编译 2。

```
#include <stdio.h>
#define LOW 1
void main()
{
     char ch;
     ch=getchar();
     #if LOW
          if(ch>='A'&&ch<='Z')
               ch=ch+32;              //大写变小写
     #else if
          if(ch>='a'&&ch<='z')
               ch=ch-32;              //小写变大写
     #endif
     printf("%c\n",ch);
}
```


程序运行结果如下：

```
A
a
c
C
```

4.3.4 任务实现

1. 问题描述

在前面的章节中，已经逐步实现了学生信息管理系统中的部分功能，现在可以使用函数来完成每部分的实现。

所以能完成的功能有：

（1）显示功能菜单。

（2）添加学生信息。

（3）查找学生信息。

（4）计算学生平均成绩。

（5）计算各科成绩最高分。

（6）显示所有学生成绩信息。

2．要点解析

可以将每一个功能在一个函数中实现，即将程序分为多个模块，每个模块实现一个功能。现在需要将这些功能用函数的形式组织起来。

3．程序实现

```
#include<stdio.h>
#include<conio.h>
#include<string.h>

//以下为自定义函数说明语句
void welcome();            //显示欢迎信息
void menu();               //显示功能菜单
void choose();             //选择功能函数
void insert();             //插入学生成绩信息
void search();             //查找学生成绩信息
void total();              //课程信息统计
void del();                //删除学生信息
void print();              //显示学生成绩信息
int max(int s[]);          //计算成绩最大值
int min(int s[]);          //计算成绩最小值
int average(int s[]);      //计算成绩平均值
int no[100]={201201,201202,201203,201204,201205};
                           //学生学号，初始化设置5个学生的信息
char name[100][20]={"Jack","Rose","Lily","Tom","Ming"};
                           //最大存储100个学生的姓名
int score[100][3]={{69,73,82},{71,90,76},{93,96,89},{70,67,82},{84,88,81}};
                           //每个学生有三门课，分别为C、Java和数据库
int num=5;                 //数组中有效数据长度
int realnum=5;             //学生数目
int on=1;                  //标志是否结束程序运行
void main()                /*主函数*/
{
      welcome();
      menu();
      while(1){
            choose();
            if(on==0)
            {
                  printf("系统运行结束!\n");
                  break;
            }
      }
}
//显示欢迎信息
```

```
void welcome()
{
    printf("\n|-------------------------------------------|\n");
    printf("|                欢迎使用学生信息管理系统                |\n");
    printf("|-------------------------------------------|\n");
}
//显示菜单栏
void   menu()
{
    printf("|-----------------STUDENT----------------------|\n");
    printf("|\t    1. 添加学生信息                         |\n");
    printf("|\t    2. 查找学生信息                         |\n");
    printf("|\t    3. 删除学生信息                         |\n");
    printf("|\t    4. 课程成绩统计                         |\n");
    printf("|\t    5. 显示所有学生信息                     |\n");
    printf("|\t    6. 显示功能菜单                         |\n");
    printf("|\t    0. 退出系统                             |\n");
    printf("|-------------------------------------------|\n\n");
}
//选择要执行的功能
void choose()
{
    int c;
    printf("选择您要执行的功能，0-6:");
    scanf("%d",&c);
    switch(c)
    {
        case 0:
            on=0;
            return;
            break;
        case 1:
            insert();
            break;
        case 2:
            search();
            break;
        case 3:
            del();
            break;
        case 4:
            total();
            break;
        case 5:
            print();
            break;
        case 6:
            menu();
            break;
    }
```

```
}
//添加学生信息
void insert(){
    printf("请输入学生学号,格式为 2012**:");
    int x;
    scanf("%d",&x);
    if(x<0||x>201299)
    {
        printf("输入信息不合法!\n");
        return;
    }
    for(int i=0;i<num;i++)
    {
        if(no[i]!=0&&no[i]==x)
        {
            printf("该学号已经存在!\n");
            return;
        }
    }
    no[num]=x;
    printf("输入学生姓名:");
    scanf("%s",&name[num]);
    printf("请输入 C 语言成绩:");
    scanf("%d",&score[num][0]);
    printf("请输入 Java 成绩:");
    scanf("%d",&score[num][1]);
    printf("请输入数据库成绩:");
    scanf("%d",&score[num][2]);
    num++;
    realnum++;
    printf("添加成功!\n");
}
//查找学生信息
void search()
{
    int x;
    printf("请输入要查询的学生学号:");
    scanf("%d",&x);
    if(x<201201||x>201299)
    {
        printf("您查询的学生不存在!\n");
        return;
    }
    for(int i=0;i<num;i++)
    {
        if(no[i]==x)
            break;
    }
    if(no[i]!=x)
    {
        printf("您查询的学生不存在!\n");
```

```
            return;
        }
        else
        {
            printf("学号\t\t 姓名\t\tC 语言\tJava\t 数据库\n");
            printf("%d\t\t",no[i]);
            printf("%s\t\t",name[i]);
            for(int j=0;j<3;j++)
                printf("%d\t",score[i][j]);
            printf("\n");
        }
    }
//删除学生信息
void del()
{
    int x;
    printf("请输入要删除的学生学号:");
    scanf("%d",&x);
    if(x<201201||x>201299)
    {
        printf("您输入的学生信息不存在!\n");
        return;
    }
    for(int i=0;i<num;i++)
    {
        if(no[i]==x)
            break;
    }
    if(no[i]!=x)
    {
        printf("您输入的学生信息不存在!\n");
        return;
    }
    else
    {
        no[x]=0;
        realnum--;
        printf("删除成功!\n");
    }
}
//统计课程信息
void total()
{
    int i,j;int n=0;
    int score2 [3][100];
    for(i=0;i<num;i++)
    {
        if(no[i]==0)
            continue;
        else
        {
```

```
                for(j=0;j<3;j++)
                {
                    score2[j][n]=score[i][j];
                }
                n++;
            }
        }
        printf("统计\tC 语言\tJava\t 数据库\n");
        printf("最高分\t%d\t%d\t%d\n",max(score2[0]),max(score2[1]),max(score2[2]));
        printf("最低分\t%d\t%d\t%d\n",min(score2[0]),min(score2[1]),min(score2[2]));
        printf("平均分\t%d\t%d\t%d\n",average(score2[0]),average(score2[1]),
            average(score2[2]));
}
//显示学生信息
void print()
{
    printf("共有%d 名学生,学生信息如下:\n",realnum);
    int i,j;
    printf("学号\t\t 姓名\t\tC 语言\tJava\t 数据库\n");
    for(i=0;i<num;i++)
    {
        if(no[i]==0)
            continue;
        printf("%d\t\t",no[i]);
        printf("%s\t\t",name[i]);
        for(j=0;j<3;j++)
            printf("%d\t",score[i][j]);
        printf("\n");
    }
    return;
}
int max(int s[])
{
    int maxs;
    int i;
    maxs=s[0];
    for(i=0;i<num;i++)
    {
        if(no[i]==0)
            continue;
        else
        {
            if(maxs<s[i])
                maxs=s[i];
        }
    }
    return maxs;
}
int min(int s[])
{
    int mins;
```

```
        int i;
        mins=s[0];
        for(i=0;i<num;i++)
        {
            if(no[i]==0)
                continue;
            else
            {
                if(mins>s[i])
                    mins=s[i];
            }
        }
        return mins;
}
int average(int s[])
{
        int sum=0;
        int i;
        for(i=0;i<num;i++)
        {
            if(no[i]==0)
                continue;
            else
                sum=sum+s[i];
        }
        return sum/realnum;
}
```


程序运行结果如下：

```
|----------------------------------------------------------------------|
|               欢迎使用学生信息管理系统                 |
|----------------------------------------------------------------------|
|-----------------STUDENT---------------------------------------------|
|              1. 添加学生信息                          |
|              2. 查找学生信息                          |
|              3. 删除学生信息                          |
|              4. 课程成绩统计                          |
|              5. 显示所有学生信息                      |
|              6. 显示功能菜单                          |
|              0. 退出系统                              |
|----------------------------------------------------------------------|

选择您要执行的功能，0-6:5
共有 5 名学生,学生信息如下:
学号            姓名            C 语言    Java    数据库
201201          Jack            69        73       82
201202          Rose            71        90       76
201203          Lily            93        96       89
201204          Tom             70        67       82
201205          Ming            84        88       81
```

```
选择您要执行的功能，0-6:4
统计      C语言    Java     数据库
最高分    93       96       89
最低分    69       67       76
平均分    77       82       82
选择您要执行的功能，0-6:1
请输入学生学号,格式为2012**:2012100
输入信息不合法!
选择您要执行的功能，0-6:1
请输入学生学号,格式为2012**:201204
该学号已经存在!
选择您要执行的功能，0-6:1
请输入学生学号,格式为2012**:201208
输入学生姓名:Lucy
请输入C语言成绩:89
请输入Java成绩:75
请输入数据库成绩:91
添加成功!
选择您要执行的功能，0-6:5
共有6名学生,学生信息如下:
学号            姓名            C语言    Java     数据库
201201          Jack            69       73       82
201202          Rose            71       90       76
201203          Lily            93       96       89
201204          Tom             70       67       82
201205          Ming            84       88       81
201208          Lucy            89       75       91
选择您要执行的功能，0-6:2
请输入要查询的学生学号:201208
学号            姓名            C语言    Java     数据库
201208          Lucy            89       75       91
选择您要执行的功能，0-6:2
请输入要查询的学生学号:201207
您查询的学生不存在!
选择您要执行的功能，0-6:3
请输入要删除的学生学号:201207
您输入的学生信息不存在!
选择您要执行的功能，0-6:3
请输入要删除的学生学号:201203
删除成功!
选择您要执行的功能，0-6:2
请输入要查询的学生学号:201203
您查询的学生不存在!
选择您要执行的功能，0-6:6
|----------------STUDENT------------------------------------------|
|              1. 添加学生信息                                     |
|              2. 查找学生信息                                     |
|              3. 删除学生信息                                     |
```

```
|              4. 课程成绩统计                    |
|              5. 显示所有学生信息                |
|              6. 显示功能菜单                    |
|              0. 退出系统                        |
|-------------------------------------------------|
选择您要执行的功能，0-6:5
共有 5 名学生,学生信息如下:
学号          姓名          C 语言    Java    数据库
201201        Jack           69        73       82
201202        Rose           71        90       76
201204        Tom            70        67       82
201205        Ming           84        88       81
201208        Lucy           89        75       91
选择您要执行的功能，0-6:4
统计    C 语言    Java    数据库
最高分  89        90      91
最低分  69        73      76
平均分  76        78      82
选择您要执行的功能，0-6:0
程序运行结束!
```


课后练习

1．以下函数值的类型是____。

```
fun(float x)
{   float y;
    y=3*x-4;
    return y;
}
```

A．int　　B．不确定　　C．void　　D．float

2．有如下函数调用语句：

```
fun(rec1,rec2+rec3,(rec4,rec5));
```

该函数调用语句中，含有的实参个数是____。

A．3　　B．4　　C．5　　D．有语法错

3．有以下函数定义：

```
void fun(int n,double x) {…}
```

若以下选项中的变量都已经正确定义且赋值，则对函数 fun 的正确调用语句是____。

A．fun(int y,double m);　　B．k=fun(10,12.5);

C．fun(x,n);　　D．void fun(n,x);

4．有以下程序：

```
int f(int n)
{   if(n==1) return 1;
    else return f(n-1)+1;
```

```
}
main()
{   int i,j=0;
    for(i=1;i<3;i++)    j+=f(i);
    printf("%d\n",j);
}
```

程序运行后的输出结果是____。

A．4　　B．3　　C．2　　D．1

5．在 C 语言中，一个函数一般由两个部分组成，它们是____。

6．以下程序运行后，输出结果是____。

```
int d=1;
fun (int p)
{
    int d=5;
    d+=p++;
    printf("%d",d);
}
main()
{
    int a=3;
    fun(a);
    d+=a++;
    printf("%d\n",d);
}
```

7．以下程序的输出结果是____。

```
int f()
{
    static int i=0;
    int s=1;
    s+=i;
    i++;
    return s;
}
main()
{
    int i,a=0;
    for(i=0;i<5;i++)
        a+=f();
    printf("%d\n",a);
}
```

8．以下程序的输出结果是____。

```
t(int x,int y,int cp,int dp)
{   cp=x*x+y*y;
    dp=x*x-y*y;    }
main()
{   int a=4,b=3,c=5,d=6;
    t(a,b,c,d);
```

```
    printf("%d    %d \n",c,d);
}
```

9．运行下列程序后的 w 值为____。

```
main()
{ int w=2,k;
  for (k=0,k<3,k++)
  {w = f(w);
    printf("%d\n",w);
  }
}

int f(int x)
{ int y=0;
  static int z=3;
  y++;z++;
  return(x+y+z);
}
```

10．已有变量定义和函数调用语句：int a=10,b=-17,c;　c=fun(a,b);　fun 函数的作用是计算两个数之差的绝对值，并将差值返回调用函数，请编写 fun 函数。

11．已有变量定义和函数调用语句：int　x=87；isprime(x)；函数 isprime 用来判断一个整型数 a 是否为素数，若是素数，函数返回 1，否则返回 0。请编写 isprime 函数。

12．一函数，输入一行字符（只包含空格和字母），将此字符串中最长的单词输出。

13．一函数，输入一个十六进制数，输出相应的十进制数。

14．给出年、月、日，计算该日是该年的第几天。

15．定义一个函数 digit(n,k)，它回送整数 n 的从右边开始数第 k 个数字的值。例如：

```
digit(15327,4)=5
digit(289,5)=0
```

第5章 指针

指针是C语言中的重要概念，也是C语言的一个重要特色。指针极大地丰富了C语言的功能，规范的指针可以使程序更加简捷、紧凑、高效。正确而灵活地运用指针可以有效地表达复杂的数据结构，方便处理字符串、使用数组，以及直接处理内存等。

但是指针概念又是C语言中最难掌握的，它内容丰富、概念复杂，所以在学习中一定要注意除了掌握基本知识之外，多编程练习、多上机调试，只有做到这些，才能更好地掌握指针的用法。

要理解指针、指针变量，要先很好地理解内存与地址的概念，以及变量、内存、地址的关系。

任务5.1 数据加密

任务目标

了解内存中数据的存储方式。

了解指针和指针变量的概念。

掌握指针的定义方式。

掌握指针的初始化和赋值方式。

掌握指针的运算。

完成数据加密任务。

5.1.1 内存单元和指针

计算机中的所有数据都是存储在硬盘或内存中的，计算机中有大量的数据，为了快速读取所需的数据，需要有效的数据管理手段。

计算机存储器拥有大量的存储单元，一般把存储器中的一个字节称为一个存储单元。不同的数据类型所占的存储单元数目不等，如一个整型数据占两个字节的存储单元，一个字符数据占一个字节的存储单元等。为了能正确访问这些存储单元，必须为每个存储单元编上号，根据存储单元的编号即可准确地找到该存储单元，存储单元的编号称为存储地址。每一个内存单元都有一个唯一的内存地址。

例如：

```
int a;
```

编译时系统分配一个整型的变量，整型变量占用4个内存单元，假设这些内存单元的地址分别为 3000H、3001H、3002H 和 3003H，则起始地址 3000H 即为变量 a 地址，这 4 个内存单元共同存放变量。

内存单元和内存单元地址的关系相当于房间和门牌号的关系，定义整型变量 a 时系统会为变量 a 分配一个内存单元，相当于为 a 分配一个房间，并记录 a 的内存单元地址，即房间所对应的房间号。需要读取变量 a 时，相当于通过门牌号找到房间并读取变量的值。

系统读取一个变量时，有两种读取方式：直接访问和间接访问。

直接访问时直接通过变量名 a 找到起始地址 3000H，然后将变量值放入内存单元或者从内存单元读取变量值。

间接访问则不同。假设变量 a 在内存单元的首地址为 3000H，间接访问时 3000H 内存单元中存放的并不是变量 a 的值，而是一个特殊的变量，这个变量指向另外一个内存单元，如这个内存单元的地址为 4000H，则 4000H 中存放的是变量 a 的值。间接访问时内存地址中存放的不是变量值，而是变量值所在的内存单元的地址。

间接访问变量时，首先根据变量名 a 的地址找到其所在的内存单元，然后读取变量的值所在的内存单元地址，最后根据这个地址读取变量值。

上述两种方法的区别为：直接访问时可根据变量名直接找到变量所在的存储单元，而间接访问则是根据变量名找到变量所在的内存单元地址，再根据这个地址找到变量所在的内存单元，然后才能读取数据。

一个变量在内存单元中所分配的具有指定数据类型的存储单元的地址称为该变量的指针。如果有一个变量专门用来存放另一个变量的地址，则称为指针变量。换句话说，指针变量存储的不是普通的值，而是另外一个变量的地址。

指针变量也是一个变量，和普通变量不同的是，指针变量的值为某一个变量的内存地址，指针变量的类型为其指向的变量的类型。

5.1.2 指针变量

1. 指针变量的定义

指针变量定义的一般形式为：

```
类型标志符 *指针变量名;
```

与定义一个普通的变量相比，只是在类型标志符后面加上了一个星号。例如：

```
int x;            // 定义一个整型变量 x
int *pointer;     // 定义一个指针指向一个 int 类型的指针变量
double x;         // 定义一个 double 类型的变量 x
double *p;        // 定义一个指针指向一个 double 类型的指针变量
```

注意，*为指针变量的标志，表示定义的变量为指针变量，但并不是指针变量名的一部分。指针变量的类型为指针类型，如上面例子中 pointer 的类型为“int *”，表示 pointer 为指向一个 int 类型的指针。

无论什么类型的指针变量，它们所分配的内存单元的长度都是相同的，因为指针变量中存储的不是具体类型的数值，而是数值的内存地址。

&和*是互逆的两个操作，*操作符代表运算符的右边的操作数为指针变量，而&操作符的作用为求运算符&右边的操作数的地址。例如：

```
scanf("%d",&a);
```

这条语句的作用为从键盘上读取一个整型变量，并放在变量名 a 所在的内存单元地址中，即&a 的功能为获取 a 所在的内存单元地址。

2．指针变量的赋值

指针变量不同于整型变量及其他类型的变量，它存放的是其他变量的地址。

假如要把整型变量 x 的地址赋值给指针变量 pointer，并且已经知道变量 x 的首地址为 3000H，那么如何进行赋值呢？

pointer 是指针变量，而 3000 是一个常数，编译时无法将 3000 看做 x 的地址。

指针变量的赋值可以用取址运算符&来进行，例如：

```
int x=3;
int *pointer=&x;
```

上述语句的功能为将变量 x 的地址存放到指针变量 pointer 中，其存储关系如图 5-1 所示。

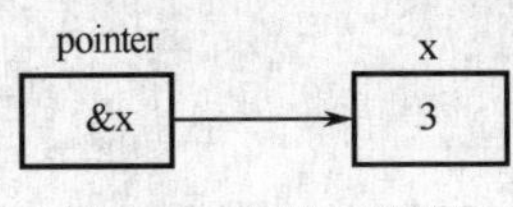

图 5-1　存储示意图

如果直接读取指针 pointer 的值，则 pointer 的值为变量 x 的地址。

【案例 5-1】 指针变量的赋值。

```
#include <stdio.h>
void main()
{
    int a=3;
    int *p;
    p=&(++a);
    printf("变量 a=%d\n",a);
    printf("变量 a 的地址为:%x\n",p);
}
```

程序运行结果如下：

```
变量 a=4
变量 a 的地址为:12ff44
```

指针变量的类型一方面说明该变量是指针变量，另一方面说明指针变量所指向的值的类型，即它指向的内存单元的类型。为指针变量赋值时，如果指针表达式的类型和指针变量的类型不一致时，需要用强制类型转换使其保持一致。例如：

```
int *pointer,a=1;
pointer1=&a;
float *pointer2;
pointer2=(float *)pointer1;
```

如果没有强制类型转换，则上述赋值语句不正确。

另外，只能对指针变量赋变量的地址，而不是赋表达式的地址，因为表达式没有内存地址。

指针变量定义之后，如果没有给指针变量赋值，它并不是没有指向任意内存单元，而是指向一个未知的内存单元。为了确保数据的安全性，可以给指针变量赋空值来实现，例如：

```
pointer=0;
```

或者

```
pointer=NULL;
```

NULL 在这里表示地址为 0。

3．指针变量的引用

指针变量中存放了另外一个变量的地址，相应地也提供对其存放的变量的引用。通过*可以访问和修改指针变量所指向的变量。例如：


```
int x=2;
int *p=&x;
*p=3;
```

上述语句中定义了一个整型变量 x 和一个整型指针 p，并且将 x 的地址赋值给指针变量 p。*p=3 的意思是将指针 p 所指向的内存单元中的值改为 3，即 x=3。程序执行结束后变量 x 的值发生了改变。

指针之间可以相互赋值，例如：

```
int x1,x2;
int *p,*q;
x1=x2=1;
p=&n1,q=&n2;
```

p 和 q 分别指向两个变量 x1 和 x2，且 x1=x2，即*p=*q，也就是说*p 和*q 是等价的。但是 p 和 q 不等价，p 指向 x1，q 指向 x2。

可以任意改变指针变量的指向，例如上面语句中，令

```
p=q;
```

即将 q 指向的内存单元赋值给指针 p，则 p 和 q 同时指向 x2。

【案例 5-2】 指针变量的引用。

```
#include <stdio.h>
void main()
{
    int x,y,z;
    int *max,*min;
    printf("请输入三个整数:\n");
    scanf("%d%d%d",&x,&y,&z);
    if(x>y)
    {
```

```
        max=&x;
        min=&y;
    }
    else
    {
        max=&y;
        min=&x;
    }
    if(z>*max)
        max=&z;
    if(z<*min)
        min=&z;
    printf("最大值为:%d\n",*max);
    printf("最小值为:%d\n",*min);
}
```

程序运行结果如下：

```
请输入三个整数:
-1 8 5
最大值为:8
最小值为:-1
```


4. 指针变量的优点

指针的存在提供了一种共享数据的方法，可以在程序的不同位置、使用不同的名字来访问相同的一段共享数据，如果在一个地方对这个数据进行了修改，那么在其他地方也能看到修改之后的结果。

【案例 5-3】 数据交换。

```
#include <stdio.h>
void main()
{
    int a, b, temp;
    int *p,*q;
    printf(" 输入两个正整数:\n");
    scanf("%d %d", &a, &b);
    p=&a; q=&b;
    printf("a 的值为%d, b 的值为%d\n", a, b);
    printf("a 的地址为%d, b 的地址为%d\n", &a, &b);
    printf("p 的值为%d, q 的值为%d\n", p, q);
    printf("p 所指向变量的值为%d, q 所指向变量的值为%d\n",*p,*q);
    temp=*p;
    *p=*q;
    *q=temp;
    printf ("交换后 p 所指向变量的值为%d, q 所指向变量的值为%d\n",*p,*q);
    printf("交换后 a 的值为%d,b 的值为%d\n", a, b);
}
```

程序执行结果如下：

```
输入两个正整数:
3 5
a 的值为 3,b 的值为 5
a 的地址为 1244996,b 的地址为 1244992
p 的值为 1244996,q 的值为 1244992
p 所指向变量的值为 3,q 所指向变量的值为 5
交换后 p 所指向变量的值为 5,q 所指向变量的值为 3
交换后 a 的值为 5,b 的值为 3
```

从程序的指向结果中可以看出，当将 a 的地址和 b 的地址分别赋值给指针变量 p 和 q 时，p 和 q 的内存单元中存放的地址和 a、b 的地址完全相同，在对*p 和*q 进行交换时，a 和 b 也进行了交换。

尽管名字和位置不同，但实际上*p 就是 a，*q 就是 b。从程序运行结果也可以看出，a 的地址与指针变量 p 的值相等，b 的地址和指针变量 q 的值相等。

5.1.3 指针运算

指针运算是指以指针变量所具有的地址值为运算量的运算。指针运算和普通变量的运算有很大的区别，其可以进行的运算种类是有限的，只能进行赋值运算和部分算术运算及关系运算。

1. 赋值运算

指针变量的赋值运算有以下几种形式。

（1）初始化赋值，即在定义指针变量时即对指针进行赋值，例如：

```
int *p=0;  // 为指针变量 p 赋空指针
```

（2）把一个变量的地址赋值给一个指向相同数据类型的指针变量，例如：

```
int a,*p;
p=&a;    // 将整型变量 a 的地址赋值给整型指针变量 p
```

（3）把一个指针变量的值赋给指向相同数据类型的指针变量，即如果有两个指针变量指向相同的数据类型，则这两个指针变量之间可以相互赋值，例如：

```
int a,*p,*q;
p=&a;    // 将整型变量 a 的地址赋值给整型指针变量 p
q=p;     //将指针变量 p 中存放的内存单元地址赋值给 q，即 p 和 q 指向相同内存单元
```

（4）把数组的首地址赋值给指向数组的指针变量，例如：

```
int a[5],*p;
p=a;
```

（5）把字符串的首地址赋值给指向字符串类型的指针常量，例如：

```
char *p;
p="Hello";
```

（6）把函数的入口地址赋值给函数的指针变量。

2. 算术运算

指针变量的算术运算只有两种，就是加和减。指针的加减运算并不是简单的整数的加减运算，而是指针指向当前位置的前后移动。

例如，p 为一个整型的指针变量，且 p 指向的位置为 3000H，并且假设一个整型变量占用 4 个字节，那么，

```
p=p+3;
```

表示将 p 所指向的指针变量向后移 3 个位置，注意，此时 p 的值为 300CH 而不是 3003H，即向后移动三个整型数据的长度而不是 3 个字节。指针每加 1，即指向该类型的下一个数据；每减 1，即指向该类型的上一个数据。指针的加减是按照其所指向数据类型的存储单元的字节长度进行的。

指针变量的算术运算可以分为三种形式：指针变量加或减一个整数、两个指针变量相减和指针变量自增自减运算。两个指针变量相减时要注意，指针变量的数据类型必须相同，否则不能进行运算。两个指针变量之间不能相加。

指针变量的算术运算时和指针变量的类型相关，不同类型的数据运算结果不同。

指针变量的运算规则如表 5-1 所示。

表 5-1 指针算术运算规则

运算形式	意 义
p++	p 的地址+sizeof(p)
p--	p 的地址-sizeof(p)
p+n	p 的地址+n*sizeof(p)
p-n	p 的地址-n*sizeof(p)
p-q	(p 的地址-q 的地址)*sizeof(p)

指针表达式不能进行自增和自减运算，例如：

```
int a,*x=&a;       //假设 a 的地址为 100H
x++;               //执行后 x 的值为 104H
(&x)++;            //非法语句
(x+5)++;           //非法语句
```

指针变量的算术运算通常和数组一起使用。

3. 关系运算

指针变量的关系运算共有 6 种，>、<、==、|=、>=、<=。

在一个关系表达式中，允许将两个指针进行比较，比较其地址的大小，例如：

```
if(p>q)
printf("p 的地址高于 q 的地址\n");
```

一般而言，参与关系运算的两个指针必须是同一类型，否则没有意义。关系运算的结果根据关系表达式是否成立来确定，若关系表达式成立，则该表达式的值为非零，否则结果为 0。

指针一般不能和整常数进行关系运算，唯一的例外是，指针变量可以和 0 或常量

NULL 进行等于或不等于运算。例如：

```
p==0;  //判断指针 p 是否非空，即是否为分配存储单元
p!=0;  //指针 p 非空，即已经分配内存单元
```

【案例 5-4】 输出数组元素。

```
#include <stdio.h>
void main()
{
    int x[5]={2,3,4,5,6};
    int i,*p;
    p=x;
    for(i=0;i<5;i++)
        printf("%2d",*(p++));
    printf("\n");
}
```

程序运行结果如下：

```
2 3 4 5 6
```


数组元素在内存中是按顺序存储的，数组名所指向的内存单元为数组的首地址，数组中元素按照下标依次存储。将指针 p 指向数组的首地址，即数组中的第一个元素，然后指针 p 依次加 1，即每次向后读取一个元素。

4. 指针运算的优先级问题

指针变量运算时，赋值运算优先级最低，最后运算；其他运算符的优先级相等，按照右结合原则，要从右到左运算。例如：

```
y=*p++;      //y=*(p++)
y=*++p;      //y=*(++p)
y=(*p)++;    //y=(*p)++
y=--*p++;    //y=--(*(p++))
```

5.1.4 任务实现

1. 问题描述

对输入的一个字符串进行加密运算。

加密，是以某种特殊的算法改变原有的信息数据，使得未授权的用户即使获得了信息，但因不知解密的方法，所以仍然无法了解信息的内容，可以保证数据的安全性。

最初的也是最简单的加密算法为替换加密法，即将原数据中的每一个字符都用另外一个字符替换，用无意义的新的字符串替换原来的字符串。

只知道加密算法，如果没有密钥，仍然无法破译数据。对于替换加密法，密钥相当于替换对应表。只有同时知道了加密算法和密钥，才能破解加密数据。

尝试完成加密算法，加密规则为对原始数据中的每一个字符用与其特定距离的另外一个字符替换，如用字母表中每一个字母后面第 3 个字母代替原来的字母，则'A'加密后变成'D'，'a'加密后变成'd'，'z'加密后变成'c'。

根据用户输入的密钥（即用其后面第几个字母替换原来的字母），然后对用户输入的数据进行加密。

2. 要点解析

首先要定义一个字符数组 data，用来存放原始字符串；定义指针变量 p，使其指向字符数组。

从键盘上读入密钥和字符数组，然后将指针变量 p 指向字符数组的第一个元素，然后对字符数组中元素进行处理。

在遇到结束符号'\0'前，依次处理字符数组中每一个字符，并根据密钥将其替换成对应的另一字符。

替换时要注意，'a'的 ASCII 码为 97，'z'的 ASCII 码为 122，'A'的 ASCII 码为 65，'Z'的 ASCII 码为 90，如果替换后超出这个范围之后进行处理。

最后输出加密后的字符串。

3. 程序实现


```
#include <stdio.h>
void main()
{
    char *p,data[100];
    p=data;
    int key;
    printf("请输入加密密钥:\n");
    scanf("%d",&key);
    key=key%26;
    fflush(stdin);
    printf("请输入要加密的字符串:\n");
    gets(p);
    while(*p)
    {
        if(*p>='a'&&*p<='z')
        {
            *p=*p+key;
            if(*p>122)
                *p=*p-26;
        }
        else if(*p>='A'&&*p<='Z')
        {
            *p=*p+key;
            if(*p>90)
                *p=*p-26;
        }
        p++;
    }
    p=data;
    printf("加密后的字符串为:\n");
    puts(p);
}
```

程序运行结果如下：

```
请输入加密密钥:
4
请输入要加密的字符串:
SeeYouTomorrowintheParkatSixOclock
加密后的字符串为:
WiiCsyXsqsvvsamrxliTevoexWmbSgpsgo
请输入加密密钥:
2
请输入要加密的字符串:
SeeYouTomorrowintheParkatSixOclock
加密后的字符串为:
UggAqwVqoqttqykpvjgRctmcvUkzQenqem
```

任务 5.2 学生管理系统之姓名排序

任务目标

掌握用指针变量访问一维数组方法。

掌握用指针变量访问二维数组方法。

掌握字符数组和字符指针变量的关系。

掌握用字符指针访问单字符串和多字符串的方法。

了解多级指针的概念。

掌握几种多级指针的形式和用法。

完成用指针实现学生姓名排序任务。

5.2.1 指针与数组

在 C 语言中，指针和数组有着密切的关系，可以说程序中凡是有用数组处理的算法都可以用指针来完成，且一般速度比用下标要快。

任何变量都有地址。一个数组中包含若干个元素，每个数组元素都在内存中占用内存单元，都有相应的地址。指针变量既然可以指向变量，当然也可以指向数组。

一个指针变量既可以指向一个数组，也可以指向一个数组元素，这个过程可以通过把数组名或者某一个元素的地址赋给指针变量实现。如果要使指针指向数组的第 i 个元素，则可以把元素 i 的首地址赋予它。

引用数组元素可以用下标法，也可以用指针法，即通过指向数组元素的指针找到所需要的元素。使用指针法能提高目标程序质量，占内存少，运行速度快。

1. 指针与一维数组

在编译阶段，系统为一个数组的所有元素分配在一片连续的存储内存空间中，数组名代表这段连续内存空间的首地址，即第 0 个数组元素的地址。将第 0 个数组元素的地址加一个数组中数据类型的长度，即可得到第 1 个数组元素的地址，这样依次可以得到每一个数组元素的地址。

指向数组的指针变量和指向普通变量的指针变量的说明形式是相同的。

例如，在程序中定义一个一维数组：

```
int a[5];
```

此时 a 的地址为数组元素的首地址，即 a[0]的地址。定义一个指针变量且进行赋值：

```
int *p;
p=a;
```

此时，数组 a 的存储地址赋给了指针变量 p，使得指针变量 p 指向了数组的第一个元素 a[0]，即上述赋值等价于：

```
p=&a[0];
```

由于数组元素的存储是连续的，那么 a+1 就是数组元素 a[1]的存储地址，a+2 就是数组元素 a[2]的存储地址，a+i 就是数组元素 a[i]的存储地址，*(a+i)表示读取 a+i 地址中的内存，即读取 a[i]的值，这就是通过地址常量引用数组元素。

当进行了赋值 p=a 时，指针变量 p 指向数组元素 a[0]，此时可以直接通过指针来引用数组元素的值。p+1 代表数组元素 a[1]的存储地址，p+i 就是数组元素 a[i]的地址，*(p+i)则表示 a[i]的值。这就是通过指针来引用数组元素。

其中，p+1 指向数组的下一个元素，而不是简单地将指针变量的值加 1，其值的实际变化是 p+1*sizeof（数组元素类型）。

由此可见，可以使用下标法或者指针法来引用一个数组元素，两者的形式分别为：

下标法——用 a[i]的形式来访问数组元素。

指针法——用*(a+i)或者*(p+i)的形式访问数组元素。

虽然 p 的值和 a 的值相同，都表示数组的首地址，但是两者的含义不同，一个是指向数组的指针变量，其值可以发生变化；另外一个是数组名，其值是确定的，不能发生变化，例如有：

```
int a[10], *pa; pa=a;
pa++;    //为合法语句，表示将 pa 指向数组中下一个存储单元
a++;     //非法语句，a 的值不能发生变化
```

使用指针变量时还应该注意指针变量的范围，指针变量可以指向数组以后的存储单元，但没有实际意义，还有可能会导致数据泄露等严重的问题，所以使用指针变量时一定要注意其值的范围。

使用时注意指针变量的形式，比较下面几种形式的指针表达式的含义。

p++：使指针 p 向后移一个存储单元。

*p++：先得到 p 所指向的变量的值，然后再使 p 向后移一个存储单元。

*(++p)：先使 p 向后移一个存储单元，然后再读取 p 所指向的内存单元中的值。

(*p)++：p 所指的存储单元中的值加 1，即*p=*p+1。

【案例 5-5】 求学生成绩合格人数。

使用下标法访问数组元素：

```
//下标法
#include <stdio.h>
void main()
{
    int a[100];
    int i,n,count=0;
    do
    {
        printf("输入学生数目:");
        scanf("%d",&n);
    }while(n>100||n<=0);
    printf("依次输入学生成绩:\n");
    for(i=0;i<n;i++)
    {
        scanf("%d",&a[i]);
        if(a[i]>=60)
            count++;
    }
    printf("输入的学生成绩为:\n");
    for(i=0;i<n;i++)
        printf("%d    ",a[i]);
    printf("\n 及格人数为:%d\n",count);
}
```


使用指针法访问数组元素：

```
//指针法
#include <stdio.h>
void main()
{
    int a[100];
    int n,count=0;
    int *p;
    do
    {
        printf("输入学生数目:");
        scanf("%d",&n);
    }while(n>100||n<=0);
    printf("依次输入%d 个学生成绩:\n",n);
    for(p=a;p<a+n;p++)
    {
        scanf("%d",p);
        if(*p>=60)
            count++;
    }
    printf("输入的学生成绩为:\n");
    p=a;
    while(p<a+n)
        printf("%d    ",*p++);
    printf("\n 及格人数为:%d\n",count);
}
```

程序运行结果如下：

```
输入学生数目:10
依次输入学生成绩:
76 92 63 90 98 82 87 52 61 59
输入的学生成绩为:
76   92   63   90   98   82   87   52   61   59
及格人数为:8
Press any key to continue
```

案例 5-5 中比较了使用指针变量法和数组下标法引用数组变量的区别。在这两种方法中，指针变量法能使目标程序占用更少的内存且运行速度快。

通过案例 5-5，可以总结输出数组元素的方法。

假设有下面定义：

```
int a[n],i,*p;
```

并对数组元素进行赋值之后，可通过下面几种方法输出数组元素：

```
for(int i=0;i<n;i++) printf("%d\t",a[i]);
for(int i=0;i<n;i++) printf("%d\t",*(a+i));
for(int i=0;i<n;i++) printf("%d\t",p[i]);
for(p=a;p<a+n;p++) printf("%d\t",*p);
p=a;while(p<a+n) printf("%d\t",*p++);
```


【案例 5-6】 *n* 个人排成一圈做循环 1、2、3 报数游戏，规定数到 3 的人出列，直到所有的人出列为止，最后出列的一个人胜出，即约瑟夫问题。编写程序输出所有人的出列顺序和胜出方。

例如，一共有 5 个人，其所在的位置分别为 1、2、3、4、5，则从头开始报数，第一次数到 3 的为第 3 个人，第 3 个人出列，剩下的变为 1、2、4、5，从第 4 个人开始继续报数，到第 5 个人时数到 2，然后从开始继续报数，即第 1 个人数到 3，出列，剩下的为 2、4、5 继续报数，下一个出列的为第 5 个人，这时只剩下 2、4，报数后第 2 个人出列，第 4 个人胜出。

源程序如下：

```
#include <stdio.h>
void main()
{
    int n;
    int a[100];
    int i=0,*p=a;
    int m,k;
    printf("请输入人数:");
    scanf("%d",&n);
    for(i=0;i<n;i++)
        *(p+i)=i+1;
    printf("%d 个人的出列顺序为:\n",n);
    i=0;m=0;k=0;
    while(m<n-1)                //m 为已出列人数
    {
```

```
            if(*(p+i)!=0)              //如果某一个位置上的人还未出列，则报数
                k++;
            if(k==3)
            {
                printf("%-5d",*(p+i));
                *(p+i)=0;              //若干正好数到 3，则出列
                k=0;
                m++;
            }
            i++;
            if(i==n)                   //数完一圈之后从头开始继续数
                i=0;
        }
        while(*p==0)
            p++;
        printf("%-5d\n",*p);
        printf("获胜者为第%d 个人\n",*p);
    }
```


程序运行结果如下：

```
请输入人数:5
5 个人的出列顺序为:
3    1    5    2    4
获胜者为第 4 个人
请输入人数:17
17 个人的出列顺序为:
3    6    9    12   15   1    5    10   14   2    8    16   7    17   13
4    11
获胜者为第 11 个人
```

2. 指针与二维数组

指针处理一维数组时，指针变量指向数组元素，指针通过加或减操作来访问数组中的元素。但是用指针处理二维数组时，指针变量的值的意义有所不同，和一维数组相比更加复杂。

可以把一个二维数组分解为多个一维数组来处理，这叫“降维处理”，例如，

```
int a[3][3];
```

定义了一个三行三列的二维数组。可以将 a 看成三个一维数组，即 a[0]、a[1]和 a[2]，每一个一维数组中又有三个元素。

C 语言中编译时为一个二维数组分配一片连续的内存空间，数组名 a 代表这段内存空间的起始地址。二维数组是以行的形式存储的，即先存储二维数组的第一行 a[0]，存储 a[0]时按照一维数组的存储方法存储，然后再依次存储 a[1]和 a[2]。

数组中的下标有行和列之分，相应的指针变量也可分为行指针和列指针。

行指针是一个二级指针，例如数组 a 是一个二维数组，则 a 的地址为整个二维数组的首地址，也是二维数组中第 1 行 a[0]的首地址，即 a 指针指向的不是单个元素，而是一个以行为单位进行控制的行指针。

a 的地址为第 1 行数组 a[0]的首地址，则 a+1 代表第二行一维数组 a[1]的首地址。计算 a+1 时，指针 a 跳过的是整个数组 a[0]，而是不一个数组元素。指针 a+i 指向数组的 a[i]行的首地址。

和一维数组指针的用法类似，a 既然是 a[0]数组的首地址，则*a 即表示一维数组 a[0]，*(a+1)则表示一维数组 a[1]。

既然二维数组的每一行都是一个一维数组，则每一行都应有相应的指针，可以访问其每一个数组元素，这就是二维数组的列指针。列指针的加法单位是一个数组元素，和一维数组中指针的用法相同。

例如，a[0]为二维数组的第一行，即第一个一维数组，则 a[0]为第一个一维数组的数组名和首地址。a[0]本身也是一个指针变量，且为列指针，a[0]即为数组元素 a[0][0]的地址，a[0]+1 即指向 a[0]中的第二个数组元素 a[0][1]。

综上所述，a 是一个行指针，或者二级指针，*a 仍然是一个指针，为列指针或者一级指针。

注意二维数组中以下几种数据表达方式：

```
a: 二维数组名，数组首地址，二维数组第 0 行（即 a[0]）首地址
a+i: 二维数组第 i+1 行（即 a[i]）首地址
a[i]: 二维数组第 i+1 行首地址
&a[i]: 二维数组第 i 行首地址
*(a+i): 二维数组第 i 行首地址
a[i]+j, &a[i][j], *(a+i)+j: 第 i+1 行第 j+1 列数组元素地址
**(a+i), *a[i]: 第 i+1 行，第 i 列元素的值
a[i][j], *(a[i]+j), *(*(a+i)+j): 第 i+1 行，第 j+1 列元素的值
```

指向二维数组的指针变量即二维数组的行指针的定义形式如下：

```
类型标志符 （*指针变量名）[长度]
```

其中类型标志符为数组元素的数据类型，*表示定义的变量为指针变量，长度表示二维数组分解为一维数组时，一维数组的长度也就是二维数组的列数。

例如，一个二维数组 a[3][4]，可分解为三个一维数组 a[0]、a[1]和 a[2]，设 p 为指向二维数组的行指针，则可定义为:

```
int (*p)[4];
```

表示 p 为一个指针变量，指向包含 4 个元素的一维数组，若指向第一个一维数组 a[0]，其值和 a，a[0]，&a[0][[0]相等。而 p+i 则指向一维数组 a[i]。

定义行指针 p 之后可知，*(p+i)+j 为指向数组中第 i 行第 j 列元素的地址的列向量，而*(*(p+i)+j)为第 i 行第 j 列元素的值。

“(*指针变量名)”中的括号不可省略，如果不加括号，则表示是指针数组。如，

```
类型标志符 *指针变量名[长度]
```

即定义了一个特定长度的指针数组，其中的数组元素都为该类型的指针变量，每一个指针变量都可以指向一个一维数组，且每一个一维数组的长度可以不同。

【案例 5-7】 用指针依次输出二维数组中元素。

```
#include<stdio.h>
void main()
{
    int a[3][4]={1,2,3,4,5,6,7,8,9,10,11,12};
    int *p;
    int i,j;
    p=&a[0][0];
    int (*q)[4];
    printf("输出方法 1:\n");
    for(i=0;i<3;i++)
    {
        for(j=0;j<4;j++)
            printf("%d\t",a[i][j]);
        printf("\n");
    }
    printf("输出方法 2:\n");
    for(i=0;i<12;i++)
    {
        printf("%d\t",*(p+i));
        if((i+1)%4==0)
            printf("\n");
    }
    p=&a[0][0];
    printf("输出方法 3:\n");
    while(p<=&a[2][3])
    {
        printf("%d\t",*(p++));
        if((p-a[0])%4==0)
            printf("\n");
    }
    printf("输出方法 4:\n");
    q=a;                        //或者 q=&a[0];
    for(i=0;i<3;i++)
    {
        for(j=0;j<4;j++)
            printf("%d\t",*(*(q+i)+j)   );
            printf("\n");
    }
}
```


输出结果相同，这里只列出第一种输出结果：

```
输出方法 1:
1       2       3       4
5       6       7       8
9       10      11      12
```

通过上述案例可以看出，分别有列向量 p 和行向量 q，使 p 和 q 都指向二维数组的首地址，则从值上来说：

列向量 p 的值=行向量 q 的值=a（二维数组的首地址）=&a[0]（一维数组 a[0]的首地址）=&a[0][0]（数组元素 a[0][0]的地址）

但是，p 和 q 的类型是不同的，对于行向量 q 的赋值，可以有两种形式："q=a;"或者"q=&a[0];"。两种赋值方式都是合法的，但是对于列向量 p，只有一种赋值方式："p=&a[0][0];"。

5.2.2 指针与字符串

在 C 语言中，没有字符串的预定义类型，字符串是通过字符数组或者字符指针来表示的。

1. 单字符串

使用字符数组来表示一个字符串的方法在讲解数组时已经介绍过，例如：

```
char s[]="C language is very simple!";
```

定义了一个名为 s 的字符串，同时为其赋初值，s 的长度等于初始化定义中字符串的长度。与普通数组一样，s 是数组名，同时代表字符数组的首地址，数组中的数据元素分别为字符串的每一个字符。字符串以'\0'作为结束标志，可以通过对字符数组元素的引用来访问字符串的每一个字符。

和普通数组类型一样，可以使用指针变量来引用字符数组元素。

字符指针的定义形式如下：

```
char *字符指针名;
```

可以通过赋值的方式使指针变量指向一个字符串，例如：

```
char *p="C Language";
```

这里，将字符串常量的存储首地址给指针变量 p，使 p 指向字符串的第一个字符 C，字符串常量以一段连续内存空间的形式存储。

或者可以通过赋值或者初始化的方式使指针变量指向一个字符数组，例如：

```
char s[ ]="I love C language";
char *p=s;
```

这里将存放字符常量的字符串 s 的首地址赋值给了指针变量 p，使 p 指向字符串的第一个字符 I。

另外，在对字符数组进行赋值的时候，除了初始化阶段，不能将整个字符串赋值给一个数组，只能通过单个赋值的方式进行赋值；而对于非初始化阶段，则可以在任意阶段将一个字符串赋值给一个字符数组。例如：

```
char *p,s[20];
p="C language";
```

上述语句将字符串的初始地址赋值给指针变量 p。但是下面的赋值是不正确的：

```
s=" C language";
```

对于字符数组，一旦定义或者初始化之后，其字符长度是确定的，可以改变字符数组中存储的数据元素，但不能扩展其字符长度，字符数组 s 总是指向确定的存储单元，并且最大长度固定。而对于字符指针 p，其指针变量中的地址是可以任意改变而指向另外一个字符串的，并且另外的字符串的长度没有任何限制。例如：

```
char *p="C language";
p="JAVA";
```

开始时，p 指向一个长度为 11 的字符串“C language”，然后对 p 进行赋值使其指向另外一个字符串“JAVA”，这两个字符串的长度和地址都不相同，但并不影响对 p 的赋值。而且，一旦 p 指向新的字符串，如果没有其他的指针指向原来的字符串，则此字符串将会丢失，其所占的内存地址无法找到。

注意，对于一个字符型指针 p，可将一个字符串或一个字符数组赋值给 p，但是不能从键盘上接收一个字符串赋值给 p。例如：

```
gets(p);
```


是错误的。这是因为在程序中将一个字符串赋值给 p 时，编译阶段会给该字符串分配一段内存空间，并使 p 指向这段内存空间；但是如果在程序运行阶段从键盘上读取一个字符串并赋值给 p，则程序并没有预先给这段字符串分配内存空间，而 p 只是一个指针，p 的内存空间内只能存放一个地址，所以程序并不知道应该把这个字符串存放在哪里，所以不能进行这样的赋值。而

```
char s[5];
p=s;
```

已经为 s 分配了一段内存单元，则指针变量 s 可以直接指向这段内存单元。

使用字符变量引用字符数组中元素的方法和普通数组相同。例如*p 为字符串中第一个字符的值，p++表示 p 指向字符串中的下一个字符，*(p+i)则为字符串中第 i 个字符。

【案例 5-8】 对于任意字符串，统计其中赋值 a 出现的次数。

程序源代码如下：

```
#include <stdio.h>
#include <string.h>
void main()
{
    char s[100];
    char *p=s;
    int num=0;
    printf("请输入一个字符串:\n");
    gets(s);
    while (*p!='\0')
    {
        if(*p=='a')
            num++;
        p++;
    }
    printf("字符串中字符 a 出现的次数为:\n%d\n",num);
}
```

程序运行结果如下:

```
请输入一个字符串:
fjaldjfoiwejfajg;ajwllasd
字符串中字符 a 出现的次数为:
4
```

【案例 5-9】 用指针变量实现两个字符串的合并。

```
#include <stdio.h>
#include <string.h>
void main()
{
    char cat[100];
    char *s1="Welcome to come here!";
    char *s2=" Jack";
    char *p=cat;
    while(*s1!='\0')
    {
        *p++=*s1++;
    }
    while(*s2!='\0')
    {
        *p++=*s2++;
    }
    *p='\0';
    puts(cat);
}
```

程序运行结果如下：

```
Welcome to come here! Jack
```

【案例 5-10】 分析下面程序运行结果。

```
#include <stdio.h>
#include <string.h>
void main()
{
    char *p="abcdefg";
    char *q;
    int *r;
     puts(p);
    r=(int *)p;
    r++;
    q=(char *)r;
    q++;
    puts(q);
}
```

案例 5-10 中定义了两个字符型指针变量 p 和 q，以及一个整型指针变量 r，并给 p 赋初值。赋值语句“r=(int *)p;”首先将字符指针变量 p 强制转化为整型指针变量 r。将一个字符型变量转化为整型变量即求其 ASCII 码形式，但是一个字符占 1 个字节，一个整型变量占 4 个字节，所以 r 指向的存储区域中其实共有两个整型数据，分别为 abcd 的 ASCII 码形式和 efg 的 ASCII 码形式，r++则使 r 指向第二个数据，即 efg 的 ASCII 码值。

然后指向语句“q=(char *)r;”，即将整型指针 r 再转化为字符指针 q，将 r 指向的 ASCII 码再转化为字符，则共有三个字符 efg。再执行语句 q++，即使 q 指向第二个字符的地址，即字符 f 的地址，最后输出字符串 q。

程序执行结果如下：

```
abcdefg
fg
```

2. 多字符串

可以使用二维数组的方式存储多字符串。

用二维数组存放多字符串时，存储的字符串的数量固定，每一个字符串的长度固定且相等，这不仅会导致存储空间的浪费，而且还不易获取每一个字符串的长度，无法接收和处理字符串长度不同、个数不确定时的情况，尤其是对字符串进行排序时，由于大量字符串在内存中频繁移动，会造成内存空间浪费和速度下降。而用字符指针来表示多字符串时则比二维数组要灵活得多。

字符指针的定义形式如下：


```
char *数组名[长度]
```

在定义中，由于[]的优先级比*高，所以数组名先和[长度]结合，表示定义一个确定长度的数组，然后数组再和*结合，表示该数组为指针类型。即定义一个指针数组，其长度表示该指针数组由多个 char 类型的指针变量组成，指针变量的个数和长度相等。

例如：

```
char *p[5];
```

表示定义一个指针数组 p，p 由 5 个指向 char 类型的指针变量组成，每一个指针变量都可以指向一个字符串或者字符数组。例如：

```
char *course[5]={"C language","JAVA","Database","C++","Math"};
```

定义了一个指针数组 course，course 中包含 5 个字符型指针，分别指向初始化定义中的 5 个字符串。

【案例 5-11】 找出长度最大的字符串。

```
#include <stdio.h>
#include <string.h>
void main()
{
    char *s[5]={"Hello","Best wishes","You are my friend",
        "How are you","Have a good day"};
    int i;
    int length=0,k=0,len;
    for(i=0;i<5;i++)
    {
        len=strlen(s[i]);
        if(length<len)
        {
            length=len;
```

```
                k=i;
            }
        }
        printf("第%d 个字符串的长度最长\n",k+1);
        printf("该字符串为:");
        puts(s[k]);
        printf("长度为:%d\n",length);
}
```

程序运行结果如下：

```
第 3 个字符串的长度最长
该字符串为:You are my friend
长度为:17
```

3. 字符数组和字符指针的区别

字符数组和字符指针的区别如下。

（1）存储内容不同。字符数组由若干个数组元素组成，一个数组元素是一个字符；字符指针变量中存放的是字符串的首地址，而不是把字符存放在字符指针变量中。

（2）赋值方式不同。对于字符数组，只能在初始化时对其赋值整个字符串，而在赋值阶段，只能对各个元素赋值，不能对字符数组赋整个字符串；而字符指针可以在任意阶段为其赋值一个字符串。

（3）字符指针的值可以任意改变，而字符数组名所代表的数组起始地址是一个常量，程序运行过程中不能改变。

（4）长度不同。字符数组在定义或初始化之后就有确定的长度，而字符指针可以指向任意长度的字符串或字符数组。

（5）内存分配方式不同。新定义的数组在编译时分配内存单元，有确定的地址；而新定义的指针变量只为该指针变量分配内存空间，使其可以指向一个任意的字符串或者字符数组。因为指针变量可以指向的字符串或字符数组的长度是不确定的，则很有可能出现内存分配不足的情况，需要特别注意。

字符指针变量也可以使用下标运算来引用字符串中的字符，还可以指向一个格式字符串，实现方式灵活。

5.2.3 多级指针

如果一个指针变量存放的是另外一个指针变量的地址，而被指向的指针变量则指向一个具体的非指针变量的值，则称这个指针变量为指向指针的指针变量，即二级指针。

类似的，还有多级指针的定义。多级指针即为指向指针的指针，该指针又指向其他指针。程序中最常用的多级指针为二级指针。

1. 二级指针

二级指针的定义形式为：

```
数据类型 **指针名;
```

由于运算符*是右结合的，所以上述定义等价于：

```
数据类型 *(*指针名);
```

即先定义了一个该数据类型的指针，这个指针指向一个具体的该类型的变量，然后再定义一个指针，指向之前的指针。

例如：

```
int a=1;
int *p=&a;
int **q=&p;
```

上述定义中，a 为一个普通的整型数据，a 的值为 1；p 为一个一级整型指针变量，p 指向 a，即 p 的值为 a 的地址；q 为一个二级指针变量，q 指向 p，即 q 的值为 p 的地址。也就是说：

```
p=&a;   q=&p;
a=1; *p=a=1; **q=*p=a=1; *q=p;
```

【案例 5-12】 输出二维数组。

```
#include <stdio.h>
void main()
{
    char *name[5]={"Jack","Rose","Tom","Lily","Lucy"};
    char **p;
    int i;
    printf("name:\n");
    for(p=name;p<name+5;p++)
        puts(*p);
}
```


程序运行结果如下：

```
name:
Jack
Rose
Tom
Lily
Lucy
```

对于一个指针数组，其数组元素也是指针，每个指针指向一个确定的字符串，所以字符数组是一个二级指针常量。程序中首先让二级指针指向指针数组 name，即 name 中的第一个元素 name[0]，也就是字符串"Jack"的地址，然后每次 p++都使 p 指向字符数组中下一个元素，即下一个字符串的首地址。

2．指向行指针的二级指针

指向行指针的二级指针的定义形式为：

```
数据类型 *(*变量名)[数组长度]
```

例如：

```
int *(*p)[4];
```

语句定义了一个指向行指针的指针变量 p，这个指针指向的是行指针的地址，即其值*p是一个行指针，也就是说*p 指向包含 4 个 int 类型元素的一维数组，而**p 则指向这个一维数组中的第一个元素。

3．指向指针的指针数组

如果数组中的每一个元素都用来存放一个二级指针，则该数组称为二级指针数组，即数组中的每一个元素都是一个二级指针。

其定义形式为：

```
数据类型 **数组名[数组长度];
```

例如：

```
int **a[6];
```

定义了一个指向指针的指针数组，数组名为 a，其中共有 6 个元素，即每一个元素都存储了一个二级指针变量，a[i]为一个指向指针的指针，*a[i]为一个整型指针变量，**a[i]为一个整型变量。

【案例 5-13】 多级指针使用。

```
#include <stdio.h>
void main()
{
    char *name[]={"Jack","Rose","Tom","Lily","Lucy"};
    char **a[5];
    int i;
    for(i=0;i<5;i++)
        a[i]=name+i;
    printf("name:\n");
    for(i=0;i<5;i++)
    {
        puts(*a[i]);
    }
}
```

程序运行结果如下：

```
name:
Jack
Rose
Tom
Lily
Lucy
```

5.2.4 任务实现

1．问题描述

使用指针实现下述任务：统计所有学生的姓名，将其依次排序，然后根据排序结果给学生分配学号。

2．要点解析

在学习二维数组时，曾经用二维数组实现学生姓名排序任务，即统计所有学生的姓名，将其依次排序，然后根据排序结果给学生分配学号。

使用二维数组完成此功能时，因为二维数组的每行每列的长度都是固定的，所以为了保证所有的学生姓名都可以存放得下，需要给二维数组分配较大的内存空间。这样容易造成内存浪费。

在学习指针之后，可以用指针数组来存放学生姓名信息，这样数组元素中存放的为指向一个一维数组的指针，对每一个一维数组都可以根据需要为其分配任意长度的存储空间，这样可以节省大量的内存空间，且使用方便。

3．程序实现


```
//学生姓名排序指针实现
#include <stdio.h>
#include <string.h>
void main()
{
     char *name[]={"Jack","Rose","Lily","Sun","Tom",
          "Lucy","Angelia","Daisy","Demi","William"}; //定义并初始化指针数组
    int i,j;
    int max;
    char *tmp;
    int large;
    printf("10 个学生的姓名分别为:\n");
    for(i=0;i<10;i++)
         puts(name[i]);
    printf("学号分配结果为:\n");
    for(i=9;i>=0;i--)                    //使用选择排序算法
    {
         max=i;
         for(j=0;j<i;j++)
         {
              large=strcmp(name[max],name[j]);
              if(large<0)
                   max=j;
         }
         if(max!=i)
         {
              tmp=name[i];
              name[i]=name[max];
              name[max]=tmp;
         }
    }
     printf("学号\t\t 姓名\n");
    for(i=0;i<10;i++)
    {
         printf("%d\t\t",i+2012000);
         puts(name[i]);
```

```
    }
}
```

程序运行结果如下：

```
10个学生的姓名分别为：
Jack
Rose
Lily
Sun
Tom
Lucy
Angelia
Daisy
Demi
William
学号分配结果为：
学号          姓名
2012000       Angelia
2012001       Daisy
2012002       Demi
2012003       Jack
2012004       Lily
2012005       Lucy
2012006       Rose
2012007       Sun
2012008       Tom
2012009       William
```


任务 5.3 学生信息管理系统之指针实现

任务目标

掌握字符指针作为函数参数的用法。
掌握数组的指针作为函数参数的用法。
掌握指针数组作为函数参数的用法。
掌握字符串指针作为函数参数的用法。
掌握指针型函数的概念和用法。
掌握函数指针的概念和用法。
完成用指针实现学生信息管理系统。

5.3.1 指针与函数

函数的参数不仅可以为整型、实型、字符型等，还可以是指针。

1. 指针变量作为函数参数

在前面章节中提到过函数的参数传递方式可以分为传值和串引用两种方式。

（1）按值传递参数。

按值传递参数时，是将实参变量的值复制一个到临时存储单元中，如果在调用过程中改变了形参的值，不会影响实参变量本身，即实参变量保持调用前的值不变。

（2）按地址传递参数。

按地址传递参数时，把实参变量的地址传送给被调用过程，形参和实参共用内存的同一地址。在被调用过程中，形参的值一旦改变，相应实参的值也跟着改变。如果实参是一个常数或表达式，则按“传值”方式来处理。

指针变量作为函数参数时采用的是按地址传递参数的方式。

用指针变量作为函数参数时，实参是指针表达式（包括指针、指针变量或指针表达式），形参是指针变量，它的作用是将实参指针表达式的值传递给形参指针变量。这样，形参指针变量所指向的内存单元与实参指针表达式所指向的内存单元相同。因此，在被调函数中，通过形参指针变量能够间接访问实参指针表达式所指向的内存单元。被调函数结束后，虽然形参指针变量所在的内存单元被释放，但是通过指针间接地改变了实参指针表达式指向的变量的值。

指针变量作为函数的参数，可以在被调函数中改变主函数中定义的变量的值，从而实现在函数调用时将多个返回值给主函数，而通常利用 return 语句只能有一个返回值。

【案例 5-14】 互换两个整型变量的值（方法 1）。

```
#include <stdio.h>
void swap(int *p,int *q)
{
    int t;
    printf("swap 函数内,交换前:\n");
    printf("*p=%d,*q=%d\n",*p,*q);
    t=*p;
    *p=*q;
    *q=t;
    printf("swap 函数内,交换后:\n");
    printf("*p=%d,*q=%d\n",*p,*q);
}
void main()
{
    int x=4,y=5;
    int *p=&x,*q=&y;
    printf("执行 swap 前:\n");
    printf("*p=%d,*q=%d\n",*p,*q);
    swap(p,q);
    printf("执行 swap 后:\n");
    printf("*p=%d,*q=%d\n",*p,*q);
}
```

程序运行结果如下：

```
执行 swap 前:
*p=4,*q=5
swap 函数内,交换前:
*p=4,*q=5
```

```
swap 函数内,交换后:
*p=5,*q=4
执行 swap 后:
*p=5,*q=4
```

从运行结果中可以看出，指针变量作为函数参数时，将指针变量所指向的内存单元的地址赋值给形参，在函数内部，可以改变指针变量所指向的实际变量的值，这个值的改变会影响主函数中实参指针表达式所指向的实际变量的值，即通过指针作参数，使得函数可以有多个返回值。

不过要注意的是，指针变量作为函数参数时，为按地址传递参数，函数中形参指针变量所指向的变量值的改变可以影响实参表达式所指向的变量值，但是形参值的改变不会影响实参值的改变，这里的实参值和形参值指的是其所指向内存单元的地址。

【案例 5-15】 互换两个整型变量的值（方法 2）。

```
#include <stdio.h>
void swap(int *p,int *q)
{
    int *t;
    t=p;
    p=q;
    q=t;
    printf("swap 函数内:\n");
    printf("*p=%d,*q=%d\n",*p,*q);
}
void main()
{
    int x=4,y=5;
    int *p=&x,*q=&y;
    printf("执行 swap 前:\n");
    printf("p=%d,q=%d\n",p,q);
    printf("*p=%d,*q=%d\n",*p,*q);
    swap(p,q);
    printf("执行 swap 后:\n");
    printf("p=%d,q=%d\n",p,q);
    printf("*p=%d,*q=%d\n",*p,*q);
}
```

程序运行结果如下：

```
执行 swap 前:
p=1244996,q=1244992
*p=4,*q=5
swap 函数内:
*p=5,*q=4
执行 swap 后:
p=1244996,q=1244992
*p=4,*q=5
```

在上述程序中，主函数调用 swap 函数时，p、q 同样为传地址调用。但是函数 swap 的作用为交换两个指针变量 p、q 的指向，使指针变量 p 指向交换前的指针变量 q，指针变量q指向交换前的指针变量p，但是在swap函数内部，无论是交换前还是交换后，指针变量p和q均为局部变量，函数指针结束后自动回收其内存单元。所以函数swap执行结束后，实参指针变量p和q的值是不变的。

案例5-14和5-15同样是指针作为函数参数的函数，不同的是案例5-14中swap函数交换的是指针变量所指向的实际变量的值，即*p和*q的值。而案例5-15中swap函数交换的是指针变量p和q的值，函数内部*p和*q的值的改变可以影响主函数中*p和*q的值，而函数内部p和q的值的改变不会影响主函数中p和q的改变。

注意，函数swap不能写成下面这样：

```
void swap(int *p,int *q)
{
    int *t;
    *t=*p;
    *p=*q;
    *q=*t;
}
```

这是因为指针变量t在定义的时候并没有赋初值，所以编译阶段只会给指针变量t分配内存单元，而不会预留指针变量t所指向的实际变量分配内存空间，所以指向赋值语句*t=*p时会出现错误，因为无法存储*t所指向的值。

2．数组的指针作为函数参数

当一维数组名作为函数实参时，实参传给形参的是指向数组首地址的指针，即形参变量实际为指针变量。也就是说，将形参变量定义为一维数组仅是形式上的，其本质为指针变量。

在函数中，可以通过指针变量来引用主调函数中对应的数组元素，如果实参是一维数组名或者第1个元素的地址，则形参指针变量接收实参传过来的指针值之后，形参变量指向一维数组首地址。

【案例5-16】 求学生成绩平均值。

```
#include <stdio.h>
#define N 5
void main()
{
    float score[N];
    float *p,avg;
    int i;
    float average(float *p);
    p=score;
    printf("输入%d个学生的成绩:\n",N);
    for(i=0;i<N;i++)
        scanf("%f",p++);
    p=score;
    avg=average(score);   //或者 avg=average(p); s
    printf("平均成绩为:%.2f\n",avg);
}
float average(float *p)
```

```
{
    int i=0;
    float av,sum=0;
    for(i=0;i<N;i++)
        sum+=*p++;
    av=sum/N;
    return av;
}
```

程序运行结果如下：

```
输入5个学生的成绩:
87 69 90 56 74
平均成绩为:75.20
```

二维数组的指针也可以作为函数的参数。二维数组的指针有行指针和列指针两种，如果是二维数组的列指针，即指向某一个元素的指针作为函数实参，则形参的使用方法和前面讲到的变量的指针作函数参数或者一维数组的指针作函数参数完全相同。此时传递的指针仍为普通指针。

二维数组的行向量作为函数实参时，即二维数组名作为函数实参时，对应的形参必须是一个行指针变量。此时传递的指针为行指针。

例如，二维数组作为函数参数的普通形式：

```
void fun(int a[ ][4])
{
}
void main()
{
    int a[3][4];
    …
    fun(a);
}
使用指针
void fun(int (*p)[4])
{
}
void main()
{
    int a[3][4];
    …
    fun(a);    // 或者 fun(&a[i]);
}
```

和一维数组一样，数组名传递给形参变量的是一个地址值，且为一个一维数组的地址值。因此，对于形参也必须是相同的指针变量，在函数中引用的将是主函数中的数组元素，系统只为形参分配一个存放指针变量的内存单元。

3. 指针数组作为函数参数

指针数组是指每一个数组元素中存放的都是一个指针值的数组，即数组中每一个元素都是一个指针。指针数组的定义形式为：

```
类型标识符 *数组名[数组长度];
```

例如：

```
int *p[5];
```

表示定义一个长度为 5 的一维数组，且数组中的每一个元素均为一个指针变量，数组中指针变量可以指向不同的内存单元。例如：

```
int a[5][3];
```

定义了一个二维数组 a，a 由 5 个一维数组组成，因此可以用 a 来初始化指针数组 p：

```
int *p[5]={a[0],a[1],a[2],a[3],a[4]};
```

这时指针数组中的每一个元素分别指向二维数组 a 中的每一个一维数组，即 p[i]指向二维数组中 i 行的第 0 个元素 a[i][0]，因此，a[i][l]与*(p[i]+j)以及*(*(p+i)+j)等价。

【案例 5-17】 查找矩阵每列中最小元素所在的行号。


```
#include <stdio.h>
#include <stdlib.h>
void search(int *a[5],int *q)
{
    int i,j,t;
    for(i=0;i<5;i++)
    {
        t=0;
        for(j=0;j<5;j++)
            if(*(a[j]+i)<*(a[t]+i))
                t=j;
        q[i]=t;
    }
}
void out(int (*a)[5],int *q)
{
    int i,j;
    printf("原始矩阵为:\n");
    for(i=0;i<5;i++)
    {
        for(j=0;j<5;j++)
            printf("%-3d",a[i][j]);    //或者可以使用*(p[i]+j)和*(*(p+i)+j)
        printf("\n");
    }
    printf("每列中最小值:\n");
    for(i=0;i<5;i++)
        printf("%-3d:%-2d\n",a[q[i]][i],q[i]+1);
}
void main()
{
    int s[5][5]={{31,14,26,9,15},{62,27,12,41,23},
    {63,54,42,78,56},{16,42,36,21,42},{20,32,16,38,13}};
    int *a[5];
    int i;
```

```
    for(i=0;i<5;i++)
        a[i]=s[i];
    int p[5];
    search(a,p);
    out(s,p);
}
```

程序运行结果如下：

```
原始矩阵为:
31 14 26 9   15
62 27 12 41 23
63 54 42 78 56
16 42 36 21 42
20 32 16 38 13
每列中最小值:
16 :4
14 :1
12 :2
9 :1
13 :5
```


比较其中行指针和指针数组分别作为函数参数的区别。

4. 字符串指针作为函数参数

和普通数组的应用类似，可以将一个字符串作为参数传递，同样可以使用地址传递的方法，即用字符数组名或者指向字符数组的指针变量作为函数参数。在被调用的函数中改变字符串的内容，在主调函数中可以得到改变了的字符串。

【案例 5-18】 字符替换。

```
#include <stdio.h>
int n=0;
void change(char *s)
{
    while(*s)
    {
        if(*s=='i')
        {
            *s='o';
            n++;
        }
        s++;
    }
}
void main()
{
    char s[]="Hi,my name is Lily!";
    printf("原字符串:\n");
    puts(s);
    change(s);
    printf("字符串中共有%d 个 i,替换成功\n",n);
```

```
    printf("替换后:\n");
    puts(s);
}
```

程序指向结果如下：

```
原字符串:
Hi,my name is Lily!
字符串中共有 3 个 i,替换成功
替换后:
Ho,my name os Loly!
```

5.3.2 指针型函数与函数指针

1. 指针型函数

由前面学过的知识可知，函数的类型为函数返回值的类型。在 C 语言中，允许一个函数的返回值类型为指针类型，这种返回指针的函数被称为指针型函数。

指针型函数的定义方法为：


```
类型说明符 *函数名（形参表）
{
    函数体
}
```

其中，类型说明符表示返回的指针所指向的数据类型，*表示这是一个指针型的函数，即返回值类型为一个指针，函数名即为该指针型函数的名称，要符合标识符的命名规则，函数体和普通函数相同，但返回值类型应为指针。

例如：

```
int *max(int a,int b)
{
    函数体
}
```

为一个指针型函数。

函数返回的指针必须为指向一个已经分配内存单元的指针，否则可能会得到错误的结果。

【案例 5-19】 求数组元素的最大值。

```
#include <stdio.h>
int *max(int *p)
{
    int i,*q=p;
    for(i=0;i<10;i++)
        if(*(p+i)>*q)
            q=p+i;
    return q;
}
void main()
```

```
{
    int a[10];
    int *p=a,*q;
    int i;
    printf("输入 10 个正整数:\n");
    for(i=0;i<10;i++)
        scanf("%d",p+i);
    q=max(p);
    printf("最大值为:%d",*q);
}
```

程序运行结果如下：

```
输入 10 个正整数:
56 32 88 12 35
23 96 16 3 41
最大值为:96
```

2. 函数指针

在C语言中，一个函数总是占用连续的一段内存空间，函数名为该函数所在存储单元的首地址。可以把函数的这个首地址（或者称为函数入口地址）赋给一个指针变量，使该指针变量指向该函数。然后通过指针变量就可以找到并调用该函数，这就是指向函数的指针变量，或函数指针变量。

函数指针的定义形式为：

```
类型标识符 (*指针变量名)(形参表);
```

其中：

类型标识符为被指函数的类型，即被指函数的返回值类型。

(*指针变量名)表示*后面的变量为指针型变量。

()表示该指针变量指向的是一个函数，这里的圆括号不能省略。

括号中的形参列表表示指针变量指向的函数所带的参数列表。

例如：

```
int (*f)( int);
```

表示定义了一个指向函数入口的指针变量，该函数的返回值为整型，没有参数。

注意，在有些编译器中，函数指针中不需要定义参数列表，即 int (*f)();即可，使用时根据具体情况确定。

指向函数的指针定义以后，并没有明确指向哪一个函数。可以在使用时将某一个函数的指针，即函数的入口地址也就是函数名赋给指向函数的指针，指针变量就指向该函数，以后就可以通过这个指针来调用该函数。

可用函数名为指向函数的指针变量赋值，赋值的一般形式为：

```
函数指针变量=函数名;
```

这里的函数名不用带圆括号或者参数。将一个函数赋值给一个函数指针时，该函数的返回值类型和参数列表都应该和函数指针中定义的返回值类型与参数列表相同，否则无法进行赋值。

通过指向函数的指针变量调用所指向的函数的一般调用形式为：

```
(*指针变量名)(实参列表);
```

例如：

```
int func(int x);    /* 声明一个函数 */
int (*f) (int x);   /* 声明一个函数指针 */
f=func;             /* 将 func 函数的首地址赋给指针 f */
int a=(*f)(x);
```

上述函数调用等价于：

```
int a=func(x);
```

注意，为函数指针赋值时，函数指针所指向的函数的返回值的类型必须和函数指针中定义的返回值类型相同。

【案例 5-20】 用函数指针实现数组元素最大值。


```
#include <stdio.h>
int max(int *p)
{
    int i,*q=p;
    for(i=0;i<10;i++)
        if(*(p+i)>*q)
            q=p+i;
    return *q;
}
void main()
{
    int a[10];
    int *p=a,m;
    int i;
    int (*pmax) (int *p);
    printf("输入 10 个正整数:\n");
    for(i=0;i<10;i++)
        scanf("%d",p+i);
    pmax=max;
    m=(*pmax)(p);
    printf("最大值为:%d\n",m);
}
```

程序运行结果如下：

```
输入 10 个正整数:
56 32 88 12 35
23 96 16 3 41
最大值为:96
```

函数指针和指针型函数在写法和意义上是有区别的。

（1）函数指针的形式为：

```
int (*p)();
```

而指针型参数的形式为：

```
int *p();
```

（2）int (*p)()是一个变量声明，表明声明一个指针变量 p，p 为指向一个函数入口地址的指针，且函数的返回值为 int 类型，没有参数，其中的括号不能省略。

而 int *p()是一个函数声明，表明 p 是指针型函数，其返回值为一个指向整型变量的指针，*p 两边没有括号。

（3）定义指针型函数时，int *p()只是函数的头部，一般含有函数体部分，而函数指针没有函数头部。

（4）可以对函数指针赋值任意一个返回值类型和参数列表均相同的函数首地址。

【案例 5-21】 数据处理。

```
#include<stdio.h>
float GetMin(float *dbData, int iSize)                    //求最小值
{
    float dbMin;
    int i;
    dbMin=dbData[0];
    for (i=1; i<iSize; i++){
        if (dbMin>dbData[i]) {
            dbMin=dbData[i];
        }
    }
    return dbMin;
}
float GetMax(float *dbData, int iSize)                    //求最大值
{
    float dbMax;
    int i;
    dbMax=dbData[0];
    for (i=1; i<iSize; i++){
        if (dbMax< dbData[i]) {
            dbMax=dbData[i];
        }
    }
    return dbMax;
}
float GetAverage(float *dbData, int iSize)                //求平均值
 {
    float dbSum=0;
    int i;
    for (i=0; i<iSize; i++)
    {
        dbSum+=dbData[i];
    }
    return dbSum/iSize;
 }
```

```
void main(void)
 {
    float data[6];
    int choice,i;
    printf("请输入 6 个数据:\n");
    for(i=0;i<6;i++)
        scanf("%f",&data[i]);
    printf("请输入操作:\n1:最大值;2:最小值;3:平均值:\n");
    scanf("%d",&choice);
    float (*f)(float *dbData, int iSize);                    //定义函数指针类型
    switch(choice)
    {
        case 1:
            f=GetMax;
            printf("最大值为:");
            break;
        case 2:
            f=GetMin;
            printf("最小值为:");
            break;
        case 3:
            f=GetAverage;
            printf("平均值为:");
            break;
    }
    printf("%.3f\n", (*f)(data,6));                          //通过函数指针调用函数
 }
```

程序运行结果如下：

```
请输入 6 个数据:
34   12.34   9   23   54.3   1
请输入操作:
1:最大值;2:最小值;3:平均值:
3
平均值为:22.273
```

5.3.3 main 函数的参数

之前介绍的 main 函数都是没有参数的。实际上，在 C 语言中，main 函数也可以有参数。

main 函数为程序的主函数，所有的程序都是从 main 函数开始指向的，main 函数不能被其他函数调用，只能调用其他函数。所以 main 函数的参数值不可能来自程序内部的函数调用，而是来自程序外部。所以调用 main 函数时可以带形式参数，main 函数的参数是在操作系统命令行上获取的。

main 函数通常或者没有参数，或者只可以有两个参数，main 函数的两个参数分别为 argc 和 argv。

argc 为整型变量，表示命令行中实际参数的个数；

argv 为一个指向字符型指针数组的指针，这个字符型指针数组的每一个指针都指向一个字符串，argv 的值在输入命令行时由系统按照实际参数的个数字符赋予。

带参数的 main 函数的函数头部为：

```
main（int argc,char *argv[]）
```

C 程序编译链接之后生成一个可执行文件，可以直接运行这个可执行文件，也可以在 DOS 命令行下指向这个可执行文件，再输入实际参数即可把这些参数送到 main 函数的形参中。

找到一个 C 语言程序所在的文件夹，里面包含 C 程序的项目信息、源代码和编译链接信息等。在一个程序编译链接正确后，会在程序所在文件夹中的 debug 文件夹内生成一个可执行文件。一般来说，可以直接运行这个可执行文件来执行这个程序，也可在命令提示符下运行这个程序。当 main 函数需要输入参数时，则必须在 DOS 命令提示符下运行这个程序，同时输入参数。

【案例 5-22】 main 函数的参数。

```
#include <stdlib.h>                  //函数 atoi()所在文件
#include <stdio.h>
void main(int argc,char *argv[])
{
    int a=0,n;
    int i;
    printf("argc=%d\n",argc);        //输出 main 函数的参数
    printf("argv=\n");
    for(i=0;i<argc;i++)
        puts(argv[i]);
    printf("\n");
    n=atoi(argv[argc-1]);            // atoi()函数在字符串中字符全为数组或符号时，
                                     //把字符串转换成整型数
    i=0;
    printf("%d 以内所有可以被*3 整除的数为:\n",n);
    while(i<n)
    {
        if(i%3==0)
            printf("%-5d",i);
        i++;
    }
    printf("\n");
}
```

在案例 5-22 中，main 函数带有参数，要正确执行这一程序，必须在命令提示符中输入 main 函数的参数。

在 Windows 系统下，可以选择“开始”→“所有程序”→“附件”→“命令提示符”中打开 dos 提示符。

在命令提示符中，用 cd 命令进入到可执行文件所在的文件夹内，如案例 5-22 所在

的文件夹为“E:\C 案例\第五章\pro22\Debug”，则可在 DOS 提示符中先输入命令“e:”，进入 E 盘，然后用命令“cd E:\C 案例\第五章\pro22\Debug”进入可执行文件所在的目录。只有进入可执行文件所在目录才能执行该文件，否则无法执行。进入可执行文件所在目录过程如图 5-2 所示。

图 5-2 选择目录

然后在命令行中输入命令执行程序，如在上述案例中，生成的可执行文件为 pro22.exe，因此需要在命令行中输入 pro22 执行该文件。

对于 main 函数带参数的情况下，需要在 pro22 后面加参数。输入参数时不需要指明参数的个数，即 argc 的值，这个值会根据输入字符串的个数，即 argv 的值自动获取，并且 pro22 也作为参数中的一个。如输入“pro22 a”，则 argc 的值为 2，argv 中有两个字符串，分别为 pro22 和 a。

在命令提示符中输入参数“pro 22 hello GoodMoring 最后一个才是有效参数 20”，程序运行结果如图 5-3 所示。

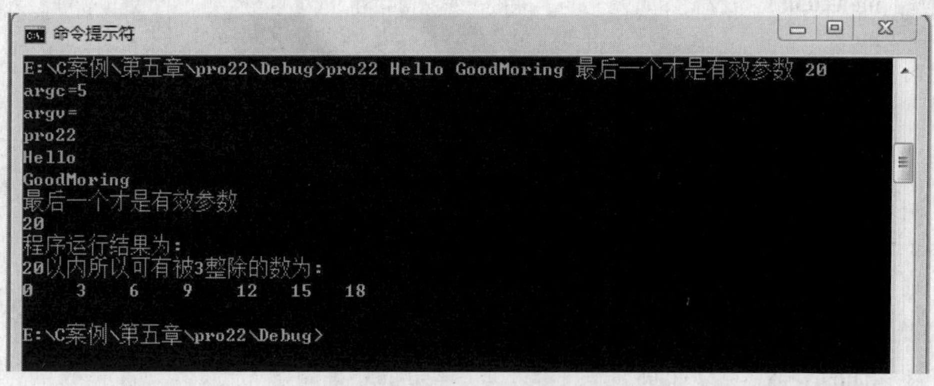

图 5-3 案例 5-22 运行结果

5.3.4 任务实现

1. 问题描述

用指针来实现学生信息管理系统的部分任务，包括：

（1）显示功能菜单；

（2）添加学生信息；

（3）查找学生信息；

（4）计算学生平均成绩；

（5）计算各科成绩最高分；

（6）显示所有学生成绩信息。

2. 要点解析

在前面的章节中，用函数和数组来实现了学生信息管理系统的部分功能，在本任务中，试着用指针改写之前的程序。

3. 程序实现

```
//指针实现
#include<stdio.h>
#include<conio.h>
#include<string.h>

//以下为自定义函数说明语句
void welcome();                                    //显示欢迎信息
void menu();                                       //显示功能菜单
int choose();                                      //选择功能函数
void insert();                                     //插入学生成绩信息
void search();                                     //查找学生成绩信息
void total();                                      //课程信息统计
void del();                                        //删除学生信息
void print();                                      //显示学生成绩信息
int max(int *s);                                   //计算成绩最大值
int min(int *s);                                   //计算成绩最小值
int average(int *s);                               //计算成绩平均值
int no[100]={201201,201202,201203,201204,201205};
                              //学生学号，初始化设置 5 个学生的信息
char name[100][20]={"Jack","Rose","Lily","Tom","Ming"};
                              //最大存储 100 个学生的姓名
int score[100][3]={{69,73,82},{71,90,76},{93,96,89},{70,67,82},{84,88,81}};
                              //每个学生有三门课，分别为 C、Java 和数据库
int num=5;                    //数组中有效数据长度
int realnum=5;                //学生数目
int on=1;                     //标志是否结束程序运行
void (*f)();                  //定义函数指针
void main()/*主函数*/
{
    welcome();
    menu();
    while(1){
        switch(choose())
        {
            case 0:
                on=0;
                break;
            case 1:
                f=insert;       //函数指针赋值
                break;
            case 2:
                f=search;
                break;
```

```
                case 3:
                    f=del;
                    break;
                case 4:
                    f=total;
                    break;
                case 5:
                    f=print;
                    break;
                case 6:
                    f=menu;
                    break;
            }
            if(on==0)
            {
                printf("系统运行结束!\n");
                break;
            }
            (*f)();                         //调用函数指针
        }
}
//显示欢迎信息
void welcome()
{
    printf("\n|--------------------------------------------|\n");
    printf("|                 欢迎使用学生信息管理系统                |\n");
    printf("|--------------------------------------------|\n");
}
//显示菜单栏
void    menu()
{
    printf("|----------------STUDENT---------------------|\n");
    printf("|\t     1. 添加学生信息                    |\n");
    printf("|\t     2. 查找学生信息                    |\n");
    printf("|\t     3. 删除学生信息                    |\n");
    printf("|\t     4. 课程成绩统计                    |\n");
    printf("|\t     5. 显示所有学生信息                |\n");
    printf("|\t     6. 显示功能菜单                    |\n");
    printf("|\t     0. 退出系统                        |\n");
    printf("|--------------------------------------------|\n\n");
}
//选择要执行的功能
int choose()
{
    int c;
    printf("选择您要执行的功能，0-6:");
    scanf("%d",&c);
    return c;
}
//添加学生信息
```

```
void insert(){
    printf("请输入学生学号,格式为 2012**:");
    int x;
    scanf("%d",&x);
    if(x<0||x>201299)
    {
        printf("输入信息不合法!\n");
        return;
    }
    for(int i=0;i<num;i++)
    {
        if(*(no+i)!=0&&*(no+i)==x)
        {
            printf("该学号已经存在!\n");
            return;
        }
    }
    *(no+num)=x;
    fflush(stdin);
    printf("输入学生姓名:");
    gets(name[num]);
    printf("请输入 C 语言成绩:");
    scanf("%d",score[num]);
    printf("请输入 Java 成绩:");
    scanf("%d",score[num]+1);
    printf("请输入数据库成绩:");
    scanf("%d",score[num]+2);
    num++;
    realnum++;
    printf("添加成功!\n");
}
//查找学生信息
void search()
{
    int x;
    printf("请输入要查询的学生学号:");
    scanf("%d",&x);
    if(x<201201||x>201299)
    {
        printf("您查询的学生不存在!\n");
        return;
    }
    for(int i=0;i<num;i++)
    {
        if(*(no+i)==x)
            break;
    }
    if(*(no+i)!=x)
    {
        printf("您查询的学生不存在!\n");
```

```
            return;
        }
        else
        {
            printf("学号\t\t 姓名\t\tC 语言\tJava\t 数据库\n");
            printf("%d\t\t",*(no+i));
            printf("%s\t\t",name[i]);
            for(int j=0;j<3;j++)
                printf("%d\t",*(score[i]+j));
            printf("\n");
        }
}
//删除学生信息
void del()
{
    int x;
    printf("请输入要删除的学生学号:");
    scanf("%d",&x);
    if(x<201201||x>201299)
    {
        printf("您输入的学生信息不存在!\n");
        return;
    }
    for(int i=0;i<num;i++)
    {
        if(*(no+i)==x)
            break;
    }
    if(*(no+i)!=x)
    {
        printf("您输入的学生信息不存在!\n");
        return;
    }
    else
    {
        *(no+i)=0;
        realnum--;
        printf("删除成功!\n");
    }
}
//统计课程信息
void total()
{
    int i,j;int n=0;
    int score2 [3][100];
    for(i=0;i<num;i++)
    {
        if(*(no+i)==0)
            continue;
        else
        {
```

```
                for(j=0;j<3;j++)
                {
                    *(score2[j]+n)=*(score[i]+j);
                }
                n++;
            }
        }
        printf("统计\tC 语言\tJava\t 数据库\n");
        printf("最高分\t%d\t%d\t%d\n",max(score2[0]),max(score2[1]),max(score2[2]));
        printf("最低分\t%d\t%d\t%d\n",min(score2[0]),min(score2[1]),min(score2[2]));
        printf("平均分\t%d\t%d\t%d\n",average(score2[0]),average(score2[1]),average(score2 [2]));
}
//显示学生信息
void print()
{
    printf("共有%d 名学生,学生信息如下:\n",realnum);
    int i,j;
    printf("学号\t\t 姓名\t\tC 语言\tJava\t 数据库\n");
    for(i=0;i<num;i++)
    {
        if(*(no+i)==0)
            continue;
        printf("%d\t\t",*(no+i));
        printf("%s\t\t",*(name+i));
        for(j=0;j<3;j++)
            printf("%d\t",*(score[i]+j));
        printf("\n");
    }
    return;
}
int max(int *s)
{
    int maxs;
    int i;
    maxs=*s;
    for(i=0;i<num;i++)
    {
        if(*(no+i)==0)
            continue;
        else
        {
            if(maxs<*(s+i))
                maxs=*(s+i);
        }
    }
    return maxs;
}
int min(int *s)
{
    int mins;
    int i;
```

```
        mins=*s;
        for(i=0;i<num;i++)
        {
            if(*(no+i)==0)
                continue;
            else
            {
                if(mins>*(s+i))
                    mins=*(s+i);
            }
        }
        return mins;
    }
    int average(int *s)
    {
        int sum=0;
        int i;
        for(i=0;i<num;i++)
        {
            if(*(no+i)==0)
                continue;
            else
                sum=sum+*(s+i);
        }
        return sum/realnum;
    }
```


课后练习

1．变量的指针，其含义是指该变量的____。

A．值　　B．地址　　C．名　　D．一个标志

2．有如下函数调用语句，若有说明 int *p,m=5,n;以下正确的程序段的是____。

A．p=&n;
scanf("%d",&p);

B．p=&n;
scanf("%d",*p);

C．scanf("%d",&n);
*p=n;

D．p=&n;
*p=m;

3．有以下程序：

```
#include<stdio.h>
main()
{
        int m=1,n=2,*p=&m,*q=&n,*r;
        r=p;p=q;q=r;
        printf("%d,%d,%d,%d\n",m,n,*p,*q);
}
```

程序运行后的输出结果是____。

A．1，2，1，2　　B．1，2，2，1

C．2，1，2，1　　D．2，1，1，2

4．有以下程序：

```
main()
{   int   a=1, b=3, c=5;
    int   *p1=&a, *p2=&b, *p=&c;
    *p =*p1*(*p2);
    printf("%d\n",c);
}
```

执行后的输出结果是____。

A．1　　B．2　　C．3　　D．43

5．有以下程序段：

```
int a[10]={1,2,3,4,5,6,7,8,9,10},*p=&a[3],b;
b=p[5];
```

b 中的值是____。

A．5　　B．6　　C．8　　D．9

6．若有以下定义，则对数组元素 a 的正确引用是____。

```
int a[5],*p=a;
```

A．*&a[5]　　B．a+2　　C．*(p+5)　　D．*(a+2)

7．若有以下定义，则 p+5 表示____。

```
int   a[10],*p=a;
```

A．元素 a[5]的地址　　B．元素 a[5]的值

C．元素 a[6]的地址　　D．元素 a[6]的值

8．若有定义：int a[]={2,4,6,8,10,12}，*p=a；则*(p+1)的值是____，*(a+5)的值是____。

9．若有定义：int a[2][3]，则对 a 数组的第 i 行 j 列元素地址的正确引用为____。

A．*(a[i]+j)　　B．(a+i)　　C．*(a+j)　　D．a[i]+j

10．若有以下定义：int a[2][3]={2,4,6,8,10,12}，则 a[1][0]的值是____，*(*(a+1)+0)的值是____。

11．若有以下定义：char a[10],*b=a;则不能给数组 a 输入字符串的语句是____。

A．gets(a)　　B．gets(a[0])　　C．gets(&a[0]);　　D．gets(b);

12．下面程序段的运行结果是____。

```
char *s="abcde";
s+=2;printf("%d",s);
```

A．cde　　B．字符'c'　　C．字符'c'的地址　　D．无确定的输出结果

13．以下程序段中，不能正确赋字符串（编译时系统会提示错误）的是____。

A．char s[10]="abcdefg";　　B．char t[]="abcdefg",*s=t;

C．char s[10];s="abcdefg";　　D．char s[10];strcpy(s,"abcdefg");

14．设 p1 和 p2 是指向同一个字符串的指针变量，c 为字符变量，则以下不能正确执行的赋值语句是____。

A．c=*p1+*p2;　　B．p2=c　　C．p1=p2　　D．c=*p1*(*p2);

15．若有说明语句：

```
char a[]="It is mine";
char *p="It is mine";
```

则以下不正确的叙述是____。

A．a+1 表示的是字符 t 的地址

B．p 指向另外的字符串时，字符串的长度不受限制

C．p 变量中存放的地址值可以改变

D．a 中只能存放 10 个字符

16．下面选项属于函数指针的是____。

A．(int*)p(int, int)　　B．int *p(int, int)　　C．两者都是　　D．两者都不是

17．若有函数 max(a,b)，并且已使函数指针变量 p 指向函数 max，当调用该函数时，正确的调用方法是____。

A．(*p)max(a,b);　　B．*pmax(a,b);

C．(*p)(a,b);　　D．*p(a,b);

18．对于语句 int *pa[5]；下列描述中正确的是____。

A．pa 是一个指向数组的指针，所指向的数组是 5 个 int 型元素

B．pa 是一个指向某数组中第 5 个元素的指针，该元素是 int 型变量

C．pa [5]表示某个元素的第 5 个元素的值

D．pa 是一个具有 5 个元素的指针数组，每个元素是一个 int 型指针

19．若有以下定义，且 0≤i<4，则不正确的赋值语句是____。

```
int b[4][6], *p, *q[4];
```

A．q[i] = b[i];　　B．p = b;

C．p = b[i]　　D．q[i] = &b[0][0];

20．若要对 a 进行++运算，则 a 应具有下面说明____。

A．int a[3][2];　　B．char *a[ ] = {"12","ab"};

C．char (*a)[3];　　D．int b[10], *a = b;

21．若有以下程序：

```
void main()
{
    char *a[3] = {"I","love","China"};
    char **ptr = a;
    printf("%c    %s" , *(*(a+1)+1), *(ptr+1) );
}
```

这段程序的输出是____。

A．I　l　　B．o　o

C．o　love　　D．I　love

22．计算字符串中子串出现的次数。要求：用一个子函数 subString()实现，参数为指向字符串和要查找的子串的指针，返回次数。

23．加密程序：由键盘输入明文，通过加密程序转换成密文并输出到屏幕上。算法：明文中的字母转换成其后的第 4 个字母，例如，A 变成 E(a 变成 e)，Z 变成 D，非字母字符不变；同时将密文每两个字符之间插入一个空格。例如，China 转换成密文为 G l m r e。要求：在函数 change 中完成字母转换，在函数 insert 中完成增加空格，用指针传递参数。

24．字符替换。要求用函数 replace()将用户输入的字符串中的字符 t(T)都替换为 e(E)，并返回替换字符的个数。

25．编写一个程序，输入星期，输出该星期的英文名，要求用指针数组处理。

26．有 5 个字符串，首先将它们按照字符串中的字符个数由小到大排列，再分别取出每个字符串的第三个字母合并成一个新的字符串输出（若少于三个字符的输出空格）。要求：利用字符串指针和指针数组实现。

27．定义一个动态数组，长度为变量 n，用随机数给数组各元素赋值，然后对数组各单元排序，定义 swap 函数交换数据单元，要求参数使用指针传递。

28．实现模拟彩票的程序设计：随机产生 6 个数字，与用户输入的数字进行比较，输出它们相同的数字个数（使用动态内存分配）。

第6章 结构体、共用体和枚举

C 语言的数据类型有基本数据类型和构造数据类型。基本数据类型提供了对单一数据的表达方式，利用数组可以表示由同类型的多个元素构成的复合对象，即把有限个相同类型的数据作为一个变量进行整体操作。但是在实际应用中，存在着很多更为复杂的对象，需要由多种不同类型的属性来描述，例如一个学生的信息包括学生学号、姓名、年龄、成绩等属性，且每一个属性的数据类型不同，这些不同的类型的数据共同构成一个整体学生，而如果每一个属性都用简单的变量来分别表示，则程序会变得比较松散、复杂，数据难以处理。为了解决类似这样的问题，C 语言中允许用户自己定义一种数据类型，以整体的形式来描述多个属性，即构造数据类型。

构造数据类型又分为三种：结构体、共用体和枚举。应用这三种复杂数据类型，可以很容易地描述和构造不同的数据结构，并对这些数据进行比较方便的操作。

任务 6.1　学生成绩排序——结构体

任务目标

了解结构体的概念和使用范围。

掌握结构体的声明、变量定义、初始化和引用方法。

掌握结构体数组的使用方法。

掌握结构体指针的使用方法。

掌握结构体作为函数参数时的用法。

掌握结构体类型函数的用法。

用结构体实现学生成绩排序任务。

6.1.1　结构体

1．结构体的声明

程序的目的是解决客观世界中存在的问题，因此常常需要模拟客观世界中的事物或者概念，如学生。在计算机中是如何表示一个学生或者其他事物的呢？首先要做的是找到这个事物中被关注的信息。比如在学生信息管理系统中，被关注的是学生的学号、姓名、年龄、性别、院系等信息，则在计算机中将这些信息表示出来，即可代表一个学生。但是不同的属性具有不同的数据类型，如学号为整型或者字符型、姓名为字符型、性别为字符型、学院为字符型、成绩为浮点型等，如表 6-1 所示。

表 6-1 学生信息表

学号（整型）	姓名（字符串）	出生日期（整型）	性别（字符型，m 为男，f 为女）	院系（字符串）
20120601	李雷	19880423	男（m）	计算机学院
20120602	韩梅梅	19890512	女（f）	计算机学院
20120603	张红	19890810	女（f）	计算机学院

在之前的程序中，往往是用多个变量数组来分别表示学生的各个属性，但是这每一个变量之间显示不出关联性，也缺乏概念的整体性。如要查找一个学生的信息，则需要在多个变量数组中查询；要对学生进行排序，就必须对每一个变量数组都进行同样的元素交换。而这些信息也无法用二维数组来存放，因为二维数组中每一个元素的类型和长度都必须相同。那么能否将这些属性作为一个完整的类型存放呢？

C 语言中规定了一种新的数据类型，即结构体，表示类型不同但是可以作为一个整体的逻辑相关的多个变量。

结构体（structures）是一种由其他数据类型组合而成的新的数据类型。结构体具有组合的形式，也包含了分析的内涵，是建立在对实际数据对象分析的基础上，利用已有的数据类型重新组建而成的用户自定义数据类型。

结构体在使用之前必须对其类型名和数据类型进行声明，也就是声明结构体类型的名称，以及构成它的每一个成员的名称和类型。

结构体声明的一般形式如下：

```
struct 结构体名
{
    数据类型   成员 1;
    数据类型   成员 2;
    ⋮
    数据类型   成员 n;
};
```

关键字 struct 表示定义的类型为结构体类型。在结构体中，可以声明若干个成员，每一个成员都是该结构体的一个组成部分。对每一个成员都要做单独的类型说明，每个成员的数据类型都可以不同。成员列表不可以为空。

注意，大括号后面的分号是不可省略的，表明结构体声明的结束。

例如，定义一个学生的结构体：

```
struct student
{
    int no;              //学号
    char name[20];       //姓名
    int birthday;        //出生日期
    char sex;            //性别
    char major[20];      //院系
};
```

在 C 语言中，结构体的声明是可以嵌套的。例如对于学生的出生日期，可以用整型数据来表示，也可以将日期中的年、月、日分开，用结构体来表示，例如：

```
struct data
{
    int year;
    int month;
    int day;
};
```

则此时 student 结构体可以定义为：

```
struct student
{
    int no;
    char name[20];
    struct data birthday;
    char sex;
    char major[20];
};
```

其中 birthday 的类型为结构体 data，同时又是结构体 student 中的一个成员，构成结构体的嵌套声明。

一般把结构体的声明放在文件的最前面，也可以放在头文件内。若在函数内部声明一个结构体，在函数外则无法使用这个结构体。一个结构体中的成员是另外一个结构体类型时，必须将使用的结构体的声明放在前面。

同一个结构体中的成员是不可以重复的，但是不同结构体的成员可以重复。结构体成员和其他变量可以重名，它们代表不同的含义，互不干扰。

2．结构体变量的定义

结构体类型是一个数据类型，它和 C 语言中的其他数据类型 int、float、char 等类型的作用相同。声明一个结构类型时，实际上只是指明了该数据类型的名称和成员名，是对数据类型的一种抽象的说明，其作用为规定了该类数据类型的性质与该类数据类型所占内存的大小，但此时并不为结构体分配内存空间。

通过结构体类型，可以定义结构体类型变量。只有通过定义结构体变量，编译器才会为其分配存储空间，才能存储真正的数据。

可以这样理解结构体和结构体变量之间的关系：声明结构体时，相当于设计了一个二维表格，确定这个表格的名称，并规定好这个表格中的每一列的名称和含义，但只是设计过程；而定义一个结构体变量时，相当于将这个已设计好的二维表格在纸上画出来，并且通过变量的初始化或者赋值等可以向表格中填充数据。

结构体变量的定义有三种形式。

（1）先声明结构体，再定义结构体变量，例如：

```
struct student
{
    int no;
    char name[20];
    int birthday;
```

```
    char sex;
};
struct student stu1,stu2;
```

上述定义中，先声明结构体 student，然后定义了两个 student 类型的变量，分别为 stu1 和 stu2。

注意，在 struct student 作为一个整体表示一个 student 的结构体类型时，不能只用 student 来定义变量。可以定义宏来表示一个结构体类型。例如：

```
#define STU struct student
STU
{
...
};
STU stu1,stu2;
```

（2）类型声明的同时定义变量。

这种方式在声明结构体类型的同时紧跟着定义该类型的变量，即结构体的声明和结构体变量的定义进行合并，例如：

```
struct student
{
    int no;
    char name[20];
    int birthday;
    char sex;
} stu1,stu2;
```

此时大括号后面没有分号，而是在变量定义后面加分号。

（3）直接定义结构体变量。

例如：

```
struct
{
    int no;
    char name[20];
    int birthday;
    char sex;
} stu1,stu2;
```

这种定义方式不出现结构体名，而直接给出结构变量。此时对该结构体只能有这一次变量定义，之后不能再定义这个结构体的其他变量和指向该结构体变量的指针。

结构体变量和普通变量类型一样，也有作用域类型和存储类型，即也可以为全局变量或者局部变量，可以进行静态存储和动态存储等，并且是由其定义位置的方式决定的。

为结构体分配存储空间时，需要根据其每一个成员数据类型分别为每一个成员分配相应的存储空间，分配时按成员定义的顺序进行。一个结构体变量所占用的存储空间是连续的，且这片连续的存储空间的长度和其所有成员所占存储空间长度之和相等。

3．结构体变量的初始化

和其他变量类似，结构体变量可以在定义的时候进行初始化赋值，其一般形式为：

```
struct 结构体类型名 结构体变量名 ={初值表};
```

例如：

```
struct data
{
    int year;
    int month;
    int day;
};
struct data new_year={2012,0,0};
```

初始值表中的值应和结构体定义中的成员的名称和类型相符，且结构体变量定义好之后，就不能再对各个成员的值进行整体的赋值了，例如：

```
struct data summer;
summer={2012,07,20};
```


上述赋值方式是错误的。

和数组初始化的性质相同，结构体变量的初始化仅限于外部的和 static 类型的结构体，即在函数内部如果想对结构体变量进行初始化，则该变量必须定义为 static 类型，否则将会有错误。

结构体变量的初始化不允许对部分成员进行初始化。

4．结构体变量的引用

除了初始化之外，不能对结构体变量整体进行操作，对结构体变量的赋值、输入、输出和其他操作都是通过引用结构体变量的成员来实现的。结构体成员引用的一般形式为：

```
结构体变量名.成员名
```

其中，“.”为成员运算符，和其他操作符相比，其优先级最高。

例如：

```
struct data day1;
day1.year=2012;
day1.month=12;
day1.day=21;
```

【案例 6-1】 结构体变量的输出。

```
#include <stdio.h>
struct data
{
    int year;
    int month;
    int day;
};
```

```
struct student
{
    int no;
    char name[20];
    struct data birthday;
    char sex;
    char major[20];
};
#define STU struct student
void main()
{
    STU boy={20120601,"LiLei",{1988,12,3},'m',"computer"};
    STU girl={20120602,"HanMeimei",{1989,8,10},'f',"computer"};
    printf("student1:\n");
    printf("NO:%d,name:%s,birthday:%d.%d.%d,sex:%c,major:%s\n",
    boy.no,boy.name,boy.birthday.year,boy.birthday.month,boy.birthday.day,boy.sex,boy.major);
    printf("student2:\n");
    printf("NO:%d,name:%s,birthday:%d.%d.%d,sex:%c,major:%s\n",
    girl.no,girl.name,girl.birthday.year,girl.birthday.month,girl.birthday.day,girl.sex,girl.major);
}
```


程序运行结果如下：

```
student1:
NO:20120601,name:LiLei,birthday:1988.12.3,sex:m,major:computer
student2:
NO:20120602,name:HanMeimei,birthday:1989.8.10,sex:f,major:computer
```

注意，student 中的成员 birthday 仍然是一个结构体，要输出其值还需要访问结构体 data 中的成员。

【案例 6-2】 判定二维平面中的三点能否构成三角形。

```
#include <stdio.h>
#include <math.h>
struct point
{
    float x;    //横坐标
    float y;    //纵坐标
};
//求两点间距离
float length(float x1,float y1,float x2,float y2)
{
    float len;
    len=sqrt((x1-x2)*(x1-x2)+(y1-y2)*(y1-y2));
    return len;
}
void main()
{
    struct point p1,p2,p3;
    float len1,len2,len3;
    printf("请分别输入三点坐标:\n");
    scanf("%f,%f",&p1.x,&p1.y);
```

```
        scanf("%f,%f",&p2.x,&p2.y);
        scanf("%f,%f",&p3.x,&p3.y);
        len1=length(p1.x,p1.y,p2.x,p2.y);
        len2=length(p2.x,p2.y,p3.x,p3.y);
        len3=length(p3.x,p3.y,p1.x,p1.y);
        if(len1+len2<=len3||len2+len3<=len1||len1+len3<=len2)
            printf("三点不能构成三角形\n");
        else
            printf("三点可以构成三角形\n");
    }
```

程序运行结果如下：

```
请分别输入三点坐标:
2,0
0,2
0,0
三点可以构成三角形
```


6.1.2 结构体数组与指针

1. 结构体数组

数组的元素也可以是结构体类型的，因此可以构成结构体数组。结构体数组的每一个元素都是具有相同类型的结构体变量，每一个下标元素都含有结构体类型的所有成员。

在表示一个学生的信息时，可以使用一个结构体变量来完成，但是在处理多个学生信息时，则不适合用多个结构体变量来解决。单个的结构体变量的适用范围不大，一般需要建立结构体数组来表示具有相同数据结构的一个群体，如一个班级内的所有学生信息，所有学生的成绩信息等。

结构体数组的定义形式和结构体变量的定义形式类似，只是定义的不是单独变量，需要说明为数组类型即可。结构体数组的一般定义形式为：

```
结构体类型    数组名[常量表达式];
```

例如：

```
struct    peaple
{
    char name[20];
    int age;
    char sex;
    char profession[20];
};
struct peaple student[10];
```

也可以在定义结构体的同时定义结构体数组或者直接定义结构体数组，而不给出结构体数组的类型名称。例如：

```
struct    peaple
{
```

```
    char name[20];
    int age;
    char sex;
    char profession[20];
}student[10];
```

与普通数组一样，只能对全局和静态的结构体数组初始化，初始化的方法也与普通数组相类似。

可以在定义结构体数组的同时进行初始化。例如：

```
struct student[3]={{"lilly",20,'f',"student"}{"Jack",21,'m',"student"}{"Lucy",21,'f',"student"}};
```

在对所有元素进行初始化时可以不指定数组的长度，例如：

```
struct student[]={{"lilly",20,'f',"student"}{"Jack",21,'m',"student"}{"Lucy",21,'f',"student"}};
```

结构体数组的存储和一般数组元素的存储相同，也是按下标连续存储的。

在引用结构数组变量时，先通过下标引用结构体数组中的某一元素，再引用结构体中的某一成员。例如：

```
student[2].age=22;
```


【案例 6-3】 结构体数组的应用。

从键盘读取学生的学号、姓名和三门课的成绩信息，计算每一个学生的平均成绩，然后输出所有信息。

程序源代码如下：

```
#include <stdio.h>
#define N 3     //学生数目
struct student
{
    int no;
    char name[20];
    float score[3];
    float average;
};
#define Stu struct student
void main()
{
    Stu s[N];
    int i,j;
    float tmp=0;
    printf("请输入%d 个学生的信息:\n",N);
    for(i=0;i<N;i++)
    {
        printf("学生学号:");
        scanf("%d",&s[i].no);
        printf("学生姓名:");
        scanf("%s",s[i].name);
        printf("学生三门课成绩:");
        tmp=0;
        for(j=0;j<3;j++)
```

```
            {
                scanf("%f",&s[i].score[j]);
                tmp=tmp+s[i].score[j];
            }
            s[i].average=tmp/3;
        }
        printf("学号\t 姓名\t 成绩\t 成绩\t 成绩\t 平均成绩\n");
        for (i=0;i<N;i++)
        {
            printf("%d\t%s",s[i].no,s[i].name);
            for (j=0;j<3;j++)
            {
                printf("\t%.2f",s[i].score[j]);
            }
            printf("\t%.2f\n",s[i].average);
        }
    }
```

程序运行结果如下：


```
请输入 3 个学生的信息:
学生学号:001
学生姓名:Jack
学生三门课成绩:89 87 76
学生学号:002
学生姓名:Lucy
学生三门课成绩:98 97 90
学生学号:003
学生姓名:Kate
学生三门课成绩:89 85 90
学号      姓名      成绩 1     成绩 2     成绩 3     平均成绩
1         Jack      89.00      87.00      76.00      84.00
2         Lucy      98.00      97.00      90.00      95.00
3         Kate      89.00      85.00      90.00      88.00
```

2. 结构体指针

当把一个结构体变量的起始地址赋值给一个指针变量时，就称该指针指向这个结构体变量，该指针为结构体类型指针。

一个结构体变量的多个成员，必定要占据一段连续的内存。一个结构体类型指针指向这段内存的起始地址，有了结构体指针，就可以通过结构体指针来访问结构体变量或者结构体变量中的成员。

结构体类型指针和前面介绍的几种类型的指针在特性和使用方法上完全相同。

结构体指针的一般定义形式为：

```
结构体类型 *指针变量名;
```

需要先声明结构体类型，然后才能定义结构体指针。例如：

```
struct product
{
```

```
    char code[5];
    char name[20];
    float price;
};
struct product a,b,*p;
```

上述例子中先定义了一个结构体 product，其成员包括商品编号、商品名称和商品价格，然后再定义指向这个结构体类型的指针。

可以对结构体类型指针进行赋值，即把一个结构体变量的首地址赋值给该指针变量，而不能把结构体名赋值给指针变量。例如正确的赋值方法为：

```
*p=&a;
```

而下面的赋值是错误的：

```
*p=&product;
```

可以在结构体指针定义的同时为其初始化，例如：

```
struct product apple,*p=&apple;
```

可以通过结构体指针引用结构体中的成员。另外，有两种通过指针引用结构体成员的方法，即对结构体成员的引用方式共有三种。

（1）结构体变量名.成员名，例如：

```
apple.price=3.5;
```

（2）(*结构体指针变量).成员名，例如：

```
(*p).price=3.5;
```

注意此时括号不能少。因为“.”的优先级高于“*”，如果没有括号，则等效于“*(p.price)”，意义就完全不同了。

（3）结构体指针变量名->成员名，例如：

```
p->price=3.5;
```

【案例 6-4】 结构体成员的输出。

```
//三种输出方法比较
#include <stdio.h>
struct product
{
    char code[6];
    char name[20];
    float price;
};
void main()
{
    struct product apple={"FI002","apple",3.5};
    struct product *p;
    p=&apple;
    printf("%s\t%s\t%.2f\n",apple.code,apple.name,apple.price);
    printf("%s\t%s\t%.2f\n",(*p).code,(*p).name,(*p).price);
```

```
    printf("%s\t%s\t%.2f\n",p->code,p->name,p->price);
}
```

程序运行结果如下：

```
FI002    apple    3.50
FI002    apple    3.50
FI002    apple    3.50
```

从上面的案例中可以看出，这三种用于引用结构体成员的方法是完全等效的。

对于普通数组，数组名是数组的首地址，可以根据指向数组的指针或指向数组元素的指针对数组元素进行访问。同样，结构体数组或数组元素也可以用指针来访问。

指针变量可以指向一个结构体数组，这时指针变量的值为整个结构体数组的首地址；结构体指针也可以指向结构体数组中的一个元素，这时指针变量的值为该结构体数组元素的首地址。如果一个指针变量已经指向一个结构体数组，就不能再使之指向结构体数组中元素的某一成员。

例如：


```
struct point
{
    double x;
    double y;
};
struct point s[10],*p;
p=s;
```

即定义了一个指针变量 p，让其指向一个结构体数组的首地址。此时 p 指向该结构体数组的第 1 个元素 s[0]，p+1 指向第 2 个元素 s[1]，p+i 则指向数组中 s[i]。对结构体数组中元素成员的引用方式如下：

```
(p+i)->x=3.5;(p+i)->y=4;
```

【案例 6-5】 价格排序。

```
//对多个商品价格进行排序
#include <stdio.h>
#define N 5
struct product
{
    char code[6];
    char name[20];
    float price;
};
void main()
{
    struct product pro[N];
    struct product *p,tmp;
    p=pro;
    int i,j,max;
    printf("请输入%d 个商品的信息:\n",N);
    for(i=0;i<N;i++)
    {
```

```
        printf("第%d 个商品的信息:\n",N);
        printf("商品编号:");
        scanf("%s",&(p+i)->code);
        printf("商品名称:");
        scanf("%s",&(p+i)->name);
        printf("商品价格:");
        scanf("%f",&(p+i)->price);
    }
    for(i=N-1;i>=0;i--)
    {
        max=i;
        for (j=0;j<i;j++)
        {
            if (((p+max)->price)<((p+j)->price))
                max=j;
        }
        if (max!=i)
        {
            tmp=pro[max];
            pro[max]=pro[i];
            pro[i]=tmp;
        }
    }
    printf("商品按价格排序结果为:\n",N);
    printf("编号\t 名称\t 价格\n");
    for(i=0;i<N;i++)
    {
        printf("%s\t%s\t%.2f\n",(p+i)->code,(p+i)->name,(p+i)->price);
    }
}
```

程序运行结果如下：

```
请输入 4 个商品的信息:
第 1 个商品的信息:
商品编号:FR001
商品名称:apple
商品价格:5.4
第 2 个商品的信息:
商品编号:FR002
商品名称:orange
商品价格:3.4
第 3 个商品的信息:
商品编号:FR003
商品名称:banana
商品价格:4.6
第 4 个商品的信息:
商品编号:FR004
商品名称:grape
商品价格:8
```

```
商品按价格排序结果为:
编号    名称    价格
FR002   orange   3.40
FR003   banana   4.60
FR001   apple    5.40
FR004   grape    8.00
```

6.1.3 结构体和函数

结构体和函数的关系可以从两方面来看，一是函数的参数为结构体类型；二是函数返回值的类型为结构体，即函数的类型为结构体类型。

1. 结构体作为函数参数

结构体数据作为函数的参数可以分为三种情况：

（1）结构体变量的成员作为函数实参：把一个结构体变量的成员像普通变量一样按值传递，此时在被调用函数中此值不再是一个结构体，而是一个基本数据类型的普通变量。

（2）结构体变量作为函数实参：将一个结构体变量作为函数的参数进行整体的传递，但是要将全部成员值逐个地传递，特别是当成员是数组时，将会使传递的时间和空间开销很大，程序运行效率低。

（3）结构体指针作为函数实参：用指针变量或者结构体数组名作为函数的参数进行传递，这时实参传递给形参的是地址，从而减小空间和时间的开销，提高效率。

【案例 6-6】 结构体指针作为函数参数。

```
#include <stdio.h>
struct student
{
    int no;
    char name[20];
};
void f1(int x)
{
    printf("%d",x);
}
void f2(struct student s)
{
    struct student a={2012004,"GaoFei"};
    s=a;
}
void f3(struct student *s)
{
    struct student a={2012005,"ZhangHong"};
    *s=a;
}
void f4(struct student *s)
{
    struct student a[2]={{2012006,"WangWei"},{2012007,"LiLi"}},*p=a;
    ++s; ++p;
```

```
    *s=*p;
}
void main()
{
    struct student s1={2012001,"ZhaoMing"};
    struct student s2[2]={{2012002,"LiQiang"},{2012003,"XuLong"}};
    printf("f1 运行结果:");
    f1(s1.no);//结构体变量的成员作为函数参数
    printf("\nf2 运行结果:");
    f2(s1);    //结构体变量作为函数参数，传值调用
    printf("%d\n",s1.no);
    printf("f3 运行结果:");
    f3(&s1); //结构体变量作为函数参数，传址调用
    printf("%d\n",s1.no);
    printf("f4 运行结果:");
    f4(s2);  //指针变量作为函数参数
    printf("%d   %d\n",s2[0].no,s2[1].no);
}
```


程序运行结果如下：

```
f1 运行结果:2012001
f2 运行结果:2012001
f3 运行结果:2012005
f4 运行结果:2012002   2012007
```

2．结构体类型的函数

当函数的返回值为结构体类型时，称该函数为结构体类型函数。结构体类型函数的一般定义形式为：

```
struct 结构体类型名 函数名（形式参数列表）
{
    函数体
}
```

【案例 6-7】 结构体类型函数应用。

从键盘读取学生的学号、姓名和三门课的成绩信息，根据读取的信息计算学生平均成绩，并编写函数求平均分最高的学生信息。

```
#include <stdio.h>
#define N 3    //学生数目
struct student
{
    int no;
    char name[20];
    float score[3];
    float average;
};
#define Stu struct student
struct student max_score(struct student *p)
```

```
{
    int i,max=0;
    for(i=0;i<N;i++)
    {
        if ((p+i)->average>(p+max)->average)
            max=i;

    }
    return *(p+max);
}
void main()
{
    struct student s[N],max;
    int i,j;
    float tmp=0;
    printf("请输入%d 个学生的信息:\n",N);
    for(i=0;i<N;i++)
    {
        printf("学生学号:");
        scanf("%d",&s[i].no);
        printf("学生姓名:");
        scanf("%s",s[i].name);
        printf("学生三门课成绩:");
        tmp=0;
        for(j=0;j<3;j++)
        {
            scanf("%f",&s[i].score[j]);
            tmp=tmp+s[i].score[j];
        }
        s[i].average=tmp/3;
    }
    max=max_score(s);
    printf("平均成绩最高的学生信息为:\n");
    printf("学号\t 姓名\t 成绩\t 成绩\t 成绩\t 平均成绩\n");
    printf("%d\t%s",max.no,max.name);
    for (j=0;j<3;j++)
    {
        printf("\t%.2f",max.score[j]);
    }
    printf("\t%.2f\n",max.average);
}
```


程序运行结果如下：

```
请输入 3 个学生的信息:
学生学号:20120601
学生姓名:Jack
学生三门课成绩:78 96 89
学生学号:20120602
学生姓名:Lucy
学生三门课成绩:76 69 80
```

```
学生学号:20120603
学生姓名:Lily
学生三门课成绩:93 96 91
平均成绩最高的学生信息为:
学号         姓名       成绩       成绩       成绩       平均成绩
20120603     Lily       93.00      96.00      91.00      93.33
```

6.1.4 任务实现

1. 问题描述

对于一组学生信息按其平均成绩进行排序，并输出排序结果。学生信息包括学号、姓名及三门课的成绩，并打印排序后的学生信息。

2. 要点解析

学生成绩的排序算法之前已经学过，但是要显示按成绩排序后的学生的完整信息，则需要用结构体来存储数据。

学生信息结构体可以定义为：

```
struct student
{
    int no;
    char name[20];
    float score[3];
    float average;
};
```

然后编写算法，对结构体中的 average 信息进行排序，再输出排序后的学生信息。

3. 程序实现

```
#include <stdio.h>
struct student
{
    int no;
    char name[20];
    float score[3];
    float average;
};
#define Stu struct student
Stu * sort(Stu *p,int n);
void main()
{
    struct student s[100],*p;
    int i,j,no,num=0;
    float tmp=0;
    printf("请输入学生的信息,以学号为结束:\n");
    printf("学生学号:");
    scanf("%d",&no);
    while(no!=0)
    {
```

```
            s[num].no=no;
            printf("学生姓名:");
            scanf("%s",s[num].name);
            printf("学生 C 语言、Java 和数据库的成绩:");
            tmp=0;
            for(i=0;i<3;i++)
            {
                scanf("%f",&s[num].score[i]);
                tmp=tmp+s[num].score[i];
            }
            s[num].average=tmp/3;
            num++;
            printf("学生学号:");
            scanf("%d",&no);
        }
        printf("按平均成绩排序后的学生信息为:\n");
        printf("学号\t 姓名\tC 语言\tJava\t 数据库\t 平均成绩\n");
        p=s;
        p=sort(p,num);
        for (i=0;i<num;i++)
        {
            printf("%d\t%s",p[i].no,p[i].name);
            for (j=0;j<3;j++)
            {
                printf("\t%.2f",p[i].score[j]);
            }
            printf("\t%.2f\n",p[i].average);
        }
}
Stu * sort(Stu *p,int n)
{
        int i,j,max;
        Stu tmp;
        for(i=n-1;i>=0;i--)
        {
            max=i;
            for (j=0;j<i;j++)
            {
                if (((p+max)->average)<((p+j)->average))
                    max=j;
            }
            if (max!=i)
            {
                tmp=p[max];
                p[max]=p[i];
                p[i]=tmp;
            }
        }
        return p;
}
```

程序运行结果如下：

```
请输入学生的信息,以学号为0结束:
学生学号:20120601
学生姓名:Gaocheng
学生C语言、Java和数据库的成绩:78 82 84
学生学号:20120602
学生姓名:Lipeng
学生C语言、Java和数据库的成绩:68 75 78
学生学号:20120603
学生姓名:Wangming
学生C语言、Java和数据库的成绩:90 87 94
学生学号:20120604
学生姓名:Zhanggong
学生C语言、Java和数据库的成绩:69 76 72
学生学号:0
按平均成绩排序后的学生信息为:
学号        姓名         C语言     Java      数据库    平均成绩
20120604    Zhanggong    69.00     76.00     72.00     72.33
20120602    Lipeng       68.00     75.00     78.00     73.67
20120601    Gaocheng     78.00     82.00     84.00     81.33
20120603    Wangming     90.00     87.00     94.00     90.33
```


任务 6.2　学生成绩排序——链表

任务目标

了解动态内存管理的概念。

掌握动态内存管理函数的使用方法。

了解链表的概念以及链表的优点。

掌握链表的创建和输出方法。

掌握集中链表的基本操作方法，包括链表的查找、插入和删除。

用链表实现学生成绩排序任务。

6.2.1　动态内存管理

我们已知变量的形式均为静态数据类型，即变量所占内存空间的大小在程序的说明部分已经确定，在程序的运行过程中不能加以改变。

例如学生成绩管理系统，有时无法确定学生数目，为了满足大多数情况的需要，往往把数组定义的大一些。例如：

```
char name[100][20];
```

规定了学生数目最大为 100，每一个学生的姓名最长为 19 个字符（包括一个终止字符）。但这样会出现这样两个问题：

（1）定义得再大也不能保证一定可以满足用户的需求。

（2）如果定义得很大而实际用得很少就会浪费存储空间。

如果学生数目实际超过 100 个，则多余的学生信息无法存储；而如果学生数目只有十几个或者二三十个，则会浪费大量的存储空间。但是在实际的编程中，往往会发生这种情况，即所需的内存空间取决于实际输入的数据，而无法预先确定。对于这种问题，用数组的办法很难解决。

为了解决上述问题，C 语言中提供动态数据结构，即在程序运行过程中动态地为变量分配内存空间，变量存储空间的大小可以在程序执行期间动态地变化。动态数据结构中最基本的形式为链表和二叉树，它们在程序设计中非常有用。

C语言提供了一些内存管理函数，这些内存管理函数可以按需要动态地分配内存空间，也可把不再使用的空间回收待用，可以有效地利用内存资源。

下面介绍几种常用的内存管理函数，这几个函数所在的头文件均为 stdlib.h，使用前需加以说明。

1. malloc 函数

malloc 函数的基本形式为：


```
void *malloc(unsigned size);
```

其功能为在内存的动态存储区的自由内存部分中分配一个长度为 size 字节的连续内存区域。

malloc 函数的返回类型是 void* 类型。void* 表示未确定类型的指针。C、C++规定，void* 类型可以强制转换为任何其他类型的指针。如果执行成功，则其返回值为指向该内存区域首字节的指针；若执行不成功，则其返回值为 0，即 NULL。

“size”是一个无符号数。

该函数的调用形式为：

```
(类型说明符*)malloc(size);
```

“类型说明符”表示把该区域用于何种数据类型。(类型说明符*)表示把返回值强制转换为该类型指针。

例如：

```
int *p = (int *) malloc (sizeof(int)*128);
```

表示分配 128 个连续的整型存储单元，并将其首地址存储到指针变量 p 中。

sizeof(int)表示一个整型数据的长度，乘以 128 表示 128 个整型数据的空间。如果写成：

```
int* p = (int *) malloc (1);
```

代码也能通过编译，但事实上只分配了 1 个字节大小的内存空间，当往里存入一个整数时，就会有 3 个字节无家可归，而直接“住进邻居家”，造成的结果是后面的内存中原有数据内容被改写。

```
struct student *p=(struct student *)malloc(sizeof(struct student));
```

表示分配一个长度为 struct student 长度的一段内存空间，其首地址赋值给 p。

在指针使用前最好先测试返回值是否为空指针，因为使用空指针会破坏系统。

2. calloc 函数

calloc 函数的基本形式为：

```
void *calloc (unsigned n, unsigned size);
```

其功能为，在内存动态存储区的自由存储部分中，分配 n 个长度为 size 字节的连续存储空间。如果分配成功，则返回值为连续存储空间的首地址；若执行不成功，则返回值为 0，或者返回值为 NULL。

calloc 函数的调用形式：

```
(类型说明符*)calloc(n,size);
```

calloc 函数与 malloc 函数的区别仅在于一次可以分配 n 块区域。例如：

```
ps=(struet student*)calloc(2,sizeof(struct student));
```

其中的 sizeof(struct student)是求 student 的结构长度。因此该语句的意思是：按 student 的长度分配两块连续区域，强制转换为 student 类型，并把其首地址赋予指针变量 ps。

3. free 函数

free 函数的基本形式为：

```
void free(void *ptr);
```

其功能为释放由 ptr 指向的内存，释放的内存恢复为自由内存，可以再被分配。ptr 是指针类型或者指针变量，它的值通常为 malloc 函数或者 calloc 函数调用之后的返回值。如果 ptr 为空，则 free 函数什么都不做。

free 函数的调用形式：

```
free(void*ptr);
```

例如：

```
free(p);
```

表示释放指针变量 p 所指向的一段内存单元。

如果 ptr 的值不是由 malloc 或者 calloc 函数调用时的返回值，则调用时很可能会毁坏内存管理机制，并且破坏系统。

在编写程序的过程中，对于动态申请的内存空间，使用完之后一定要及时回收，否则这块内存空间不能再继续使用，即这块内存泄漏了。内存泄漏是指由于疏忽或错误造成程序未能释放已经不再使用的内存，并非指内存在物理上的消失，而是应用程序分配某段内存后，由于设计错误，导致在释放该段内存之前就失去了对该段内存的控制，从而造成了内存的浪费。

很多人觉得计算机病毒很神秘，其实计算机病毒无非是一个恶意的程序。以下就是一个简单的恶意程序，它具有一定的破坏性。如果把这个程序完善一下，使其具有隐蔽性、传染性和自发运行等功能，则为一个标准的病毒程序。

```
#include <stdio.h>
#include <stdlib.h>
int main(void)
{
    void* s;
    while (1)              //为死循环
    {
        s = malloc(50);    //申请内存空间
    }                      // malloc 函数迟早会由于内存泄漏而返回 NULL
}
```

该程序中申请了内存却没有释放，导致内存泄漏。当程序不停地重复调用这个有问题的函数，申请内存函数 malloc()最后会在程序没有更多可用存储器可以申请时产生错误（函数输出为 NULL）。但是，由于函数 malloc()输出的结果没有加以出错处理，因此程序会不停地尝试申请存储器，并且在系统有新的空闲内存时，被该程序占用。该程序一旦运行，将很快耗尽计算机中的内存，造成死机。

【案例 6-8】 动态存储分配。


```
#include <stdio.h>
#include <stdlib.h>
void main()
{
    struct stu
    {
        int num;
        char *name;
        char sex;
        float score;
    } *ps;
    ps=(struct stu*)malloc(sizeof(struct stu));
    ps->num=102;
    ps->name="Zhang ping";
    ps->sex='M';
    ps->score=62.5;
    printf("Number=%d\nName=%s\n",ps->num,ps->name);
    printf("Sex=%c\nScore=%.2f\n",ps->sex,ps->score);
    free(ps);
}
```

程序运行结果如下：

```
Number=102
Name=Zhang ping
Sex=M
Score=62.50
```

6.2.2 链表的创建

1. 链表的概念

链表是一种常见的基础数据结构，也是实现非连续存储的一种结构。非连续存储和连续存储的区别在于非连续存储能够更好地利用剩余的存储空间。

将逻辑上相邻的数据分配在一块连续的内存空间内，逻辑关系通过数据存储单元的连接关系来实现，这样的存储方式称为顺序存储方式，数组即遵循这样的存储规则。显然，顺序存储方式需要一块足够大的连续的内存空间，并且其长度是事先定义好的。

而在内存被不断动态分配和回收的过程中，很可能将自由内存分为大小不一的内存块，导致无法获取一大块连续的内存空间。这是需要将逻辑上相邻的数据分配到物理上离散的存储单元中，然后通过一定的规则可以访问每一段存储单元，使这些存储单元逻辑上相邻，这种存储方式为链接存储。由此可见，所谓链表就是把存放在不同地点的数据用地址链条串接而成的数据链。

组成链表的每一个元素是一个数据块，又称为链表的结点。结点由两部分组成：

（1）数据域——用来存储本身数据。

（2）指针域——用来存储下一个结点地址或者说指向其直接后继的指针。

指针域的作用为把数据按照逻辑关系组织在一起，其作用好像一个链，将所有数据元素一个接一个地连起来。第一个结点的指针域中存放第二个结点的首地址，然后在第二个结点的指针域内存放第三个结点的首地址，如此串联下去直到最后一个结点。

链表的存储结构如图 6-1 所示。

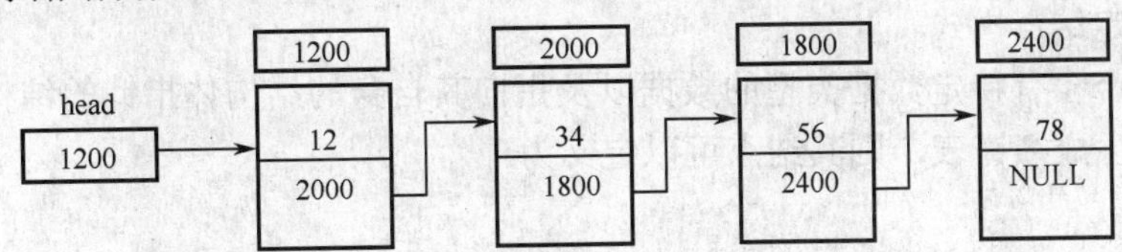

图 6-1　链表存储结构图

每一个结点都指向逻辑关系中的下一个结点的地址，因此称为单链表。

head 为头指针，不存储数据，指向单链表的第一个结点，是链表操作的唯一入口。

第一个结点中存储的数据为 12，地址为 2000，按照这个地址找到第二个结点，第二个结点中数据域中值为整型数据 34，指针域中值为 1800，即下一个结点的地址值为 1800。

链表中最后一个结点没有后继结点，因此其指针域为 NULL（或者用 0 表示）。

按此结构存储的链表，每一个结点的地址都存放在其前面一个结点中，所以无论要访问链表中哪一个结点，都必须从头开始找起，否则无法获取该结点的地址。

可以用动态内存分配的方法为一个链表分配内存空间，每次分配一块内存空间用来存放链表中的一个结点，有多少个数据要存储就分配多少块内存空间，也就是建立多少个结点。无须事先确定结点的数目，且可以随时删掉任意一个结点，并释放该结点所占用的内存空间，从而节约内存资源。

C 语言中一个结点的结构设计如下：

```
struct 结构体名
{
    数据成员列表;
    struct 结构体名 *指针名;
}
```

例如：

```
struct node
{
    int data;
    struct node *next;   //指向结点的指针
};
```

同一个链表中每一个结点的数据类型都是相同的，因此，在结点中存放下一个结点地址的指针变量类型也是相同的。可以用该类型声明定义结点：

```
#define struct node NODE
NODE p;
p.data=10;
p.next=NULL;
```

2. 链表的创建

链表的建立是指在程序执行过程中，建立起一个一个的结点，并将它们按照逻辑顺序链接成一串，形成一个链表的过程。

创建一个链表通常需要下面几个步骤。

（1）确定结点模式。

定义一个含有特定数据类型的数据以及指向其自身的结构体指针的结构体。例如要创建一个学生成绩链表，则其结点可以定义为：

```
struct score
{
    int s;
    struct score *next;
};
```

（2）建立表头。

表头仅存放指向第一个数据结点的指针，先定义一个指向结点结构体的指针变量，然后将指针变量赋值给头指针，让头指针指向第一个结点。

定义一个结点之前首先要知道这个结点的长度，结点的长度是由结点中各成员所占的字节数确定的。通常可以用 sizeof 直接获取结点长度。

建立头结点的语句如下：

```
struct score *head,p;
p=(struct score *)malloc(sizeof(struct score));
head=p;
```

此时创建了一个结点 p 和一个结构体指针 head，然后为结点分配内存空间，并使头指针 head 指向该结点，即创建了一个头指针和链表中第一个结点。

如果只创建一个头指针，还未创建任何结点，可以为头指针赋值为 NULL，即

```
struct score *head=NULL;
```

（3）通过逐个插入的方式建立整个链表。

结点插入时不断开辟新的内存空间和创建新的结点，然后为结点插入表头，重新修改表头指针 head 的指向，使 head 指向新的表头，随后使新插入的结点指向原来的表头，完成一个结点的插入。不断插入新的结点，直到形成整个链表。表头插入过程如图 6-2 所示。

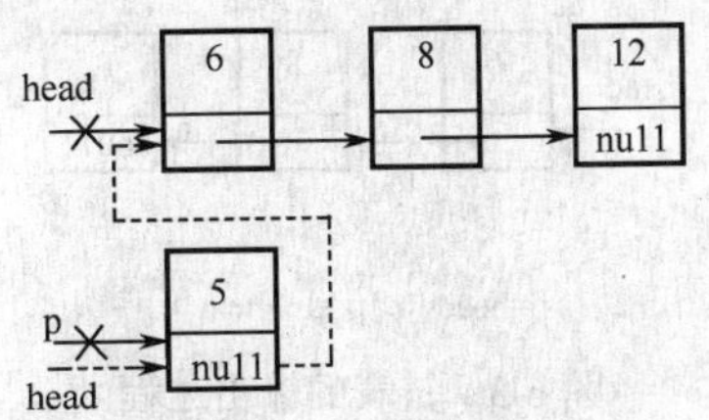

图 6-2 表头插入过程

注意，每个结点都为结构体类型，而 p 和 head 都是结构体类型的指针，可先通过 p->next=head 使 p 所指向结点的下一个结点为 head 所指向的结点，然后再执行 head=p 使头结点指针指向 p 所指向的结点。结束后 head 指向数据域为 5 的结点。

链表插入算法如下：

```
//表头插入算法
//参数为链表头指针和新结点的数据域的值
struct score *insert_head(struct score *head,int n)
 {
    struct score *p;
    p=(struct score *)malloc(sizeof(struct score)); //分配一个新结点
    p->s=n;                                         //写入新结点的数据值
    if(p==NULL)                                     //如果为空表
    {
         head=p;                                    //新结点为表头
         p->next=NULL;                              //新插入的结点为最后结点
    }
    else
    {
         p->next=head;                              //新结点插入表头
         head=p;                                    //表头指向新插入的结点
    }
    return head;
 }
```

此算法每次从表头向链表中插入一个结点，依次插入所有所需的结点，可以得到完整的链表。

3．链表的输出

链表的输出可以将各结点的数据依次输出。链表的输出无法像数组一样，直接用下标引用链表中的任意元素。输出一个链表时需要设置一个指向结点的变量 p，将表头的值赋给它，将第一个结点的数据输出，然后将 p 指向第一个结点的 next 指针，指向第二个结点，即：

```
p=p->next;
```

继续输出，然后使 p 指向下一个结点，直到输出完成即 p=NULL 为止。

如图 6-3 所示为链表的输出过程。从中可以看出，执行 p=head 时，p 指向链表的第一个结点，然后执行 p=p->next，此时 p 指向链表的第二个结点。

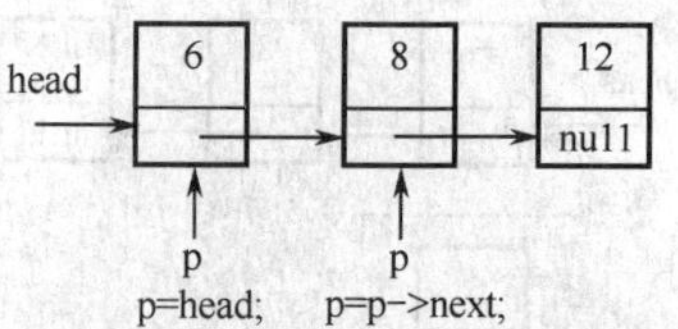

图 6-3　链表的输出过程

链表输出算法如下：

```
//链表输出算法
//参数为链表的表头，返回值为空
void output(struct score *head)
{
    struct score *p;
    p=head;
    while(p!=NULL)
    {
        printf("%d\t",p->s);
        p=p->next;
    }
}
```


【案例 6-9】 创建一个有若干学生信息的单项链表，并依次输出链表信息。学生信息包括学号、姓名和年龄。

可以在修改上述链表创建和输出算法中的链表名称和数据域的处理之后，在自己的程序中直接使用这两个算法。

```
#include <string.h>
#include <malloc.h>
#include <stdio.h>
struct student
{
    int no;
    char name[20];
    int age;
    struct student *next;
};
struct student *insert_head(struct student *head,int no,char name[],int age)    //参数为链表头
指针和新结点的数据域
{
    struct student *p;
    p=(struct student *)malloc(sizeof(struct student));    //分配一个新结点的内存空间
    p->no=no;      strcpy(p->name,name);    p->age=age;
    if(head==NULL)                                          //如果为空表
    {
        head=p;                                             //新结点为表头
        p->next=NULL;                                       //新插入的结点为最后结点
    }
    else
    {
        p->next=head;                                       //新结点插入表头
```

```
            head=p;                                    //表头指向新插入的结点
        }
        return head;
    }
    void output(struct student *head)
    {
        struct student *p;
        p=head;
        while(p!=NULL)
        {
            printf("%d\t%s\t%d\n",p->no,p->name,p->age);
            p=p->next;
        }
    }
    void main()
    {
        struct student *head=NULL;
        int no=0,age;
        char name[20];
        printf("输入学生信息，学号为时结束:\n");
        printf("学生学号: ");
        scanf("%d",&no);
        while(no!=0)
        {
            printf("学生姓名:"); scanf("%s",name);
            printf("学生年龄:"); scanf("%d",&age);
            head=insert_head(head,no,name,age);
            printf("学生学号:"); scanf("%d",&no);
        }
        printf("学号\t 姓名\t 年龄\n");
        output(head);
    }
```

程序执行结果如下：

```
输入学生信息，学号为 0 时结束:
学生学号: 1001
学生姓名:Jack
学生年龄:20
学生学号:1002
学生姓名:Lucy
学生年龄:22
学生学号:1003
学生姓名:Lily
学生年龄:21
学生学号:0
学号      姓名      年龄
1003      Lily       21
1002      Lucy       22
1001      Jack       20
```

6.2.3 链表的基本操作

1. 链表的查找

链表的查找即根据相应的查找条件，查找某一个结点。

查找条件可以是链表内数据的逻辑顺序。对于数组，可以直接通过下标引用数组中的任意一个元素，但是链表则不可以。链表内的数据在逻辑上是连续的，但是在物理存储上是不连续的，只能从链表的头指针开始，找到链表的第一个结点，然后再依次访问后续结点。

查找条件还可以是结点中数据域的值。此时查找仍必须从头指针开始，依次比较每一个结点中数据域的值，直到查找到所需的结点或者查找失败为止。

以查找某一学号的学生信息为例，按结点内数据查找的算法实现如下：

```
struct student * search(struct student *head,int no)    //查找链表的函数,其中 head 指针是链表的表头指针，no 是要查找的人的学号
{
    struct   student   *p;
    p=head;
    while(p!=NULL)
    {
        if(no==(p->no))       //把数据域里的学号与所要查找的学号比较
        {
            printf("查找成功\n");
            return(p);        //返回与所要查找结点的地址
        }
        else
            p=p->next;
    }
    if(p==NULL)
        printf("没有查找到该数据!\n ");
}
```

2. 链表的插入

对链表的插入是指将一个新的结点插入到已有的链表中。例如已知有一个学生成绩构成的链表，各结点为按照成绩大小顺序排序的，现在需要添加一个新的学生成绩结点，按其成绩插入到正确的顺序上去，这时就要在链表的中间插入结点。

插入结点之前，首先要申请新结点 p，并对其数据域进行赋值，然后需要查找新结点在链表中的位置。链表中数据的查找方法已经介绍过，可通过查找找到结点正确的位置。

根据新结点插入位置的不同，结点插入可以分为三种情况。

（1）新结点应该插入在链表的第一个结点之前。

此时还可以分为两种情况，即链表为空和链表不为空，这两种情况相当于链表创建时用到的表头插入法，具体的算法前面已经讲解过，这里不再详细介绍。

（2）新结点应该插入在链表的最后一个结点之后。

此时插入方法为：找到线性表的最后一个结点即尾结点，将尾结点的指针域指向待

插入结点，然后将待插入结点的指针域置空，作为新的尾结点。这时插入语句为：

```
r->next=p;          //r 为尾结点
p->next=NULL;       //将 p 作为新的尾结点
```

（3）新结点应该插入在链表的中间位置。

待插入结点 p 的数据比头结点的数据大，比表尾结点的数据小，需要找到正确的插入位置。这时，可以借助两个结构指针 q 和 r，利用循环比较来找到正确位置。然后将结点 p 插入到链表中正确的位置，如图 6-4 所示。

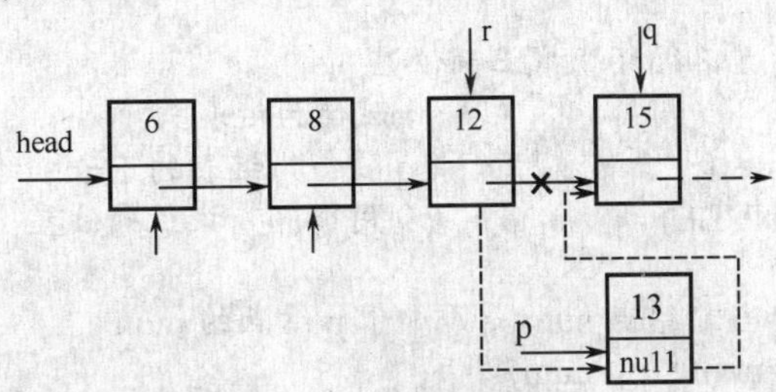

图 6-4 链表的插入

图中，已有一个排序号的链表，其头指针为 head，现在要插入一个新的结点 p，其数据域为 13。首先查找新结点的插入位置。定义两个新的指针 q 和 r，开始时令 r=head，q=r->next，然后依次让 q 指向链表中的下一个结点，同时 r 也前进一个结点，使 r 一直指向 q 的前一个结点，并比较 q 所指向结点数据和新插入结点的数据，直至找到正确位置为止。即查找结束时，q 和 r 的指向如图 6-4 所示，且 p 应该插入在 r 的后面和 q 的前面。图中虚线为插入之后的引用，叉号标记的引用无效。插入语句为：

```
r->next=p;
p->next=q;
```

【案例 6-10】 已有链表中结点为按整数域从小到大排序的，编写程序，实现不断地在链表中插入新的结点，并使结点保持从小到大的顺序。

```
#include <stdio.h>
#include <malloc.h>
#define LEN sizeof(struct numST)
struct numST
{
    int num;
    struct numST *next;
};
//被调用函数 insert()，两个形参分别表示链表和待插入的结点
struct numST * insert (struct numST *head,int n)
{
    struct numST *q,*r,*p;              //定义结构指针 q,r
    p = (struct numST *) malloc(LEN); //构造一个结点 p，用于插入链表
    p->num=n;p->next=NULL;
    if (head==NULL)                   //第一种情况，链表为空
    {
        head = p;                     //链表头指向 p
        return head;                  //完成插入操作，返回
```

```
        }
        else                                        //链表不为空
        {
            //第二种情况，p 结点 num 值小于链表头结点的 num 值
            if ( head->num > n)
            {       //将 p 结点插到链表头部
                p->next = head;             //将 p 的 next 指针指向链表头
                head = p;                   //将头指针指向 p
                return head;
            }
            //第三种情况，循环查找正确位置
            r = head;                       // r 赋值为链表头
            q = head->next;                 // q 赋值为链表的下一个结点
            while (q!=NULL)                 //利用循环查找正确位置
            {
                //判断当前结点 num 是否小于 p 结点的 num
                if (q->num < p->num)
                {
                    r = q;                  // r 赋值为 q，即指向 q 所指的结点
                    q = q->next;            // q 指向链表中相邻的下一个结点
                }
                else                        //找到了正确的位置
                    break;                  //退出循环
            }
            //将 p 结点插入正确的位置
            if (q!=NULL)                    // q 不为空，插入位置为中间位置
            {
                r->next = p;
                p->next = q;
                return head;
            }
            else                            // q 为空，插入位置为在尾结点之后
            {
                r->next=p;
                p->next=NULL;
                return head;
            }
        }
    }
    //被调用函数，形参为 ST 结构指针，用于输出链表内容
    void print(struct numST *head)
    {
        int k=0;                            //整型变量，用于计数
        struct numST * r;                   //声明 r 为 ST 结构指针
        r=head;                             // r 赋值为 head，即指向链表头
        while(r != NULL)
        {
            k=k+1;
            printf("%d %d\n",k,r->num);
            r=r->next;                      //取链表中相邻的下一个结点
```

```
    }
}
void main()
{
    struct numST *head, *p;              // ST 型结构指针
    head = NULL;
    int n;
    //分配两个 ST 结构的内存空间，用于构造链表
    head = (struct numST *) malloc(LEN);
    head->next = (struct numST *) malloc(LEN);
    //为链表中的两个结点中的 num 赋值为和
    head->num = 5;
    head->next->num = 10;
    head->next->next = NULL;             //链表尾赋值为空
    while (true)
    {
        printf("输入要插入的数据:");
        scanf("%d",&n);
        if (n==0)
            break;
        head=insert(head, n);            //调用 insert 函数插入链表
        print(head);                     //调用 print 函数，输出链表内容
    }
}
```


程序运行结果如下：

```
输入要插入的数据:2
1 2
2 5
3 10
输入要插入的数据:15
1 2
2 5
3 10
4 15
输入要插入的数据:8
1 2
2 5
3 8
4 10
5 15
```

3．链表的删除

链表的删除即删除存在的线性链表中指定的结点。删除结点的原则为：不改变原来的排列顺序，只是将要删除的结点从链表中分离开来，撤销原来的链接关系。

链表的删除可以分为三种情况。

（1）要删的结点是头指针所指的结点。

方法为置头指针变量为第一个结点指向的下一个结点，即指向原来的第二个结点的

指针作为新的头指针，实现语句为：

```
head =head->next;
```

（2）要删除的结点为链表中的最后一个结点。

方法为将尾结点前的一个结点的指针域置为空。

（3）要删除的结点为链表中间的结点。

此时同样需要两个指针 p 和 q，初始时令为 p=head、q=NULL，然后依次比较 p 的数据域是否为要查找的数据，如果是，退出查找，否则 p 和 q 分别指向下一个结点，直至找到要删除的数据为止。

图 6-5 为删除中间结点过程示意图，假设 p 指向的结点为要删除的结点，则令其上一个结点 q 指向 p 的下一个结点即可。实现语句为：

```
q->next=p->next;
```

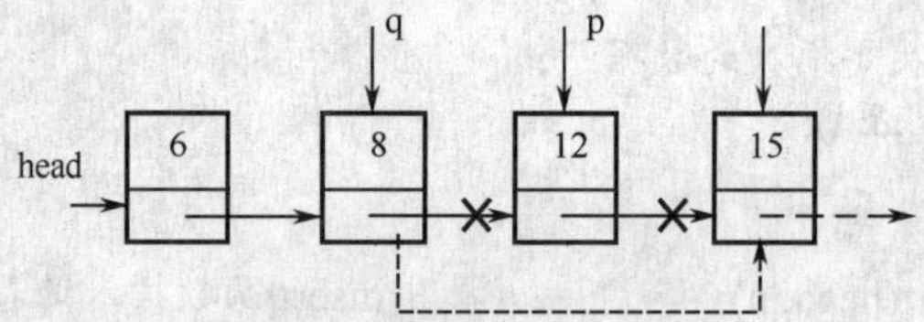

图 6-5　链表结点的删除

另外要考虑，空表和找不到要删除的结点的情况。

【案例 6-11】 删除链表中的结点。

```
#include <stdio.h>
#include <malloc.h>
#define LEN sizeof(struct numST)
struct numST
{
    int num;
    struct numST *next;
};
//被调用函数 del()，两个形参分别表示链表和待删除的数据
struct numST *del( struct numST *head, int n)
{
    struct numST    *p, *q;
    if(head==NULL)                          //如果链表为空，则返回
    {
        printf("链表为空！ \n");
        return head;
    }
    p=head;q=NULL;
    while(n!=p->num&&p->next!=NULL)    //查找要删除的数据位置
    {
        q=p;
        p=p->next;                          // q 一直指向 p 的前一个结点
    }
    if(n==p->num)                           //如果查找成功
    {
```

```
        if(p==ead)                          //第一种情况，删除结点为第一个结点
            head=head->next;
        else if (p->next==ULL)              //第二种情况，删除结点为最后一个结点
            q->next=NULL;
        else                                //第三种情况，删除结点为中间结点
            q->next=p->next;
        printf("删除成功!\n");
    }
    else                                    //查找失败
        printf("删除结点不存在！ \n");
    return head;
}
void print(struct numST *head)
{
    int k=0;                                //整型变量，用于计数
    struct numST * r;                       //声明 r 为 ST 结构指针
    r=head;                                 // r 赋值为 head，即指向链表头
    while(r != NULL)
    {
        k=k+1;
        printf("%d %d\n",k,r->num);
        r=r->next;                          //取链表中相邻的下一个结点
    }
}
void main()
{
    struct numST *head, *p;                 // ST 型结构指针
    head = NULL;
    int n;
    //分配两个 ST 结构的内存空间，用于构造链表
    head = (struct numST *) malloc(LEN);
    head->next = (struct numST *) malloc(LEN);
    //为链表中的两个结点中的 num 赋值为和
    head->num = 5;
    head->next->num = 10;
    head->next->next = NULL;                //链表尾赋值为空
    while (true)
    {
        printf("输入要删除的数据:");
        scanf("%d",&n);
        if (n==0)
            break;
        head=del(head, n);                  //调用 insert 函数插入链表
        print(head);                        //调用 print 函数，输出链表内容
    }
}
```

程序运行结果如下：

```
输入要删除的数据:3
删除结点不存在!
```

```
1 5
2 10
输入要删除的数据:5
删除成功!
1 10
输入要删除的数据:10
删除成功!
输入要删除的数据:2
链表为空!
```

【案例 6-12】 用链表实现约瑟夫问题。即 n 个人排成一圈做循环 1、2、3 报数游戏，数到 3 的人出列，直到所有的人出列为止，最后出列的一个人胜出。编写程序，输出所有人的出列顺序和胜出方。


```
#include <stdio.h>
#include <stdlib.h>
struct node
{
    int data;
    struct node *next;
};
#define Node struct node
Node * initring(int n,Node * r);
Node * Delete(int n,int k,Node * r);
void main()
{
    Node * r=NULL;;
    int   n,k;
    printf("总人数:");
    scanf("%d",&n);
    printf("报数上限:");
    scanf("%d",&k);
    printf("出列顺序为:\n");
    r=initring(n,r);
    r=Delete(n,k,r);
}
/*    建立单循环链表     */
Node * initring(int n,Node * r)
{
    Node *p,*q;
    int i;
    r=(Node *)malloc(sizeof(Node));    //把 r 当做头结点，里面没有数据值
    q=r;
    for (i=1;i<=n;i++)
    {
        p=(Node *)malloc(sizeof(Node));
        p->data=i;
        q->next=p;
        q=p;
    }
    p->next=r->next;            //使最后一个结点指向第一个结点，构成一个循环
```

```
    return r;
}

Node * Delete(int n,int k,Node * r)
{
    int i,j;int last;
    Node *p,*q;
    p=r;
    for(i=1;i<=n;i++)
    {//逐个删除结点
        for(j=1;j<=k-1;j++)
            p=p->next;        //p 指向第 k-1 个元素
        q=p->next;            //q 指向第 k 个元素
        p->next=q->next;      //删除 q 指向的结点，即使 p 结点和 q 的下一个结点相连
        printf("%-4d",q->data);
        last=q->data;
        if (i%10==0)
            printf("\n");     //每十个换行
        free(q);
        r=p;                  //因为 r 为头结点，并不是链表的第个元素
    }
    printf("\n 获胜者为第%d 个人\n",last);
    return r;
}
```

程序运行结果如下：

```
总人数:17
报数上限:3
出列顺序为:
3   6   9   12  15  1   5   10  14  2
8   16  7   17  13  4   11
获胜者为第 11 个人
```

6.2.4 任务实现

1．问题描述

对于一组学生信息按其平均成绩进行排序，并输出排序结果。学生信息包括学号、姓名及三门课的成绩，并打印排序后的学生信息。

使用链表完成上述操作。

2．要点解析

用链表完成学生成绩排序，首先定义一个学生链表：

```
struct student
{
    int no;
    char name[20];
    float score[3];
```

```
    float average;
    struct student] *next;
};
```

建立一个空的链表，依次读取学生信息，然后创建新的结点并插入到已排序的链表中，读取完所有的学生信息后完成所有结点的插入，并同时完成排序，最后输出排序后的学生信息。

3．程序实现

```
#include <stdio.h>
#include <malloc.h>
#include <string.h>
#define LEN sizeof(struct student)
struct student
{
    int no;
    char name[20];
    float score[3];
    float average;
    struct student *next;
};
#define STU struct student
STU * insert (STU *head,int no,char *name,float *score,float average)
{
    STU *q,*r,*p;
    p = (STU *) malloc(LEN);
    p->no=no;strcpy(p->name,name);
    p->score[0]=score[0];p->score[1]=score[1];p->score[2]=score[2];
    p->average=average;p->next=NULL;
    if (head==NULL)                 //第一种情况，链表为空
    {
        head = p;                   //链表头指向 p
        return head;                //完成插入操作，返回
    }
    else                            //链表不为空
    {
        //第二种情况，p 结点 num 值小于链表头结点的 num 值
        if ( head->average > average)
        {       //将 p 结点插到链表头部
            p->next = head;         //将 p 的 next 指针指向链表头
            head = p;               //将头指针指向 p
            return head;
        }
        //第三种情况，循环查找正确位置
        r = head;                   //r 赋值为链表头
        q = head->next;             //q 赋值为链表的下一个结点
        while (q!=NULL)             //利用循环查找正确位置
        {
            //判断当前结点 num 是否小于 p 结点的 num
```

```
            if (q->average < p->average)
            {
                r = q;              //r 赋值为 q，即指向 q 所指的结点
                q = q->next;    //q 指向链表中相邻的下一个结点
            }
            else                    //找到了正确的位置
                break;              //退出循环
        }
        //将 p 结点插入正确的位置
        if (q!=NULL)                //q 不为空，插入位置为中间位置
        {
            r->next = p;
            p->next = q;
            return head;
        }
        else                        //q 为空，插入位置为在尾结点之后
        {
            r->next=p;
            p->next=NULL;
            return head;
        }
    }
}
void print(STU *head)
{
    STU * r;
    r=head;
    printf("学号\t 姓名\tC 语言\tJava\t 数据库\t 平均\n");
    while(r != NULL)
    {
        printf("%d\t%s\t%.2f\t%.2f\t%.2f\t%.2f\n",
            r->no,r->name,r->score[0],r->score[1],r->score[2],r->average);
        r=r->next;
    }
}
void main()
{
    STU *head, *p;
    int no,tmp,i;
    char name[20];
    float score[3];
    float average;
    head=NULL;
    printf("输入学生信息，以学号为结束:\n");
    printf("学生学号:");
    scanf("%d",&no);
    while (no!=0)
    {
        printf("学生姓名:");
        scanf("%s",name);
```

```
        printf("学生 C 语言、Java 和数据库的成绩:");
        tmp=0;
        for(i=0;i<3;i++)
        {
            scanf("%f",&score[i]);
            tmp=tmp+score[i];
        }
        average=tmp/3;
        head=insert(head,no,name,score,average);
        printf("学生学号:");
        scanf("%d",&no);
    }
    print(head);
}
```

程序运行结果如下：

```
输入学生信息，以学号为 0 结束:
学生学号:1001
学生姓名:Jack
学生 C 语言、Java 和数据库的成绩:78 86 89
学生学号:1002
学生姓名:Lucy
学生 C 语言、Java 和数据库的成绩:90 93 96
学生学号:1003
学生姓名:Tom
学生 C 语言、Java 和数据库的成绩:97 87 89
学生学号:1004
学生姓名:Lily
学生 C 语言、Java 和数据库的成绩:68 70 69
学生学号:1005
学生姓名:Jim
学生 C 语言、Java 和数据库的成绩:65 59 69
学生学号:0
学号    姓名    C 语言   Java    数据库   平均
1005    Jim     65.00    59.00    69.00    64.00
1004    Lily    68.00    70.00    69.00    69.00
1001    Jack    78.00    86.00    89.00    84.00
1003    Tom     97.00    87.00    89.00    91.00
1002    Lucy    90.00    93.00    96.00    93.00
```


任务 6.3　打印日历

任务目标

了解共用体的概念。

掌握共用体的定义、共用体变量定义和共用体的使用方法。

了解共用体和结构体的区别。

了解枚举的概念。
掌握枚举的定义、枚举变量的定义和枚举的使用方法。
掌握类型定义 typedef 的用法。
完成日历程序。

6.3.1 共用体

所谓共用体是指多个成员联合占用同一块内存空间。共用体和结构体一样，也是 C 语言中提供的一种构造数据类型。共用体和结构体的区别在于，共用体中各成员不占用专门的内存空间，全体成员共用一块内存空间，即任何时刻，共用体的存储单元只能存放它的一个成员的数据，而不同的时刻可以存放不同的成员，甚至是不同数据类型的成员。共用体用于每次仅访问其中一个成员的时候。

1. 共用体类型的定义

共用体定义的一般形式为：

```
union 共用体类型名
{
    数据类型 1   成员名 1;
    数据类型 2   成员名 2;
    ...
    数据类型 n   成员名 n;
};
```

注意在右花括号的后面有一个语句结束符分号“;”。
例如：

```
union book
{
    int id;
    char name[20];
};
```

2. 共用体变量的定义

有三种方法可以定义共用体变量：先定义共用体类型，然后定义变量；同时定义共用体类型和变量；定义无名称的共用体类型的同时定义变量。例如：

```
union book
{
    int id;
    char name[20];
};
union book b1;
```

或者

```
union book
{
```

```
    int id;
    char name[20];
}book b2;
```

注意，共用体变量所占内存单元数目等于占用单元数目最多的那个成员的单元数目；共用体变量各成员占据相同的起始地址，每一时间只有一个成员起作用。

声明共用体类型时，程序不会为共用体分配内存空间，只有定义了共用体变量，才会给共用体变量分配内存空间。

3. 共用体变量的引用

共用体成员引用的方式和结构体基本相同，可以通过变量引用或者指针引用，共有三种引用方式。

例如：

```
union book
{
    int id;
    char name[20];
};
union book b,(*p);
b.id=1021;
(*p).id=1002;
p->name[0]='c';
```


由于每一个成员共享一段内存，所以当有新的成员赋值时，其他成员的值都被覆盖，只有最新赋值的成员值有效。

另外，共用体变量不能初始化，不能被整体引用，只能引用共用体变量中的成员。

【案例 6-13】 共用体的使用。

```
#include <stdio.h>
void main()
{
    union{  //定义一个联合
        int i;
        struct
        {  //在联合中定义一个结构
            char first;
            char second;
        }half;
    }number;
    number.i=1234;
    printf("%d%c%c\n", number.i,number.half.first,number.half.second);
    number.half.first='a';
    number.half.second='b';
    printf("%d%c%c\n", number.i,number.half.first,number.half.second);
}
```

程序运行结果如下：

```
1234?
25185ab
```

6.3.2 枚举类型

在实际应用中，有些变量的取值是被限定在一个有限的范围之内的。例如星期可以用整型变量来表示，但是和普通变量不同是，星期变量只能取值 1～7；月份也可以用整型变量表示，其取值只能为 1～12。这些变量可以用普通的整型变量来表示，但是无法保证这些数据的合法性，如 week 如被错误赋值为 8，在程序上是没有错误的，但是现实中便没有意义。

为了解决数据范围的问题，C 语言中提供了一种“枚举”数据类型。如果一个变量只有几种可能的值，则可以定义为枚举类型。枚举是将变量可能的取值一一列举出来。变量的值只能取列举出来的值之一。

枚举也是用户自定义类型，允许用户根据需要定义枚举类型变量，并规定变量的数据取值范围，变量所有的取值都局限于这个范围之内。

1. 枚举类型的定义

枚举定义的一般形式如下：

```
enum   枚举标识符{枚举常量标识符 1, 枚举常量标识符 2…};
```

注意：

（1）定义时枚举名之后没有赋值号=。

（2）各枚举常量按定义顺序取值 0、1、2、……，但在定义的同时可以指定枚举常量的值，其后未指定的枚举常量的取值依次加 1。例如：

```
enum list{a1,a2,a3,a4,a5,a6,a7};
```

表示建立一个枚举类型 list，枚举常量 a1 的值为 0，a2 的值为 1，依次增加，a7=6。

```
enum list{a1,a2,a3,a4=7,a5,a6,a7};
```

则 a1=0，a2=1，a3=2，a4=7，a5=8，a6=9，a7=10。

```
enum week {mon=1,tue,wed,thu,fri,sat,sun};
```

表示建立一个枚举类型 week，其取值分别为 1～7。

（3）枚举类型与整型是不同的数据类型，不能直接从键盘读入枚举常量值。

（4）枚举类型定义中不能出现重复的常量标识符，每个常量标识符的取值也不能相同。

宏和枚举之间的差别主要是作用的时期和存储的形式不同，宏是在预处理的阶段进行替换工作的，它替换代码段的文本，程序运行的过程中宏已不存在了。而枚举是在程序运行之后才起作用的，枚举常量存储在数据段的静态存储区里。宏占用代码段的空间，而枚举除了占用空间，还消耗 CPU 资源。

2. 枚举变量的定义

定义了枚举类型之后，可以定义相应的枚举变量。枚举变量的定义方法和结构体与共用体相同。

例如：

```
enum week {mon=1,tue,wed,thu,fri,sat,sun};
week today;
```

或者

```
enum week {mon=1,tue,wed,thu,fri,sat,sun}today;
```

或者

```
enum    {mon=1,tue,wed,thu,fri,sat,sun}today;
```

声明枚举类型时并不为其分配内存空间，只有定义枚举变量之后，才会在内存中为该变量分配内存空间。

注意，枚举值是常量而不是变量，不能在程序中改变枚举值的取值，例如声明 week 之后，再进行赋值 fri=6 是不正确的。

3．枚举变量的赋值和使用

可以对枚举常量进行赋值操作，但是其值只能取枚举类型中列出的枚举元素的值，不能取其他值。例如：


```
enum week {mon=1,tue,wed,thu,fri,sat,sun};
week today=mon;
```

此时枚举类型 week 的值实际上是 1。但是对于枚举变量，today=mon 是正确的，而 today=1 则不正确。给枚举变量赋值的只能是枚举元素，如果要将一个表达式赋值给枚举变量，则其值必须在枚举元素取值范围之内，且须进行强制类型转换，如：

```
today=(enum week)1;
```

如果表达式的值超出了枚举元素中值的范围，则即使进行强制类型转换也不可以，如：

```
today=(enum week)8;
```

是错误的。

枚举类型中定义的标识符是常量，不允许在程序的其他地方作为其他含义使用，如定义一个同名的变量名、在另外一个常量中声明等，都是不正确的。

【案例 6-14】 根据数值打印星期。

```
#include <stdio.h>
enum week
{
    MON, TUE, WED, THU, FRI, SAT, SUN
};
void out(enum week day)
{
    switch(day)
    {
        case MON:printf("Monday\n");break;
        case TUE:printf("Tuesday\n");break;
        case WED:printf("Wednesday\n");break;
        case THU:printf("Thursday\n");break;
        case FRI:printf("Friday\n");break;
```

```
            case SAT:printf("Saturday\n");break;
            case SUN:printf("Sunday\n");break;
        }
};
void main()
{
    enum week yesterday, today, tomorrow;
    today = MON;
    yesterday = (enum week) ((today+6)%7);        //类型转换
    tomorrow = (enum week)((today+1)%7);          //类型转换
    printf("Yesterday is ");out(yesterday);
    printf("Today is ");out(today);
    printf("Tomorrow is ");out(tomorrow);
}
```

程序运行结果如下：

```
Yesterday is Sunday
Today is Monday
Tomorrow is Tuesday
```


6.3.3 类型定义 typedef

C 语言不仅提供了丰富的数据类型，而且还允许由用户自己定义类型说明符，也就是说允许由用户为数据类型取“别名”。类型定义符 typedef 即可用来完成此功能。

typedef 定义的一般形式为：

```
typedef 原类型名  新类型名
```

例如，有整型量 a、b，则 int a,b; 其中 int 是整型变量的类型说明符。int 的完整写法为 integer，为了增加程序的可读性，可把整型说明符用 typedef 定义为：

```
typedef int INTEGER
```

这以后就可用 INTEGER 来代替 int 作整型变量的类型说明了。例如：

```
INTEGER a,b;
```

它等效于：

```
int a,b;
```

用 typedef 定义数组、指针、结构等类型将带来很大的方便，不仅使程序书写简单，而且使意义更为明确，因而增强了可读性。例如：

```
typedef char NAME[20];
```

表示 NAME 是字符数组类型，数组长度为 20。然后可用 NAME 说明变量，如：

```
NAME a1,a2,s1,s2;
```

完全等效于：

```
char a1[20],a2[20],s1[20],s2[20]
```

又如：

```
typedef struct stu
{
        char name[20];
        int age;
        char sex;
} STU;
```

定义 STU 表示 stu 的结构类型，然后可用 STU 来说明结构变量：

```
STU body1, body2;
```

有时也可用宏定义来代替 typedef 的功能，但是宏定义是由预处理完成的，而 typedef 则是在编译时完成的，后者更为灵活方便。

6.3.4 任务实现

1. 问题描述

编写一个日历程序，可以根据输入的年份打印当年的日历。在程序中任意的输入公元年份，通过程序将该年份的各种信息形象直观地显示出来。

2. 要点解析

可以定义结构体来表示每一天。结构体中包含的信息应该包括年、月、日、星期。其中月和星期的取值是固定的，可以用枚举类型来定义。则结构体可以定义为：

```
enum month{m1=1,m2,m3,m4,m5,m6,m7,m8,m9,m10,m11,m12 };
enum week{w1=1,w2,w3,w4,w5,w6,w7};
struct day
{
     int y;
     enum month m;
     enum week w;
     int d;
};
```

要打印日历，则需要确定一年中每个月的每一天各是周几。计算一年中第一天是周几的计算公式为：

```
s=year-1+(year-1)/4+(year-1)/100+(year-1)/400-40;
```

再对 7 取余后加 1 即可得到每年中的第一天是周几。知道了第一天是周几之后，可以对枚举类型变量 w 加一依次得到后续的每一天是周几。

3. 程序实现

```
#include <stdio.h>
#include <windows.h>
#include <malloc.h>
enum month{m1=1,m2,m3,m4,m5,m6,m7,m8,m9,m10,m11,m12 };
enum week{w1=1,w2,w3,w4,w5,w6,w7};
```

```
struct day
{
    int y;
    enum month m;
    enum week w;
    int d;
};
typedef struct day DAY;
int firstday(int year)                          //判断这年的第一天是周几
{
    int s;
    s=year-1+(year-1)/4+(year-1)/100+(year-1)/400-40;
    return s%7+1;
}
void main()
{
    int y,i,m=1,d=1;
    int monthday[12]={31,28,31,30,31,30,31,31,30,31,30,31};
    char *mouthname[12]={"Januray 1","February 2","March 3",
        "April 4","May 5","June 6",
        "July 7","August 8","September 9",
        "October 10","November 11","December 12"};
    DAY *day1;                                  //定义一个结构体类型的指针
    day1=(DAY *)malloc(sizeof(DAY));            //为其分配内存空间
    while(1)
    {
        printf("请输入一个年份:\n");
        scanf("%d",&y);
        if(y==0)break;
        if (y%4==0&&y%100!=0) monthday[1]=29;  //判断是否闰年
        day1->y=y;                              //为指针赋值
        day1->w=(enum week)(firstday(y));       //求这一年的第一天是周几
        for(m=0;m<12;m++)                       //依次输出个月的日历
        {
            printf("\t%-27s\n",mouthname[m]);
            printf("Sun Mon Tue Wed Thu Fri Sat\n");
            for(d=1;d<=monthday[m];d++)         //输出每一天
            {
                day1->m=(enum month)(m);
                day1->d=d;
                if(d==1)                        //如果是每个月的第一天
                {
                    if (day1->w==7)             //如果当前是周日，则换行
                        printf("\n");
                    else                        //否则，需要输出相应数量的空格
                        for (i=0;i<day1->w;i++) printf("    ");
                }
                printf("%3d ",d);
                if(day1->w==6)                  //到周六时换行
                    printf(" \n");
```

```
                //计算下一天是周几
              if(day1->w==7)day1->w=w1;        //如果当前是周日，则下一天是周一
                else   day1->w=(enum week)(day1->w+1);     //否则加一
    }
           printf("\n================================\n");
        }
    }
}
```

程序运行结果如图 6-6 所示。

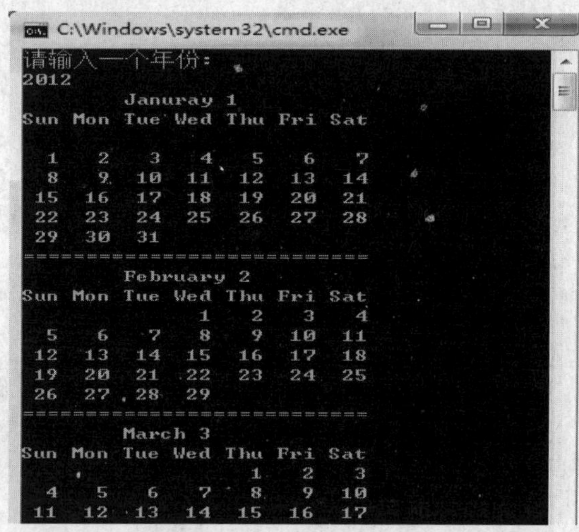

图 6-6　日历程序运行结果

课后练习

1．若程序中有以下的说明和定义：

```
struct abc
{ int x;char y; }
struct abc s1,s2;
```

则会发生的情况是____。

A．编译时错　　B．程序将顺序编译、连接、执行

C．能顺序通过编译、连接，但不能执行　　D．能顺序通过编译，但连接出错

2．有以下程序段：

```
struct st
{   int x;   int *y;}*pt;
    int a[]={1,2};b[]={3,4};
    struct st   c[2]={10,a,20,b};
pt=c;
```

以下选项中表达式的值为 11 的是____。

A．*pt->y　　B．pt->x　　C．++pt->x　　D．(pt++)->x

3．有以下说明和定义语句：

```
struct student
{ int age; char num[8];};
struct student stu[3]={{20,"200401"},{21,"200402"},{19,"200403"}};
struct student *p=stu;
```

以下选项中引用结构体变量成员的表达式错误的是____。

A．(p++)->num　　B．p->num　　C．(*p).num　　D．stu[3].age

4．设有如下枚举类型定义：

```
enum language {Basic=3,Assembly=6,Ada=100,COBOL,Fortran};
```

枚举量 Fortran 的值为____。

A．4　　B．7　　C．102　　D．103

5．以下叙述中错误的是____。

A．可以通过 typedef 增加新的类型

B．可以用 typedef 将已存在的类型用一个新的名字来代表

C．用 typedef 定义新的类型名后，原有类型名仍有效

D．用 typedef 可以为各种类型起别名，但不能为变量起别名

6．有以下程序段：

```
typedef   struct NODE
    { int   num;        struct NODE   *next;
    } OLD;
```

以下叙述中正确的是____。

A．以上的说明形式非法　　B．NODE 是一个结构体类型

C．OLD 是一个结构体类型　　D．OLD 是一个结构体变量

7．设有以下语句：

```
typedef     struct    S
{    int g; char    h;} T;
```

则下面叙述中正确的是____。

A．可用 S 定义结构体变量　　B．可以用 T 定义结构体变量

C．S 是 struct 类型的变量　　D．T 是 struct S 类型的变量

8．设有如下说明

```
typedef struct ST
{long a;int b;char c[2];} NEW;
```

则下面叙述中正确的是____。

A．以上的说明形式非法　　B．ST 是一个结构体类型

C．NEW 是一个结构体类型　　D．NEW 是一个结构体变量

9．根据下面的定义，能打印出字母 M 的语句是____。

```
struct person { char name[9]; int age;};
struct person class[10]={"John",17, "Paul",19,"Mary",18, "Adam",16};
```

A．printf("%c\n",class[3].name);　　B．printf("%c\n",class[3].name[1]);

C．printf("%c\n",class[2].name[1]);　　D．printf("%c\n",class[2].name[0]);

10．设有以下语句：

```
struct st {int n; struct st *next;};
static struct st a[3]={5,&a[1],7,&a[2],9,'\0'},*p;
p=&a[0];
```

则表达式____的值是 6。

A．p++ ->n　　B．p->n++　　C．(*p).n++　　D．++p->n

11．若已建立下面的链表结构，指针 p、s 分别指向图中所示的结点，则不能将 s 所指的结点插入到链表末尾的语句组是____。

A．s->next=NULL; p=p->next; p->next=s;

B．p=p->next; s->next=p->next; p->next=s;

C．p=p->next; s->next=p; p->next=s;

D．p=(*p).next; (*s).next=(*p).next; (*p).next=s;

12．下面程序的输出是____。


```
main()
{ enum team {my,your=4,his,her=his+10};
printf("%d %d %d %d\n",my,your,his,her);}
```

A．0 1 2 3　　B．0 4 0 10　　C．0 4 5 15　　D．1 4 5 15

13．下面程序的输出是____。

```
main()
{ struct cmplx { int x; int y; } cnum[2]={1,3,2,7};
printf("%d\n",cnum[0].y /cnum[0].x * cnum[1].x);}
```

A．0　　B．1　　C．3　　D．6

14．设有如下定义：

```
struct sk
{int a;float b;}data,*p;
```

若有 p=&data;，则对 data 中的 a 域的正确引用是____。

A．(*p).data.a　　B．(*p).a　　C．p->data.a　　D．p.data.a

15．有以下程序：

```
#include<stdio.h>
union   pw
{   int i;    char   ch[2];   } a;
main()
{   a.ch[0]=13;    a.ch[1]=0;    printf("%d\n",a.i);   }
```

程序的输出结果是____。（注意：ch[0]在低字节，ch[1]在高字节）

A．13　　B．14　　C．208　　D．209

16．已知字符 0 的 ASCII 码为十六进制的 30，下面程序的输出是____。

```
main()
```

```
{ union { unsigned char c;
unsigned int i[4];
} z;
z.i[0]=0x39;
z.i[1]=0x36;
printf("%c\n",z.c);}
```

A．6　　B．9　　C．0　　D．3

17．字符'0'的 ASCII 码的十进制数为 48，且数组的第 0 个元素在低位，则以下程序的输出结果是____。

```
#include<stdio.h>
main( )
{ union { int    i[2];      long k;      char c[4];      }r,*s=&r;
s->i[0]=0x39;
s->i[1]=0x38;
printf("%c\n",s->c[0])    ;     }
```

A．39　　B．9　　C．38　　D．8

18．定义一个结构体变量，其成员变量包括职工号、姓名、性别、身份证号、工资、家庭住址。

19．使用上面定义的结构体，输入职工信息，并输出工资高于 1000 的职工信息。

20．建立一个通信录，输入若干信息，包括姓名、年龄、电话号码、住址，并按照年龄输出通信录信息。

21．建立一个链表，每个结点包括学号、姓名、性别、年龄。输入一个年龄，如果链表中的结点所包含的年龄等于此年龄，则将此结点删去。

22．有两个学生成绩信息的链表，包括学号和姓名，将两个链表合并成一个链表，且合并之后的链表应按学号排序。

23．已知一个月的第一天是星期一，该月有 31 天，用枚举类型实现求该月的任意一天是周几。

第7章 文件

在前面章节中，所有的输入和输出都只涉及键盘和显示器，程序中的数据和运行结果无法长期保存，每次运行程序时都要重新输入数据，这样显然很不方便，也无法满足程序长期运行的需求。实际上，很多程序都要求能够保存程序运行结果或数据，这就要用到文件和文件操作。

文件是一种信息存储的方式，它是指一组已经命名的、存储在外部存储器上的、具有相同性质的信息的集合，其内容可以是各种类型的数据，也可以是程序等。文件是程序设计中一个非常重要的概念，任何一个计算机语言都应具有很强的文件操作能力。文件也是一种数据类型，对文件的操作有打开、关闭、读和写文件等。通过文件的使用，可以方便地存储程序的运行结果。

任务 7.1 用户登录

任务目标

了解文件以及文件相关的基本概念。

了解文件指针的概念。

掌握文件的打开和关闭方法。

掌握文件的读函数。

掌握文件的写函数。

完成用户登录程序。

7.1.1 文件的基本概念

1. 文件

所谓“文件”是指一组相关数据的有序集合。这个数据集有一个名称，叫做文件名。实际上在前面的各章中已经多次使用了文件，例如源程序文件、目标文件、可执行文件、库文件（头文件）等。文件通常是驻留在外部介质（如磁盘等）上的，在使用时才调入内存中来。从不同的角度可对文件做不同的分类。

存放文件的外部介质有磁带、磁盘、光盘等外部存储器。数据包括：数字、文字、图形、图像、声音、视频等。在本章所讲的文件是由数字和文字组成的数据文件。

C 语言把文件看做是一个字符（字节）的序列，即由一个一个的字符或字节的数据顺序组成。换句话说，C 语言是把每一个文件都看做是一个有序的字节流。

2. 缓冲文件系统

在C语言中，根据操作系统对文件的处理方式的不同，把文件系统分为缓冲文件系统和非缓冲文件系统。ANSI C 标准采用缓冲文件系统。

缓冲文件系统（又称标准 I/O）是指操作系统在内存中为每一个正在使用的文件开辟一个读/写缓冲区。从内存向磁盘输出数据时，必须先送到内存缓冲区，装满缓冲区后才一起送到磁盘去。如果向内存读入数据，则一次从磁盘文件将一批数据输入到内存缓冲区，然后再从内存缓冲区逐个地将数据送到程序数据区（变量），如图 7-1 所示。

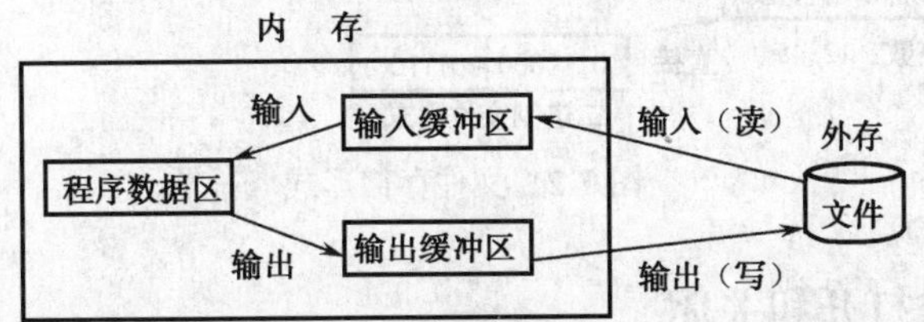

图 7-1　标准输入/输出

采用缓冲文件系统的优点为：原来每读写一个数据就要进行一次 I/O 操作，现在合并为多次读/写仅进行一次 I/O 操作，减少了 I/O 操作的次数，从而提高了程序的执行效率。

采用缓冲文件系统也存在一些缺点：由于多次读/写合并成一次 I/O 操作，要数据进入缓冲区后，如果此时程序非正常终止，则缓冲区的数据还未来得及写入到磁盘中，会导致缓冲区内的数据丢失。

非缓冲文件系统（又称系统 I/O）是指系统不自动开辟确定大小的内存缓冲区，而由程序自己为每个文件设定缓冲区。程序的每次 I/O 都会直接访问磁盘，在读/写特别频繁时效率不高，但是在读/写不频繁的情况下，非缓冲文件系统的执行效率比缓冲文件系统要高，并且不需要开辟内存缓冲区。

3. 文件的分类

从用户的角度看，文件可分为普通文件和设备文件两种。

普通文件是指驻留在磁盘或其他外部介质上的一个有序数据集，可以是源文件、目标文件、可执行程序；也可以是一组待输入处理的原始数据，或者是一组输出的结果。对于源文件、目标文件、可执行程序可以称做程序文件，对输入/输出数据可称做数据文件。

设备文件是指与主机相联的各种外部设备，如显示器、打印机、键盘等。在操作系统中，把外部设备看做是一个文件来进行管理，把它们的输入、输出等同于对磁盘文件的读和写。通常把显示器定义为标准输出文件，一般情况下在屏幕上显示有关信息就是向标准输出文件输出。如前面经常使用的 printf、putchar 函数就是这类输出。键盘通常被指定标准的输入文件，从键盘上输入就意味着从标准输入文件上输入数据。scanf、getchar 函数就属于这类输入。

从文件编码的方式来看，文件可分为 ASCII 码文件和二进制码文件两种。

ASCII 文件（也称文本文件）：ASCII 文件在磁盘中存放时，每个字符对应一个字节，用于存放对应的 ASCII 码。如，整型十进制数 12345，按 ASCII 文件存放则需要占用 5

个字节。可在屏幕上显示，但占用空间较大，读/写操作要转换。

二进制文件：是对不同的数据类型，按其实际占用内存字节数存放，即内存的存储形式，原样输出到磁盘上存放。如，整型十进制数 12345，按二进制文件存放只需要两个字节。屏幕显示为乱码，但占用空间小，读/写操作效率高。

文件的存储形式如图 7-2 所示。

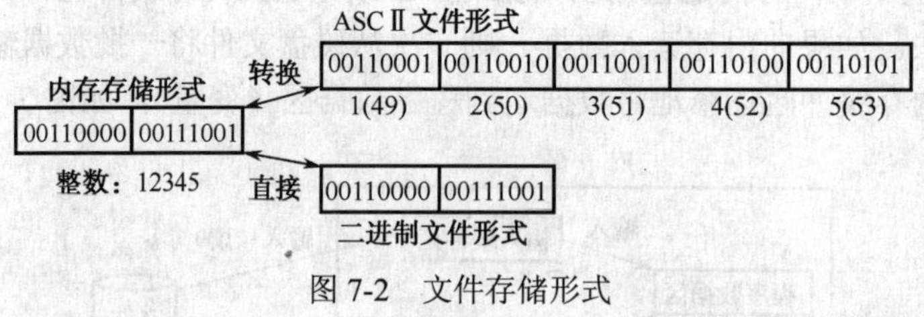

图 7-2　文件存储形式

7.1.2　文件的打开和关闭

1. 文件类型指针

在缓冲文件系统中，文件指针是贯穿于 I/O 系统的主线。简单地说，文件指针是文件读/写的位置标记，要正确地读/写文件就必须要知道文件的各种信息，如要读文件中的内容，就必须要知道文件的存储位置等。因此每一个打开正在使用的文件都需要在内存中开辟一段缓冲区，这段缓冲区用来存放文件的相关信息，包括文件名、文件的状态，以及文件在内存中的位置等信息。这些信息在 C 语言中是以结构体的形式存储的，系统为文件信息统一定义一个结构体类型 FILE，然后对每个文件定义一个结构体类型的变量或指针，其中的成员用来存放文件的有关信息，以便管理文件的状态信息。

定义文件指针的一般形式为：

```
FILE *指针变量名;
```

其中 FILE 必须大写。文件指针名用于指向一个已经打开的文件，实际上为指向文件缓冲区的首地址。

实际上，FILE 是由系统已经定义好的一个结构体，该结构体的定义在文件 stdio.h 中。FILE 结构体的内容为：

```
typedef    struct
{   int level;                        /*缓冲区“满”或“空”的程度*/
    unsigned flags;                   /*文件状态标志*/
    char   fd;                        /*文件描述符*/
    unsigned char hold;               /*如无缓冲区不读取字符*/
    int   bsize;                      /*缓冲区大小*/
    unsigned char *buffer;            /*数据缓冲区位置*/
    unsigned char *curp;              /*文件定位指针*/
    unsigned istemp;                  /*临时文件指示器*/
    short token;                      /*用于有效性检查*/
}FILE;
```

在 C 语言中编写程序操作文件时是不需要详细知道上面 FILE 结构体中的细节的，

在打开文件后会产生一个 FILE 类型的变量，并同时开辟读/写缓冲区，用户只要知道这个 FILE 结构变量的指针就可以对文件进行操作了。

例如要对一个文件进行操作之前，先定义一个文件指针：

```
FILE * a;
```

然后打开这个文件，将得到的 FILE 类型变量的地址赋值给这个指针变量，此时文件指针就指向该文件缓冲区的首地址，这样就可以通过文件指针对文件进行操作了。文件打开时，系统自动建立文件结构体，并把指向它的指针返回来，程序通过这个指针获得文件信息，访问文件，文件关闭后，它的文件结构体被释放。

对于常用的设备文件，在标准头文件 stdio.h 中也定义了 3 个文件类型指针 stdin、stdout、stderr。

stdin：标准输入流指针，通常指向键盘。

stdout：标准输出流指针，通常指向显示器屏幕。

stderr：标准出错流指针，通常指向显示器屏幕。

2. 文件的打开

所谓打开文件，实际上是建立文件的各种有关信息，并使文件指针指向该文件，以便进行其他各种操作。

打开文件就是创建流的过程，主要操作有：在内存中创建输入/输出缓冲区，与打开的文件相对应，同时得到一个 FILE 类型变量的指针，这个指针标识了刚创建的缓冲区的地址，即输入/输出流得地址。

在 C 语言中，用 fopen()函数来实现打开文件。fopen 函数的原型为：

```
FILE * fopen(char *filename,char *mode)
```

该函数的调用形式为：

```
文件指针=fopen(filename, mode);
```

其中参数 filename 表示一个文件名，是用双引号括起来的字符串，这个字符串可以是一个合法的带有路径的文件名，如果文件名中没有加目录，则表示在当前目录下打开文件。参数 mode 表示对文件的操作模式，mode 的值仍需要用双引号括起来，mode 的取值及其含义如表 7-1 所示。

表 7-1　文件使用方式

操作方式	ASCII 文件操作	二进制文件操作	含　义
只读	r	rb	只读方式打开一个已经存在的文件，若文件不存在则返回 NULL
只写	w	wb	只写方式打开一个文件，若文件已存在，则删除其原有内容，否则创建一个新文件
追加	a	ab	只写，向文件尾部追加数据，若制定文件不存在，则创建一个新文件
读/写	r+	rb+	以读/写方式打开的文件，若文件不存在则返回 NULL

续表

操作方式	ASCII 文件操作	二进制文件操作	含　义
读/写	w+	wb+	以读/写方式打开文件。若文件已存在，则删除文件原有内容，否则创建一个新文件
读/追加	a+	ab+	以可读/可追加形式打卡文件，若制定文件不存在，则创建一个新文件

注意，当用 r 或 a 打开文件时，文件必须已存在，而用 w 打开文件时，文件可以不存在，且这是会创建该文件名指定的文件。

例如：

```
FIEL *fp1;
fp1=fopen( “test.c” ,” r” );
```

表示是在当前目录下打开文件 test.c，只允许进行“读”操作，并使 fp 指向该文件。

```
FIEL *fp2; fp2=fopen( “c:\\tt\\test.exe” ,” rb” );
```

表示打开 C 盘下 tt 目录中的 test.exe 文件，是二进制文件，只允许按二进制方式进行读操作。

在打开一个文件时，如果出错，例如用只读方式打开一个不存在的文件，fopen 函数将返回一个空指针 NULL，无法完成打开文件的任务。在这种情况下，后续的程序当然也不能对文件作其他处理。因此，通常在打开文件的时候同时判断打开操作是否成功，以便确定是否进行后续操作。

在 C 程序中通常用下面语句段来打开文件：

```
FILE *fp;
if((fp=fopen(filename,"r"))==NULL)
{
    printf("Can not open this file!\n");
    exit(0);              //终止程序，在 stdlib.h 文件中
}
```

即如果 fopen 的返回值类型为 NULL，表示文件没有正常打开，不能继续下面的文件操作，在输出错误信息后终止程序。

【案例 7-1】 打开文件。

```
#include <stdlib.h>
#include <stdio.h>
void main()
{
    FILE *fp;
    if((fp=fopen("test.txt","r"))==NULL)
    {
        printf("只读方式打开 test.txt 失败！ \n");
    }
    else
    {
        printf("只写方式打开 test.txt 成功！ \n");
```

```
        fclose(fp);
    }
    if((fp=fopen("test.txt","w"))==NULL)
    {
        printf("只写方式打开 test.txt 失败！ \n");
        exit(0);
    }
    else
    {
        printf("只写方式打开 test.txt 成功！ \n");
        fclose(fp);
    }
};
```

不创建 test.txt 文件，即此文件不存在时，程序运行结果如下：

```
只读方式打开 test.txt 失败！
只写方式打开 test.txt 成功！
```

再次运行该程序，结果如下：

```
只写方式打开 test.txt 成功！
只写方式打开 test.txt 成功！
```


程序运行第一次时，不存在 test.txt 文件，以只读方式打开时出错，但是以只写的方式打开 test.txt 文件时，程序自动创建该文件，打开成功，因此第二次运行程序时以只读或只写方式均能成功打开该文件。

打开程序所在的文件夹，可以在文件夹找到程序创建的文件 test.txt，且该文件为空。

3．文件的关闭

文件一旦使用完毕，必须将文件关闭，以避免文件的数据丢失等。

所谓关闭文件，就是撤销流的过程，即完成文件读/写工作后，清除缓冲区，取消缓冲区与文件的对应关系，文件关闭后，除非再打开文件，否则无法对文件进行数据读/写操作。

在 C 语言中，用 fclose()函数来实现打开文件。fopen 函数的调用形式为：

```
fopen(文件指针);
```

文件若关闭成功，该函数返回 0，否则返回-1。

【案例 7-2】 文件的关闭。

```
#include <stdlib.h>
#include <stdio.h>
void main()
{
    FILE *fp;
    if((fp=fopen("test.txt","w"))==NULL)
    {
        printf("打开失败\n");
        exit(0);
    }
```

```
        else
            printf("打开成功\n");
        if(fclose(fp)!=0)
            printf("关闭失败\n");
        else
            printf("关闭成功\n");
    };
```

程序运行结果如下：

```
打开成功
关闭成功
```

7.1.3 文件的顺序读/写

一个文件打开以后，可以对其进行读或写操作。所谓文件的顺序读写，是指文件读/写时，文件位置指针是从文件起始位置向后顺序变化的读写方式，根据文件的打开方式，文件以读或写方式打开时，文件位置指向文件开头，以追加方式打开文件时，文件位置指向文件尾，追加操作在文件尾进行。

文件的顺序读/写可以以字符、字符串为单位，也可以格式化输入或输出，还可以对数据块进行读/写。这里先介绍前三种，这三种读/写方式可以对二进制文件进行读/写，也可以对文本文件进行读/写。

1. 文件的字符读写

无论是二进制文件还是文本文件，在磁盘中都是以字节的形式存储的。文件字符读写是以字符（字节）为单位进行的，是通过读字符函数 fgetc()和写字符函数 fputc()实现的。

fgetc 的功能为从指定的文件中读一个字符，函数调用的一般形式为：

```
ch=fgetc(文件指针);
```

其作用为从打开的文件中读一个字符并赋值给 ch。其中，文件指针指向被读文件，fgetc 函数返回一个字符值，如果读到的是文本文件的结束标志符，函数返回结束标志 EOF，EOF 在头文件中定义为-1，为了和文件中可能出现的-1 区分，在程序中用 EOF 表示。

在 fgetc 函数调用中，读取的文件必须是以只读或读/写方式打开的。

在文件的内部有一个位置指针，用来指向文件的当前读/写字节。在文件打开时，该指针指向文件的第一个字节。没使用一次 fgetc 函数，该指针向后移动一个字节。因此可以连续多次使用 fgetc 函数读取多个字符。

文件指针和文件位置指针是不同的，文件指针指向整个文件，必须在程序中进行说明，而文件位置指针用以表示文件内部当前读/写位置，每读写一次，该指针向后移动一次，不需要在程序中定义说明，而是由系统自动设置。

【案例 7-3】 字符读操作。

```
#include <stdlib.h>
#include <stdio.h>
```

```
void main()
{
    FILE *fp;
    char ch;
    if((fp=fopen("test.txt","r"))==NULL)
    {
        printf("文件打开失败\n");
        exit(0);
    }
     ch=fgetc(fp);
    while(ch!=EOF)
    {
        putchar(ch);
        ch=fgetc(fp);
    }
    if (fclose(fp)!=0)
    {
        printf("文件关闭错误！\n");
    }
};
```


运行程序输出文件 test.txt 的内容：

```
This sentence is form test.txt
```

程序运行时不需要从键盘上读入任何数据，而是直接从一个已经存在的文件中读取信息，存放到变量中，再将变量输出到屏幕上，直到遇到结束符为止。

fputc 函数用于将一个字符写入到指定文件的当前位置，其调用形式为：

```
fputc(字符，文件指针);
```

即将字符写入到文件指针所指向的文件中。

对于 fputc 函数调用的文件，可以是用写、读/写、追加方法打开，用写或读/写方式打开一个已存在的文件时会清空该文件原来的内容，从文件开始位置写入字符。如果需要保留文件原来的位置，希望写入的内容从原文件的结尾开始，则必须以追加的形式打开该文件。如果被写入的文件不存在，则首先创建该文件。

如果写入出现错误，则 fputc 函数会返回 EOF，否则返回写入的字符，可用来判断写入是否成功。

和 fgetc 函数一样，每写入一个字符，文件内部的位置指针都向后移动一个字节的位置。

【案例 7-4】 向文件写入字符。

```
#include <stdlib.h>
#include <stdio.h>
void main()
{
    FILE *fp;
    char ch;
    if((fp=fopen("test.txt","a"))==NULL)
    {
        printf("文件打开失败\n");
```

```
            exit(0);
        }
        printf("输入一个字符串:\n");
        ch=getchar();
        while (ch!='\n')
        {
            fputc(ch,fp);
            ch=getchar();
        }
        if (fclose(fp)!=0)
        {
            printf("文件关闭错误！ \n");
        }
    };
```

运行该程序，输入任意字符串，可以在文件夹中找到自动生成的文本文件，文件中含有在屏幕上输入的字符串。

【案例 7-5】 复制文件。


```
#include <stdlib.h>
#include <stdio.h>
void main()
{
    FILE *fin,*fout;
    char ch;
    if((fin=fopen("D:\\in.txt","r"))==NULL)
    {
        printf("文件打开失败\n");
        exit(0);
    }
    if ((fout=fopen("D:\\out.txt","w"))==NULL)
    {
        printf("文件打开失败\n");
        exit(0);
    }
    while((ch=fgetc(fin))!=EOF)
    {
        fputc(ch,fout);
    }
    fclose(fin);
    fclose(fout);
};
```

从 D 盘中创建一个文本文件 in.txt，并在文件中输入任意内容，程序运行后，屏幕上没有任何输出显示，但是从 D 盘可以看到多了一个 out.txt 文件，里面的内容和 in.txt 文件相同。

2．文件的字符串读/写

用 fputc 和 fgetc 函数每次只能处理一个字符，要读或写一个字符串，则可以用 fgets 函数和 fputs 函数。

fgets 函数从指定的文件中读取一个字符串，其一般调用形式为：

```
fgets(字符数组名,n,文件指针);
```

其中 n 为正整数，表示函数从文件中读取的字符串不能超过 n-1 个字符，串尾自动加'\0'字符串结束符。如果在回车符或文件截止符之前已经读取了 n-1 个字符，则读取结束，在末尾添加'\0'组成字符串，后面字符丢弃。在未满 n-1 个字符前遇到回车符，则读取结束，形成字符串，换行符也被读取。

字符数组名或指针指向一个以分配内存空间的字符数字的首地址，读出的字符串将会赋值给该字符数组。

如果读入成功，则返回字符数组的首地址，否则返回 NULL。

【案例 7-6】 字符串读入。

```
#include <stdio.h>
#include <stdlib.h>
void main()
{
    FILE *fp;
    char str[20];
    if ((fp=fopen("string.txt","r"))==NULL)
    {
        printf("文件打开错误！\n");
        exit(0);
    }
    fgets(str,20,fp);
    printf("%s\n",str);
}
```

程序运行结果如下：

```
This is a string!
```

程序读取了 string.txt 文件中的内容，并输出到屏幕上。

fputs 函数的功能为向指定的文件写入一个字符串，其一般调用形式为：

```
fputs(字符数组名,文件指针);
```

字符数组中存放要写入的字符串，如果写入成功，则返回 0，否则返回 EOF，字符串中的'\0'并不写入到文件中，也不自动加换行符'\n'。

【案例 7-7】 写入字符串。

```
#include <stdio.h>
#include <stdlib.h>
void main()
{
    FILE *fp;
    char str[20],ch;
    if ((fp=fopen("string.txt","a"))==NULL)
    {
        printf("文件打开错误！\n");
        exit(0);
```

```
    }
    printf("请输入写入的字符串:\n");
    scanf("%s",str);
    fputs(str,fp);
    printf("文件内容:\n");
    fclose(fp);
    if ((fp=fopen("string.txt","r"))==NULL)
    {
        printf("文件打开错误! \n");
        exit(0);
    }
    ch=fgetc(fp);
    while(ch!=EOF)
    {
        putchar(ch);
        ch=fgetc(fp);
    }
    fclose(fp);
}
```


程序运行结果为：

```
请输入写入的字符串:
really?
文件内容:
This is a string! really?
```

和字符读/写函数一样，连续执行 fputs 函数和 fgets 函数会继续读或写文件中的下一个字符串。

3. 文件的格式读/写

对于普通文件，C 语言中提供了文件格式输入函数 fscanf 和文件格式输出函数 fprintf。

fscanf 函数的功能为按照指定的格式从文件中读取数据，其调用形式为：

```
fscanf(文件指针，格式控制说明符，地址表);
```

其作用为从指定文件中读数据，存放当由地址表指定的位置上。如果读入成功，返回值为实际读到的数据项数，否则返回小于等于 0 的数。

fprintf 函数的功能为将数据按照指定的格式输入到指定的文件中，其调用形式为：

```
fprintf(文件指针，格式控制说明符，输出列表);
```

其作用为根据格式控制说明，向指定的文件写入数据。如果写入成功，返回值为实际写出的数据项数，否则返回小于等于 0 的数。

例如：

```
fprintf(fp,"%d %c",10,'c');
```

其作用为将字符串"10 c"输出到 fp 所指向的文件中。

```
fscanf(fp,"%d",%score);
```

其作用为将文件中的一个整数读取出来并赋值给变量 score。

【案例 7-8】 格式输入/输出。

```
#include <stdio.h>
#include <stdlib.h>
#define   N 3
typedef struct
{
    int id;
    char name[20];
    int score;
}stu;
void main()
{
    stu s1[N],s2[N];
    FILE *fp;
    int i;
    if((fp=fopen("student.txt","w+"))==NULL)
    {
        printf("打开文件失败！\n");
        exit(0);
    }
    printf("输入学生信息:\n");
    for (i=0;i<N;i++)
        scanf("%d %s %d",&s1[i].id,s1[i].name,&s1[i].score);
    for (i=0;i<N;i++)
        fprintf(fp,"%d %s %d\n",s1[i].id,s1[i].name,s1[i].score);
    rewind(fp);                //将文件指针定位于文件开始处
    printf("文件读取结果:\n");
    for (i=0;i<N;i++)
        fscanf(fp,"%d %s %d",&s2[i].id,s2[i].name,&s2[i].score);
    for (i=0;i<N;i++)
        printf("%d %s %d\n",s2[i].id,s2[i].name,s2[i].score);
}
```

程序运行结果如下：

```
输入学生信息:
1001 annay 87
1002 jack 90
1003 lily 91
文件读取结果:
1001 annay 87
1002 jack 90
1003 lily 91
```

7.1.4 任务实现

1. 问题描述

为了保证数据和信息的安全性，大部分系统在使用前都要求用户登录。编写程序，实现用户登录程序。程序包括两部分，用户登录部分和用户注册部分。

新用户可以进行注册，注册成功后可以用注册的用户名和密码进行登录。

2．要点解析

创建 password.txt 文件，用户注册时，读取用户输入的用户名的密码，保存到文件中。创建的时候输入的用户名不能重复。可以以附加的形式打开文件，每次写入一行数据，用户名和密码之前用分隔符隔开。

用户登录时，依次从文件中读取每一个用户名和密码，和用户输入的用户名和密码比较，如果正确，则用户登录成功，否则用户登录失败。

3．程序实现


```
#include <stdlib.h>
#include <stdio.h>
#include <string.h>
void insert(char *username,char *pass);
char * search(char *username);
void main()
{
    FILE *fp;
    char uname[21];
    char upass[21];
    char pass[21],*p;
    int choice;
    printf("欢迎使用学生信息管理系统,请选择操作\n");
    while(1)
    {
        printf("1:注册 2:登录 0:退出:");
        scanf("%d",&choice);
        fflush(stdin);
        if (choice==1)
        {
            printf("请输入用户名,不能出现空格:");
            gets(uname);
            if(search(uname)!=NULL)
            {
                printf("用户名已存在!\n");
                continue;
            }
            printf("请输入密码,长度不超过 20:");
            gets(upass);
            insert(uname,upass);
        }
        if (choice==2)
        {
            printf("请输入用户名:");
            gets(uname);
            p=search(uname);
            if(p==NULL)
```

```
                {
                    printf("用户名不存在!\n");
                    continue;
                }
                printf("请输入密码:");
                gets(upass);
                if(strcmp(upass,p)==0)
                    printf("登录成功!\n");
                else
                    printf("密码错误!\n");

            }
            if(choice==0)
                return;
        }
}
void insert(char *username,char *pass)
{
    FILE *fp;
    if((fp=fopen("password.txt","a"))==NULL)
    {
        printf("文件打开失败!\n");
        exit(0);
    }
    fputs(username,fp);
    fputs("\t",fp);
    fputs(pass,fp);
    fputs("\n",fp);
    fclose(fp);
    printf("注册成功!\n");
}
char * search(char *username)
{
    FILE *fp;
    char s[42];
    char name[21];
    static char pass[21],*p;
    int i,j;
    if((fp=fopen("password.txt","r"))==NULL)
    {
        return NULL;
    }
    while(fgets(s,42,fp)!=NULL)
    {
        i=0;
        while (s[i]!='\t')
        {
            name[i]=s[i];
            i++;
        }
        name[i]='\0';
```

```
            j=0;i++;
            while (s[i]!='\0')
            {
                pass[j]=s[i];
                i++;j++;
            }
            pass[j-1]='\0';

            p=pass;
            if(strcmp(name,username)==0)
            {
                fclose(fp);
                return p;
            }
        }
        fclose(fp);
        return NULL;
}
```

程序运行结果如下：


```
欢迎使用学生信息管理系统，请选择操作
    1:注册 2:登录 0:退出:1
    请输入用户名,不能出现空格:user
    请输入密码,长度不超过 20:123
    注册成功!
    1:注册 2:登录 0:退出:1
请输入用户名,不能出现空格:user
    用户名已存在!
    1:注册 2:登录 0:退出:2
请输入用户名:user1
    用户名不存在!
    1:注册 2:登录 0:退出:2
请输入用户名:user
请输入密码:1234
    123
    密码错误!
    1:注册 2:登录 0:退出:2
请输入用户名:user
请输入密码:123
    123
    登录成功!
    1:注册 2:登录 0:退出:0
程序退出
```

任务 7.2 查找学生信息——文件

任务目标

掌握文件数据块的读/写方法。

掌握文件随机读/写函数。

掌握文件检测函数。

用文件保存的方式实现学生成绩排序。

7.2.1 文件的数据块读/写

除了使用字符、字符串和格式化这三种方式对文件进行读/写之外，C语言还提供了用于整块数据的读/写函数，可用来读/写一组数据，如一个数组元素，一个结构体变量的值等。在C语言中，使用fread和fwrite函数对文件进行按数据块读/写。

数据块主要用于二进制文件的读/写。

1. 数据块写函数 fwrite

fwrite的函数形式为：

```
int fwrite(void *buffer, int size, int count, FILE *fp);
```

其功能为从buffer开始，一次输入size个字节，重复count次，并将输出的数据存放到fp指向的文件中；同时读/写位置指针向前移动size*count个字节。其中buffer是要输出的数据在内存中的起始地址。

如果调用成功，其返回值为count。

例如：

```
fwrite(&f,sizeof(float),1,fp);
```

表示将变量f中的浮点数写入fp指向的文件中。

fwrite函数写入文件的内容，应该为二进制的数据块。

用fwrite函数可以方便地处理结构体、数组、指针等数据类型。例如，在fp指向的文件中有一结构体，其定义如下：

```
struct student
{
    int id;
    char name[20];
    int score;
};
```

要把10组数据写入到文件中，可以用fwrite函数，其语句如下:

```
struct student s[10];
for (i=0;i<10;i++)
{
    scanf("%d,%s,%d",&s[i].id,s[i].name,&s[i].score);
    fwrite(&s[i],sizeof(struct student),1,fp);
}
```

即每次从文件中读取一个struct student类型的结构体，依次存放到定义的数组中。对于文件来说，尽管其存储的数据是已经定义好的结构体，但是其处理该数据的时候和普通数据并没有区别，只有根据其长度将其读取出来之后，才能对其结构体中的成员进行操作，而不能按照成员的格式对结构体进行读取。

【案例 7-9】 数据库写入函数。

```
#include <stdio.h>
#include <stdlib.h>

struct student
{
    int id;
    char name[20];
    int score;
};
void main()
{
    FILE *fp;
    struct student s[3];
    int i;
    if((fp=fopen("student.txt","wb"))==NULL)
    {
        printf("打开文件失败！ \n");
        exit(0);
    }
    printf("输入学生信息:\n");
    for (i=0;i<3;i++)
    {
        scanf("%d %s %d",&s[i].id,s[i].name,&s[i].score);
        fwrite(&s[i],sizeof(struct student),1,fp);
    }
    fclose(fp);
    printf("成功写入文件中！ \n");
}
```


程序运行结果如下：

```
输入学生信息:
1001 Lily 89
1002 Lucy 78
1003 Jack 94
成功写入文件中！
```

在程序所在的目录中可以找到生成的 student.txt 文件，打开该文件，其显示如图 7-3 所示。

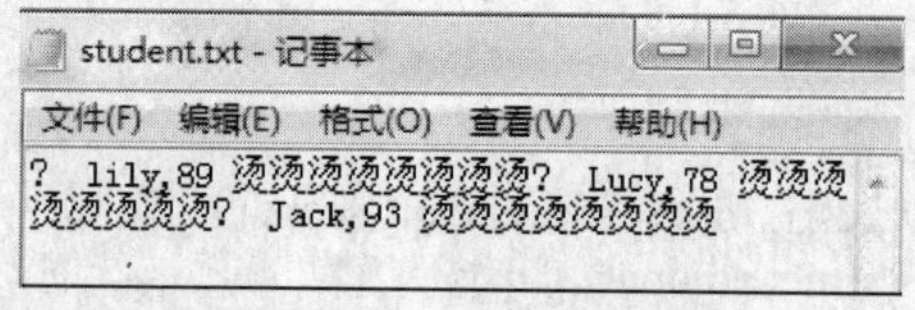

图 7-3　二进制文件

可以看出文件内显示的是乱码，这是因为其格式为二进制文件。

2. 数据块读函数 fread

fread 的函数形式为：

```
int fread(void *buffer, int size, int count, FILE *fp);
```

其功能为从 fp 所指向文件的当前位置开始，一次读入 size 个字节，重复 count 次，并将读入的数据存放到从 buffer 开始的内存中；同时，将读/写位置指针向前移动 size*count 个字节。其中，buffer 为存放读入数据的起始地址。

如果调用成功，其返回值为 count。

例如：

```
fread(p,8,4,fp);
```

表示从 fp 所指向的文件中读取 4 个数据块，每个数据块 8 个字节，把读出的数据存放在有 p 指向的缓冲区内。

【案例 7-10】 数据库读操作。

将案例 7-9 中写入的文件复制到案例 7-10 所在的文件夹下，读出其文件中的内容。

读取文件源程序如下：

```
#include <stdio.h>
#include <stdlib.h>
struct student
{
    int id;
    char name[20];
    int score;
};
void main()
{
    FILE *fp;
    struct student stu;
    if((fp=fopen("student.txt","rb"))==NULL)
    {
        printf("打开文件失败！\n");
        exit(0);
    }
    printf("文件读取内容为：\n");
    while(fread(&stu,sizeof(struct student),1,fp)==1)
    {
        printf("ID:%ld\t",stu.id);
        printf("Name:%s\t",stu.name);
        printf("Score:%d\n",stu.score);
    }
    fclose(fp);
}
```

程序运行结果为：

```
文件读取内容为：
ID:1001 Name:Lily       Score:89
ID:1002 Name:Lucy       Score:78
ID:1003 Name:Jack       Score:94
```

7.2.2 文件的随机读/写

前面介绍的文件的读/写都是按文件中数据的物理存储顺序依次读取的。打开文件后，用文件指针定位当前的读/写位置，当文件以读或写的方式打开时，文件指针在文件的头部；当文件以追加的方式打开时，文件指针在文件的尾部。然后顺序读/写或者追加，每次写入后文件指针都会顺序地移动到下一个空白位置。但有时我们想随机访问文件中任意指定位置的数据，这就需要文件内部指针能够随意移动到文件的任意位置，然后开始读/写。这就是文件的随机读/写。以随机读/写方式读/写的文件一般都是二进制文件。

要实现文件的二进制读/写，内部指针的位置是关键，也就是内部指针应可以根据需要而任意移动。

1. 位置指针返回文件头部

rewind 函数的功能为将文件的位置指针移到文件的起始点，其调用方式为：

```
rewind(文件指针);
```


函数操作成功时返回 0，否则返回其他值。

【案例 7-11】 返回文件头部。

```
#include <stdio.h>
#include <stdlib.h>
void main()
{
    FILE *fp1,*fp2,*fp3;
    char ch;
    if((((fp1=fopen("a.txt","r"))==NULL)||((fp2=fopen("b.txt","r"))==NULL)
        ||((fp3=fopen("c.txt","w"))==NULL))
    {
        printf("打开文件失败！ \n");
        exit(0);
    }
    ch=fgetc(fp1);
    while(ch!=EOF)
    {
        fputc(ch,fp3);
        ch=fgetc(fp1);
    }
    ch=fgetc(fp2);
    while(ch!=EOF)
    {
        fputc(ch,fp3);
        ch=fgetc(fp2);
    }
    rewind(fp3);
    ch=fgetc(fp3);
    while(ch!=EOF)
    {
        putchar(ch);
        printf("%d     ",7);
```

```
            ch=fgetc(fp3);
        }
        fclose(fp1);
        fclose(fp2);fclose(fp3);
}
```

程序运行之后，自动生成文件 c.txt，其内容为：

```
This sentence is form file a!
This sentence is from file b!
```

2. 文件指针定位操作

文件指针定位函数 fseek 的功能为将文件位置指针定位在文件的某字节位置上，其调用形式为：

```
fseek(文件指针,偏移量,起始位置);
```

其中偏移量为 long 类型，为起始位置指针的偏移量，起始位置指针为 int 类型。其功能为从参照点开始，将文件的位置指针移动指定字节数。

其中“起始位置”可以用 0、1、2 代表，其含义与名字如下：

文件开始	SEEK_SET	0
文件当前位置	SEEK_CUR	1
文件末尾	SEEK_END	2

offset 为偏移量，是指以“起始点”为基点移动的字节数。当偏移量为负数时，表示向文件头方向移动（也称后移）。当偏移量为正数时，表示向文件尾方向移动（也称前移）。

成功时返回值为 0，失败时返回-1(EOF)。

例如：

fseek(fp,20L,0); 表示将文件指针从文件头向前移动 20 个字节。

fseek(fp,-100L,1); 表示将文件指针从当前位置向后移动 100 个字节。

fseek(fp,-30L,SEEK_END); 表示将文件指针从文件尾向后移动 30 个字节。

fseek()函数一般用于二进制文件。因为文本文件要进行字符转换，所以往往计算的位置会出现混乱或错误。

对文件进行定位之后，即在改变文件位置指针之后，即可用前面介绍的任一种读/写函数对文件进行随机读/写。

由于一般是读/写一个数据据块，因此常用 fread()和 fwrite()函数随机文件的读/写操作。

【案例 7-12】 读取案例 7-9 中写入的第三个学生的信息。

```
#include <stdio.h>
#include <stdlib.h>
struct student
{
    int id;
    char name[20];
    int score;
};
void main()
{
```

```
        FILE *fp;
        struct student stu;
        if((fp=fopen("student.txt","rb"))==NULL)
        {
            printf("打开文件失败！\n");
            exit(0);
        }
        printf("文件读取内容为：\n");
        fseek(fp,2*sizeof(struct student),0);
        fread(&stu,sizeof(struct student),1,fp);
        printf("ID:%ld\t",stu.id);
        printf("Name:%s\t",stu.name);
        printf("Score:%d\n",stu.score);
        fclose(fp);
    }
```

程序运行结果如下：

```
文件读取内容为:
ID:1003 Name:Jack        Score:94
```


3．查看位置指针

由于文件的位置指针可以任意移动，也经常移动，往往容易找不到当前位置，所以要用到查看当前指针函数 ftell。

ftell 函数的调用形式为：

```
ftell(文件指针);
```

其功能为得到 fp 所指向的文件中的当前位置。该位置用相对于文件头的偏移量来表示。

成功时返回值为当前读/写的位置，失败时返回-1L(EOF)。返回值为长整形 long。

例如：

```
long i;
i=ftell(fp);
```

在确定了文件指针位置后，可以根据当前位置，判断是否需要将指针前移或者后移，以读取需要的数据。

7.2.3 文件检测

文件检测函数用来检测文件指针是否已到文件末尾，或文件读/写操作中是否出现错误等情况，以便能正确地进行文件的存取。

1．检测文件末尾函数 feof()

在文本文件中，C 编译系统规定 EOF 为文件结束标志，EOF 的值为-1。由于任何 ASCII 码都不可能取负值，所以它不会在文件中产生冲突。但是在二进制文件中，-1 有可能是一个有效的数据，用 EOF 作为文件的结束标志就不太合适。因此，C 编译系统定义 feof()函数专门用作二进制文件的结束标志。该函数也可作为文本文件的结束标志。

feof()的调用格式为：

```
feof(fp);
```

如果文件指针已到文件末尾，函数返回非 0 值；否则返回 0。

【案例 7-13】 文件末尾函数。

```
#include <stdio.h>
#include <stdlib.h>
void main()
{
    FILE *fp;
    char ch;
    int num=0;
    if((fp=fopen("a.txt","r"))==NULL)
    {
        printf("打开文件失败！ \n");
        exit(0);
    }
    while (!feof(fp))
    {
        ch=fgetc(fp);
        if(ch=='s')
            num++;
    }
    printf("文件中字符 s 出现的次数为:\n%d\n",num);
}
```


程序运行结果如下：

```
文件中字符 s 出现的次数为:
4
```

2．检测文件读/写出错函数 ferror()

ferror()函数用来检测文件读/写时是否发生错误，其调用格式为：

```
ferror(fp);
```

若未发生读写错误，返回 0 值；出现读/写错误，返回非 0 值。例如，程序段：

```
if (ferror(fp))
{
    puts(file error.);
    exit(1);
}
```

如果操作中出现错误，则显示 file error.，并自动终止程序的运行。

3．清除文件末尾和出错标志函数 clearerr()

clearerr()函数用于将文件的出错标志和文件结束标志置 0。当调用的输入/输出函数出错时，ferror()函数给出非 0 的标志，并一直保持此值，直到使用 clearerr()函数或 rewind()函数时才重新置 0。用 clearerr(fp)；可及时清除出错标志。

7.2.4 任务实现

1. 问题描述

从键盘上读取学生信息并保存到文件中，然后根据顺序查找学生信息。

2. 要点解析

（1）读取学生信息，将其保存到文件中。

（2）根据用户输入的学生次序查找学生信息。在每次查找之前首先将文件内部指针移动到文件开头位置，然后根据查找位置移动文件指针，使其指向要查找的位置，读取学生信息。

3. 程序实现


```
#include <stdlib.h>
#include <stdio.h>
struct student
{
    int id;
    char name[20];
    int score;
};
void main()
{
    FILE *fp;
    struct student s[20],stu;
    int i=0;
    int id,n;
    char on='y';
    if((fp=fopen("student.txt","wb+"))==NULL)
    {
        printf("打开文件失败！ \n");
        exit(0);
    }
    printf("输入学生信息，以学号为结束:\n");
    printf("学生学号:");
    scanf("%d",&id);
    while(id!=0)
    {
        s[i].id=id;
        printf("学生姓名:");scanf("%s",s[i].name);
        printf("学生成绩:");scanf("%d",&s[i].score);
        fwrite(&s[i],sizeof(struct student),1,fp);
        i++;
        printf("学生学号:");
        scanf("%d",&id);
    }
    printf("成功写入文件中！ \n");
    while (on!=0)
```

```
    {
        printf("要查找第几个学生:");
        scanf("%d",&n);
        if(n>i)
        {
            printf("超出范围！ \n");
            continue;
        }
        fseek(fp,(n-1)*sizeof(struct student),0);
        fread(&stu,sizeof(struct student),1,fp);
        printf("学号:%d\n",stu.id);
        printf("姓名:%s\n",stu.name);
        printf("成绩:%d\n",stu.score);
        printf("是否继续查找,Y/N:");
        fflush(stdin);
        scanf("%c",&on);
        if(on=='n'||on=='N')
            break;
    }
    fclose(fp);
}
```


程序运行结果如下：

```
输入学生信息，以学号为 0 结束:
学生学号:1001
学生姓名:Lily
学生成绩:78
学生学号:1002
学生姓名:Tom
学生成绩:89
学生学号:1003
学生姓名:Lucy
学生成绩:94
学生学号:1004
学生姓名:Jack
学生成绩:77
学生学号:1005
学生姓名:Rose
学生成绩:83
学生学号:0
成功写入文件中！
要查找第几个学生:4
学号:1004
姓名:Jack
成绩:77
是否继续查找,Y/N:y
要查找第几个学生:3
学号:1003
    姓名:Lucy
```

```
    成绩:94
    是否继续查找,Y/N:n
程序结束
```

课后练习

1．关于文件的理解不正确的是____。

A．C 语言把文件看做是字节的序列，即由一个个字节的数据顺序组成

B．所谓文件一般是指存储在外部介质上数据的集合

C．系统自动地在内存区为每一个正在使用的文件开辟一个缓冲区

D．每个打开文件都和文件结构体变量相关联，程序通过该变量中访问该文件

2．关于二进制文件和文本文件描述正确的为____。

A．文本文件把每一个字节转换成一个 ASCII 代码的形式，只能存放字符或字符串数据

B．二进制文件把内存中的数据按其在内存中的存储形式原样输出到磁盘上存放

C．二进制文件可以节省外存空间和转换时间，不能存放字符形式的数据

D．一般中间结果数据需要暂时保存在外存上，以供日后输入内存用的，常用文本文件保存

3．系统的标准输入文件操作的数据流向为____。

A．从键盘到内存　　B．从显示器到磁盘文件

C．从硬盘到内存　　D．从内存到 U 盘

4．利用 fopen (fname, mode)函数实现的操作不正确的为____。

A．正常返回被打开文件的文件指针，若执行 fopen 函数时发生错误则函数的返回 NULL

B．若找不到由 pname 指定的相应文件，则按指定的名字建立一个新文件

C．若找不到由 pname 指定的相应文件，且 mode 规定按读方式打开文件则产生错误

D．为 pname 指定的相应文件开辟一个缓冲区，调用操作系统提供的打开或建立新文件功能

5．若要用 fopen 函数打开一个新的二进制文件，该文件要既能读也能写，则文件方式字符串应是____。

A．"ab+"　　B．"wb+"　　C．"rb+"　　D．"ab"

6．fscanf 函数的正确调用形式是____。

A．fscanf(fp,格式字符串,输出表列);

B．fscanf(格式字符串，输出表列,fp);

C．fscanf(格式字符串,文件指针,输出表列);

D．fscanf(文件指针，格式字符串,输入表列);

7．fgetc 函数的作用是从指定文件读入一个字符，该文件的打开方式必须是____。

A．只写　　B．追加　　C．读或读/写　　D．答案 B 和 C 都正确

8．对于 fwrite (buffer, sizeof(Student)，3, fp)函数描述不正确的是____。

A．将 3 个学生的数据块按二进制形式写入文件

B．将由 buffer 指定的数据缓冲区内的 3* sizeof(Student)个字节的数据写入指定文件

C．返回实际输出数据块的个数，若返回 0 值表示输出结束或发生了错误

D．若由 fp 指定的文件不存在，则返回 0 值

9．利用 fread (buffer,size,count，fp)函数可实现的操作是____。

A．从 fp 指向的文件中，将 count 个字节的数据读到由 buffer 指出的数据区中

B．从 fp 指向的文件中，将 size*count 个字节的数据读到由 buffer 指出的数据区中

C．以二进制形式读取文件中的数据，返回值是实际从文件读取数据块的个数 count

D．若文件操作出现异常，则返回实际从文件读取数据块的个数

10．检查由 fp 指定的文件在读/写时是否出错的函数是____。

A．feof()　　B．ferror()　　C．clearerr（fp）　　D．ferror(fp)

12．以下程序企图把从终端输入的字符输出到名为 abc.txt 的文件中，直到从终端读入字符#号时结束输入和输出操作，但程序有错。

```
#include <stdio.h>
main()
{    FILE *fout; char ch;
     fout=fopen('abc.txt','w');
     ch=fgetc(stdin);
     while(ch!='#')
     {    fputc(ch,fout);
     ch =fgetc(stdin);
   }
   fclose(fout);
}
```

出错的原因是____。

A．函数 fopen 调用形式有误

B．输入文件没有关闭

C．函数 fgetc 调用形式有误

D．文件指针 stdin 没有定义

13．编写函数实现单词的查找，对于已打开文本文件，统计其中包含某单词的个数。

14．编写程序统计某文本文件中包含句子的个数。

15．创建一个通信录文件，其中信息包括姓名和电话号码，程序要求能够查询某个用户的手机号，并能修改手机号码或者用户名（可以将文件指针直到该条记录，将其重新写入）。

16．编写程序，产生 10 个 0～50 之间的随机数，并将奇数存到文件 f1.txt 中，偶数保存到 f2.txt 文件中。

17．实现青年歌手大赛记分程序，要求：

（1）使用结构体记录选手的相关信息，包括选手编号、姓名和成绩。

（2）使用链表或结构体数组表示多个选手和信息。

（3）对选手成绩进行排序并输出结果。

（4）利用文件纪录初赛结果，在复赛时将其从文件中读出程序，累加到复赛成绩中，并将比赛最终结果写入文件中。

附录A 学生信息管理系统数组实现

```
#include<stdio.h>
#include<stdlib.h>
#include<conio.h>
#include<string.h>
#define STU struct student
#define MAX 200          //定义最大学生人数
//以下为自定义函数说明语句
void welcome();          //显示欢迎信息
void menu();             //显示功能菜单
void read();             //从文件中读取学生成绩
int choose();            //选择功能函数
void insert();           //插入学生成绩信息
void search();           //查找学生成绩信息
void total();            //课程信息统计
void del();              //删除学生信息
void sort();             //学生成绩排序并显示
void save();             //保存到文件
float max(float s[]);    //计算每门课程成绩最大值
float min(float s[]);    //计算每门课程成绩最小值
float couravg(float s[]); //计算每门课程成绩平均值


struct student
{
    int no;
    char name[20];
    float score[3];
    float average;
};


STU s[MAX];              //定义结构体最大长度
int realnum=0;           //学生数目
int on=1;                //标志是否结束程序运行

void main()/*主函数*/
{
    char pos;
    welcome();
    menu();
    read();
```

```
    printf("成功读取文件中学生信息!\n\n");
    while(1){
        switch(choose())
        {
            case 0:
                on=0;
                printf("是否保存学生信息到文件 Y/N?:");
                fflush(stdin);
                scanf("%c",&pos);
                if(pos=='y'||pos=='Y')
                    save();
                break;
            case 1:
                insert();
                break;
            case 2:
                search();
                break;
            case 3:
                del();
                break;
            case 4:
                total();
                break;
            case 5:
                sort();
                break;
            case 6:
                menu();
                break;
            case 7:
                save();
                break;
        }
        if(on==0){
            printf("系统运行结束!\n");
            break;
        }
    }
}
//显示欢迎信息
void welcome()
{
    printf("\n|-------------------------------------------|\n");
    printf("|                   欢迎使用学生信息管理系统                 |\n");
    printf("|-------------------------------------------|\n");
}
//显示菜单栏
void    menu()
{
    printf("|----------------STUDENT---------------------|\n");
```

```
    printf("|\t    1. 添加学生信息                           |\n");
    printf("|\t    2. 查找学生信息                           |\n");
    printf("|\t    3. 删除学生信息                           |\n");
    printf("|\t    4. 课程成绩统计                           |\n");
    printf("|\t    5. 显示所有学生信息                       |\n");
    printf("|\t    6. 显示功能菜单                           |\n");
    printf("|\t    7. 保存学生成绩到文件                     |\n");
    printf("|\t    0. 退出系统                               |\n");
    printf("|---------------------------------------------|\n");
}
//选择要执行的功能
int choose()
{
    int c;
    printf("选择您要执行的功能，0-6:");
    scanf("%d",&c);
    return c;
}
//添加学生信息
void insert(){
    printf("请输入学生学号,格式为 2012**:");
    int x,i;
    scanf("%d",&x);
    if(x<201201||x>201299)
    {
        printf("输入信息不合法!\n");
        return;
    }
    for(i=0;i<MAX;i++)
    {
        if(s[i].no!=0&&s[i].no==x)
        {
            printf("该学号已经存在!\n");
            return;
        }
        else if(s[i].no == 0) break;
    }
    if(i==MAX){
        printf("存储空间满!\n");
        return;
    }
    s[i].no=x;
    fflush(stdin);
    printf("输入学生姓名:");
    gets(s[i].name);
    printf("请输入 C 语言成绩:");
    scanf("%f",&s[i].score[0]);
    printf("请输入 Java 成绩:");
    scanf("%f",&s[i].score[1]);
    printf("请输入数据库成绩:");
```

```
        scanf("%f",&s[i].score[2]);
        s[i].average=(s[i].score[0]+s[i].score[1]+s[i].score[2])/3;
        realnum++;
        printf("添加成功!\n");
}
//查找学生信息
void search()
{
    int x,i;
    printf("请输入要查询的学生学号:");
    scanf("%d",&x);
    if(x<201201||x>201299)
    {
        printf("您查询的学生不存在!\n");
        return;
    }
    for( i=0;i<MAX;i++)
    {
        if(s[i].no==x)
            break;
    }
    if(i>=MAX)
    {
        printf("您查询的学生不存在!\n");
        return;
    }
    else
    {
        printf("学号\t\t 姓名\t\tC 语言\tJava\t 数据库\n");
        printf("%d\t\t",s[i].no);
        printf("%s\t\t",s[i].name);
        for(int j=0;j<3;j++)
            printf("%.2f\t",s[i].score[j]);
        printf("\n");
    }
}
//删除学生信息
void del()
{
    int x,i;
    printf("请输入要删除的学生学号:");
    scanf("%d",&x);
    if(x<201201||x>201299)
    {
        printf("您输入的学生信息不存在!\n");
        return;
    }
    for(i=0;i<MAX;i++)
    {
        if(s[i].no==x)
            break;
```

```
        }
        if(i>=MAX)
        {
            printf("您输入的学生信息不存在!\n");
            return;
        }
        else
        {
            s[i].no=0;
            realnum--;
            printf("删除成功!\n");
        }
    }
    //统计课程信息
    void total()
    {
        int i=0,j;
        float score2 [3][MAX]={0};
        if(realnum==0)
        {
            printf("没有录入学生成绩!\n");
            return;
        }
        for(int count=0;i<MAX&&count<=realnum;i++)
        {
            if(s[i].no==0)
                continue;
            else
            {
                for(j=0;j<3;j++)
                {
                    score2[j][count]=s[i].score[j];
                }
                count++;
            }
        }
        printf("统计\tC 语言\tJava\t 数据库\n");
        printf("最高分\t%.2f\t%.2f\t%.2f\n",max(score2[0]),max(score2[1]),max(score2[2]));
        printf("最低分\t%.2f\t%.2f\t%.2f\n",min(score2[0]),min(score2[1]),min(score2[2]));
        printf(" 平 均 分 \t%.2f\t%.2f\t%.2f\n",couravg(score2[0]),couravg(score2[1]), couravg
(score2[2]));
    }

    //按平均成绩排序
    void sort()
    {
        STU temp;
        if(realnum==0)
        {
            printf("没有录入学生成绩!\n");
            return;
```

```
    }
    printf("按平均成绩排序后的学生信息为:\n");
    printf("学号\t 姓名\tC 语言\tJava\t 数据库\t 平均成绩\n");
    for(int i=0,count1=0;i<MAX&&count1<realnum;i++)
    {
        if(s[i].no==0) continue;
        else{
            for(int j=i+1,count2=0;j<MAX&&count2+count1<realnum;j++)
            {
                if(s[j].no==0) continue;
                if(s[j].average>s[i].average)
                {
                    temp=s[j];
                    s[j]=s[i];
                    s[i]=temp;
                }
                count2++;
            }
            count1++;
        }
    }
    for(int k=0,count=0;k<MAX&&count<realnum;k++)
    {
        if(s[k].no==0) continue;
        printf("%d\t%s",s[k].no,s[k].name);
        for (int m=0;m<3;m++)
        {
            printf("\t%.2f",s[k].score[m]);
        }
        printf("\t%.2f\n",s[k].average);
        count++;
    }
}

void save()
{
    FILE *fp =NULL;
    if((fp=fopen("student.dot","w"))==NULL)
    {
        printf("打开文件失败!\n");
        exit(0);
    }
    for(int i=0,count=0;i<MAX&&count<realnum;i++)
    {
        if(s[i].no==0) continue;
        fwrite(&s[i],sizeof(struct student),1,fp);
        count++;
    }
    fclose(fp);
    printf("保存成功!\n");
}
```

```
void read()
{
    FILE *fp=NULL,*fp2=NULL;
    int i=0;
    if((fp=fopen("student.dot","r"))==NULL)
    {
        if((fp2=fopen("student.dot","w"))==NULL)
        {
            printf("无此文件且创建文件失败!\n");
            exit(0);
        }
        fclose(fp2);
    }
    while(fread(&s[i],sizeof(struct student),1,fp)==1)
        i++;
    realnum=i;
    fclose(fp);
}


float max(float s[])
{
    float maxs;
    maxs=s[0];
    for(int i=0;i<realnum;i++)
    {
        if(maxs<s[i]) maxs=s[i];

    }
    return maxs;
}
float min(float s[])
{
    float mins;
    mins=s[0];
    for(int i=0;i<realnum;i++)
    {
        if(mins>s[i])
            mins=s[i];
    }
    return mins;
}
float couravg(float s[])
{
    float sum=0;
    for(int i=0;i<realnum;i++)
    {
        sum=sum+s[i];
    }
    return sum/realnum;
}
```

附录B
学生信息管理系统指针实现

```
#include<stdio.h>
#include<stdlib.h>
#include<conio.h>
#include<string.h>

#define STU struct student
#define SCORE struct score
#define LEN sizeof(struct student)
#define LENS sizeof(struct score)
#define MAX 200                //定义最大学生人数

//以下为自定义函数说明语句
void welcome();                //显示欢迎信息
void menu();                   //显示功能菜单
void read();                   //从文件中读取学生成绩
int choose();                  //选择功能函数
void insert();                 //插入学生成绩信息
void search();                 //查找学生成绩信息
void total();                  //课程信息统计
void del();                    //删除学生信息
void print();                  //学生成绩排序并显示
void save();                   //保存到文件
float max(SCORE *p);           //计算每门课程成绩最大值
float min(SCORE *p);           //计算每门课程成绩最小值
float couravg(SCORE *p);       //计算每门课程成绩平均值


struct student
{
    int no;
    char name[20];
    float score[3];
    float average;
    struct student *next;
};

struct score
{
    float value;
    struct score *next;
};
```

```
STU *head=NULL;                    //定义链表头
//STU s[MAX];                      //定义结构体最大长度
int realnum=0;                     //学生数目
int on=1;                          //标志是否结束程序运行

void main()/*主函数*/
{
    char pos;
    welcome();
    menu();
    read();
    printf("成功读取文件中学生信息!\n\n");
    while(1){
        switch(choose())
        {
            case 0:
                on=0;
                printf("是否保存学生信息到文件 Y/N?:");
                fflush(stdin);
                scanf("%c",&pos);
                if(pos=='y'||pos=='Y')
                    save();
                break;
            case 1:
                insert();
                break;
            case 2:
                search();
                break;
            case 3:
                del();
                break;
            case 4:
                total();
                break;
            case 5:
                print();
                break;
            case 6:
                menu();
                break;
            case 7:
                save();
                break;
        }
        if(on==0){
            printf("系统运行结束!\n");
            break;
        }
    }
}
```

```
//显示欢迎信息
void welcome()
{
    printf("\n|--------------------------------------------|\n");
    printf("|              欢迎使用学生信息管理系统              |\n");
    printf("|--------------------------------------------|\n");
}
//显示菜单栏
void   menu()
{
    printf("|----------------STUDENT---------------------|\n");
    printf("|\t    1. 添加学生信息                     |\n");
    printf("|\t    2. 查找学生信息                     |\n");
    printf("|\t    3. 删除学生信息                     |\n");
    printf("|\t    4. 课程成绩统计                     |\n");
    printf("|\t    5. 显示所有学生信息                 |\n");
    printf("|\t    6. 显示功能菜单                     |\n");
    printf("|\t    7. 保存学生成绩到文件               |\n");
    printf("|\t    0. 退出系统                         |\n");
    printf("|--------------------------------------------|\n");
}
//选择要执行的功能
int choose()
{
    int c;
    printf("选择您要执行的功能，-6:");
    scanf("%d",&c);
    return c;
}
//添加学生信息
void insert(){
    STU *q,*r,*p;
    int no,i;
    char name[20];
    float score[3],tmp;
    float average;
    printf("学生学号:");
    scanf("%d",&no);
    printf("学生姓名:");
    scanf("%s",name);
    printf("学生 C 语言、Java 和数据库的成绩:");
    tmp=0;
    for(i=0;i<3;i++)
    {
        scanf("%f",&score[i]);
        tmp=tmp+score[i];
    }
    average=tmp/3;

    p = (STU *) malloc(LEN);
```

```
    p->no=no;
    strcpy(p->name,name);
    p->score[0]=score[0];p->score[1]=score[1];p->score[2]=score[2];
    p->average=average;
    p->next=NULL;
    if (head==NULL)                    //第一种情况，链表为空
        head = p;                      //链表头指向 p
    else                               //链表不为空
    {
        //第二种情况，p 结点 num 值大于链表头结点的 num 值
        if ( head->average < average)
        {       //将 p 结点插到链表头部
            p->next = head;            //将 p 的 next 指针指向链表头
            head = p;                  //将头指针指向 p
        }
        //第三种情况，循环查找正确位置
        r = head;        //r 赋值为链表头
        q = head->next;                //q 赋值为链表的下一个结点
        while (q!=NULL)                //利用循环查找正确位置
        {
            //判断当前结点 num 是否大于 p 结点的 num
            if (q->average > p->average)
            {
                r = q;                 //r 赋值为 q，即指向 q 所指的结点
                q = q->next;           //q 指向链表中相邻的下一个结点
            }
            else                       //找到了正确的位置
                break;                 //退出循环
        }
        //将 p 结点插入正确的位置
        r->next=p;
        p->next=NULL;
    }
    realnum++;
    printf("添加学生成绩成功!\n");
}
//查找学生信息
void search()
{
    int x,i;
    struct student    *p;
    printf("请输入要查询的学生学号:");
    scanf("%d",&x);
    if(x<201201||x>201299)
    {
        printf("您查询的学生不存在!\n");
        return;
    }
    p=head;
    while(p!=NULL)
```

```
    {
        if(x==(p->no))                      //把数据域里的学号与所要查找的学号比较
        {
            printf("学号\t\t 姓名\t\tC 语言\tJava\t 数据库\n");
            printf("%d\t\t",p->no);
            printf("%s\t\t",p->name);
            for(int j=0;j<3;j++)
                printf("%.2f\t",p->score[j]);
            printf("\n");
            break;
        }
        else
            p=p->next;
    }
    if(p==NULL)
        printf("没有查找到该数据!\n ");
}
//删除学生信息
void del()
{
    int x,i;
    STU *p=head,*q=head;
    printf("请输入要删除的学生学号:");
    scanf("%d",&x);
    if(x<201201||x>201299)
    {
        printf("您输入的学生信息不存在!\n");
        return;
    }

    if(head==NULL)                          //如果链表为空，则返回
    {
        printf("链表为空！ \n");
    }

    while(x!=p->no&&p->next!=NULL)          //查找要删除的数据位置
    {
        q=p;
        p=p->next;                          //q 一直指向 p 的前一个结点
    }
    if(x==p->no)                            //如果查找成功
    {
        if(p==head)                         //第一种情况，删除结点为第一个结点
            head=head->next;
        else
            q->next=p->next;
        printf("删除成功!\n");
    }
    else//查找失败
        printf("删除结点不存在！ \n");
```

```
}
//统计课程信息
void total()
{
    int i=0,j;
    STU *p=head;
    SCORE *ch=NULL,*javah=NULL,*avgh=NULL;
    SCORE *ctemp,*jtemp,*avgtemp;
    float score2 [3][MAX]={0};
    if(head==NULL)
    {
        printf("没有录入学生成绩!\n");
        return;
    }
    while(p!=NULL)
    {
        ctemp = (SCORE *)malloc(LENS);
        jtemp = (SCORE *)malloc(LENS);
        avgtemp = (SCORE *)malloc(LENS);
        ctemp->value=p->score[0];
        jtemp->value=p->score[1];
        avgtemp->value=p->score[2];
        ctemp->next=ch->next;
        ch->next=ctemp;
        jtemp->next=javah->next;
        javah->next=jtemp;
        avgtemp->next=avgh->next;
        avgh->next=avgtemp;
        p=p->next;
    }
    printf("统计\tC 语言\tJava\t 数据库\n");
    printf("最高分\t%.2f\t%.2f\t%.2f\n",max(ch),max(javah),max(avgh));
    printf("最低分\t%.2f\t%.2f\t%.2f\n",min(ch),min(javah),min(avgh));
    printf("平均分\t%.2f\t%.2f\t%.2f\n",couravg(ch),couravg(javah),couravg(avgh));
}

//打印学生成绩信息
void print()
{
    STU *p=head;
    if(realnum==0)
    {
        printf("没有录入学生成绩!\n");
        return;
    }
    printf("按平均成绩排序后的学生信息为:\n");
    printf("学号\t 姓名\tC 语言\tJava\t 数据库\t 平均成绩\n");
    while(p!=NULL)
    {
        printf("%d\t%s",p->no,p->name);
```

```
for (int m=0;m<3;m++)
            {
                printf("\t%.2f",p->score[m]);
            }
            printf("\t%.2f\n",p->average);
            p=p->next;
    }
}

void save()
{
    STU *p=head;
    FILE *fp =NULL;
    if((fp=fopen("student.dot","w"))==NULL)
    {
        printf("打开文件失败!\n");
        exit(0);
    }
    while(p!=NULL)
    {
        fwrite(p,sizeof(struct student),1,fp);
        p=p->next;
    }
    fclose(fp);
    printf("保存成功!\n");
}

void read()
{
    FILE *fp=NULL,*fp2=NULL;
    STU *p;
    int i=0;
    if((fp=fopen("student.dot","r"))==NULL)
    {
        if((fp2=fopen("student.dot","w"))==NULL)
        {
            printf("无此文件且创建文件失败!\n");
            exit(0);
        }
        fclose(fp2);
    }
    p=(STU *)malloc(LEN);
    while(fread(p,sizeof(struct student),1,fp)==1)
    {
        if(head==NULL) head=p;
        else
        {
            p->next=head->next;
            head->next=p;
        }
        i++;
```

```
        }
        realnum=i;
        fclose(fp);
    }


    float max(SCORE *p)
    {
        float maxs;
        maxs=p->value;
        p=p->next;
        while(p!=NULL)
        {
            if(maxs<p->value) maxs=p->value;
            p=p->next;

        }
        return maxs;
    }
    float min(SCORE *p)
    {
        float mins;
        mins=p->value;
        p=p->next;
        while(p!=NULL)
        {
            if(mins>p->value) mins=p->value;
            p=p->next;

        }
        return mins;
    }
    float couravg(SCORE *p)
    {
        p=p->next;
        float sum=0;
        while(p!=NULL)
        {
            sum=sum+p->value;
        }
        return sum/realnum;
    }
```

参 考 文 献

[1] Ivor Horton 著. 张欣等译. C 语言入门经典（美）. 北京：机械工业出版社，2007.

[2] Jeri R. Hanly, Elliot B. Koffman. 潘蓉，郑海红，孟广兰等译. C 语言详解. 北京：人民邮电出版社，2010.

[3] 葛雷，王怀柱等. C 语言程序设计教程. 北京：清华大学出版社，2012.

[4] 许勇. C 语言程序设计应用教程. 北京：科学出版社，2011.

[5] 杨祥，唐新来. C 程序设计案例教程. 北京：科学出版社，2010.

[6] 马良杰，陈惠. 案例式 C 语言教程. 北京：中国铁道出版社，2011.

[7] 张小东，郑宏. C 语言程序设计与应用. 北京：人民邮电出版社，2009.

[8] 谭浩强. C 语言程序设计. 第三版. 北京：清华大学出版社，2009.

[9] E Balagurusamy 著，金名，李丹程等译. 标准 C 程序设计. 北京：清华大学出版社，2008.

[10] 刘兆宏，温荷，毛丽娟. C 语言程序设计案例教程. 北京：清华大学出版社，2008.

[11] 李培金. C 语言程序设计项目化教程. 西安：西安电子科技大学出版社，2012.

[12] 蔡庆华. 案例式 C 语言程序设计. 北京：高等教育出版社，2012.

反侵权盗版声明

《C 语言项目开发教程》读者意见反馈表

尊敬的读者：

感谢您购买本书。为了能为您提供更优秀的教材，请您抽出宝贵的时间，将您的意见以下表的方式（可从 http://www.hxedu.com.cn 下载本调查表）及时告知我们，以改进我们的服务。对采用您的意见进行修订的教材，我们将在该书的前言中进行说明并赠送您样书。

姓名：________________ 电话：________________

职业：________________ E-mail：________________

邮编：________________ 通信地址：________________

1．您对本书的总体看法是：

□很满意　□比较满意　□尚可　□不太满意　□不满意

2．您对本书的结构（章节）：□满意　□不满意　改进意见________________

3. 您对本书的例题：　□满意　□不满意　改进意见________________

4．您对本书的习题：　□满意　□不满意　改进意见________________

5．您对本书的实训：　□满意　□不满意　改进意见________________

6．您对本书其他的改进意见：

7．您感兴趣或希望增加的教材选题是：

请寄：100036　北京市万寿路 173 信箱高职教育分社　收

电话：010-88254565　　E-mail：gaozhi@phei.com.cn